THE TRAGEDY OF LIBERATION

★

解放的悲劇

A History of the Chinese Revolution

1945——1957

FRANK DIKÖTTER

馮客——著　蕭葉——譯

各方推薦

馮客《解放的悲劇》迫使毛澤東的信徒面對現實，並有所成長。馮客先生以《毛澤東的大饑荒》以及《解放的悲劇》作為三部曲之首二部……一九六六至一九六九年，我在北京擔任外交官，並親眼目睹文化大革命，因此我非常期待馮客先生在第三部的分析。

——喬治．瓦登，《華爾街日報》

如同在前一部作品中所做的，馮客涉入醜陋的現實之中……（並且）統整其嚴肅之研究，以呈現毛澤東如何持續地灌輸人民不當思想，只為了殘酷地役使人民。在毛澤東信條的「華麗表面」之下，作者巧妙地揭露暴力與苦難。

——《科克斯評論》

馮客出版於二〇一〇年的《毛澤東的大饑荒》贏得二〇一一年英國廣播公司（BBC）「塞繆爾．約翰遜獎」（Samuel Johnson Prize for Non-Fiction），而其前傳一樣精彩並且緊扣人心……是對這段殘酷歷史的重要研究。

——《出版人週刊》

關於中國共產革命的精彩報導。這場革命讓數億人民遭受暴力、面對脅迫，也無法等到承諾兌現的一日。中國政府嚴禁討論這段歷史，但對任何想了解當前北京政權的人來說，這本書能提供非常重要的背景知識。

——安．艾普邦姆，《古拉格的歷史》作者

一黨獨大的國家控制過去一如他們控制群眾，他們通常會禁絕一切與歷史有關的討論。本世紀知識分子最大的挑戰便是從歷史層面對中華人民共和國做出評價——即使它仍然存在。馮客利用本書讓目前頗受質疑的中國政權起源成為清晰易讀的文本。

——提姆．史奈德，《染血之國：希特勒與史達林掌控下的歐洲》作者

馮客的書最大的價值在於它不只是恐怖的數據……他非常清楚地說明這個革命後的國家的運作方式、革命後產生多龐大的暴力、人民為何彼此殺戮，以及暴行的目的。

——《紐約書評》

《解放的悲劇》細緻地寫出當代中國歷史中最關鍵的十二年……是一份對於一個國家如何扭曲樂觀主義，並且緩慢地陷入錯亂的沉著研究……這本書必讀。

——《時代雜誌》

創新之作……馮客揭露中國一九五八至一九六二年間的大饑荒，而且在這本毫不隱瞞的前傳中，他以嚴肅的研究精神，不輕易放過對中國一九四五至一九五七年間的革命的批評……對這本書的最低評價就是主流的學術研究都必須參考本書，尤其是與本書研究年代相同的《劍橋中國史》第十四卷必須重寫。

——《周日泰晤士報》

對該社會之形成的出色且有力報導……馮客以具有人道關懷且清晰的文筆描述出中華人民共和國成立之代價，讀過的人皆無法認同獨裁政權。本書雖然令人驚懼，但是揭露此革命核心中的黑暗性，對所有想要理解世界上最重要革命之一的人來說，本書為必讀作品。

——《衛報》

本書是檔案研究的重要作品……馮客高明地在全書中穿插人民的聲音，讓本書擁有強烈的人性向度。

——《金融時報》

作為研究中國的歷史學家，馮客拿起大槌來顛覆的，也許是當代中國歷史最後的過時信仰……以清晰的新思維分析舊檔案，所浮現出來的就是毛澤東政策的災難性。

——《旁觀者雜誌》

讀完馮客這本令人震驚的書之後，你必能認識共產主義領導權之殘忍。這個政權將土地收為國有，加上其現代化政策，迫使中國農村居民面對巨大的傷痛與損失。在這場夢魇中，連痲瘋病院也不再安全。

——《周日泰晤士報》，年度歷史好書

目次

前言

中國共產黨將一九四九年的勝利稱作「解放」。看到這個詞，人們通常會聯想到興高采烈的群眾湧上街頭慶祝重獲自由的情景。然而，在中國，「解放」和「革命」的故事卻與和平、自由及正義無關，而是充滿了精心策劃的恐怖和有組織的暴力。

第二次世界大戰中，中國本已傷亡慘重，一九四五至一九四九年的內戰，又造成大批士兵和數十萬平民喪生。為了從蔣介石和國民黨手中奪取政權，共產黨包圍了一座座城市，用饑荒迫使人們屈服。例如：一九四八年，共產黨包圍長春城即長達五個月之久。當時指揮共產黨軍隊的是林彪，他下令要把長春變成一座「死城」。長春城外，每五十公尺就設有一個解放軍的崗哨，以阻止饑民出城逃荒，這令城內的糧食供應更加雪上加霜。為了活命，人們不得不吃草根、昆蟲和樹皮，甚至出現吃人肉的現象。在日夜不停的槍炮聲中，至少有十六萬人在圍城期間死於饑餓與疾病。

幾個月後，人民解放軍向北京進軍，其間沒有遇到什麼抵抗，其他城市也大都和平解放，因為沒有人願意再經歷一次像長春那樣漫長的圍城，有些地方的群眾慶幸戰爭即將結束，甚至自發組織起來歡迎共產黨。人們懷著惶恐、期待和聽天由命的複雜心情，終於迎來了解放。

解放之後，共產黨在農村發動了土地改革。政府將土地分給農民，條件是他們必須推翻過去的鄉村領袖。這一過程充斥著暴力，是一場由多數人參與、針對少數人發動的精心策劃的殺戮。上級給工作組分配了指標，由他們選擇鬥爭對象，組織大規模的群眾大會，煽動仇恨情緒，鼓動大家對所謂的「地主」肆意辱罵和毆打，不僅剝奪其財產，甚至消滅其肉體。透過這種方式，黨和窮人之間完成了一項血腥的交易，導致近兩百萬「地主」遭到清算——事實上，很多所謂的「地主」不過是生活條件比別人稍微好了一點而已。劉少奇從河北報告說，當地有地主遭到捆綁和肢解，有些被槍斃或掐死，有些甚至被活埋，還有兒童被當作「小地主」遭到殺害。

解放後不到一年，就出現了鎮壓反革命的恐怖運動，其目的是要消滅所有黨的敵人。毛澤東將殺人的指標設定為千分之一，但在許多地方，遇害者的人數是這一指標的兩到三倍，而且殺人的理由通常都微不足道。許多村莊被夷為平地，甚至有年僅六歲的小學生也被當作間諜死於酷刑。有時候，為了完成殺人的指標，幹部們只是隨機挑選槍斃的對象。至一九五一年底，有近兩百萬人遇害。他們有些是在公審大會上被槍斃的，有些則是在偏僻的地方（如樹林、山谷或河邊等）或單獨或成群地遭到殺害，此外，更多的人則死於遍布全國、大大小小的監獄裡。

用西蒙．沙瑪（Simon Schama）描述法國大革命的話來說：革命就是暴力。但暴力不是常態，只有在必要的時候使用才能顯示其威力。與暴力相比，在革命中運用得更廣泛的則是恐懼和恫嚇。新政權試圖將所有人都改造成「共產主義新人」。從機關、工廠到學校，人人都必須讀書看報，接受「再教育」，記住各種正確的答案、思想和口號。建國後幾年，暴力有所減緩，但思想改造卻從未放鬆，人們被迫反覆檢討錯誤的觀念，壓制住一切資產階級思想的苗頭，絕對服從社會主義的規範。大家不得不參加沒完沒了的群眾大會和學習班，並接受嚴密的監視。為了證明自己政治上的忠誠，許多人不得不一遍遍寫悔過書，揭發朋友，或者為自己過去的行為辯護，寫好後還得接受群眾的質問。有一名受害者稱之為「一座精心設計的奧許維茲思想集中營」。

當然，新政權的建立並不僅僅靠的是暴力和恐嚇，共產黨還對中國人民許下了各種美好的承諾，但又一次次違背了自己的承諾。在奪取政權之前，就像當年的列寧和布爾什維克一樣，毛也向不同的群體許下了不同的承諾，以爭取各界民眾的支持。他向農民許諾給予他們土地，向少數民族許諾民族獨立，向知識分子許諾自由，向商人許諾保護私有財產，向工人許諾提高生活條件。中國共產黨還打出新民主主義的大旗，承諾除了極少數最頑固的敵人外，它將團結一切可以團結的對象。在統一戰線的幌子下，就連各民主黨派也被結合進了新政權——前提是大家都要接受共產黨的領導。

然而，所有這些承諾，一個都沒兌現。毛是一個大戰略家，他主張要「爭取多數，反對少數，各個擊破」。結果，反對者被他一個個消滅，許多人被毛利用卻毫無知覺，而一旦敵人被消滅之後，他們自己可能就成了毛的下一個目標。例如：一九五一年對地主進行了血腥鎮壓之後，新政權開始清算前國民黨政府的工作人員。剛解放時，共產黨曾要求他們留任，如今新政權再也不需要這些人了，結果有一百多萬人遭到撤職和逮捕。

一九五二年，共產黨開始向商人發動進攻，企業家們被迫參加群眾大會，接受職工的當面批判——不管是真的還是裝出來的，工人對他們似乎充滿了仇恨。僅上海一地，兩個月內就有六百多名企業家、商人和小店主自殺，受到衝擊的人更是數不勝數。企業和政府之間的緩衝地帶不復存在，原有的法律和司法機構全部廢除，政府模仿蘇聯建立了一套新的司法制度，剝奪了人們的言論自由，獨立的法庭被人民法院取代，自治的商會被政府控制的中華工商業聯合會取代。一九五六年，不管是小商店還是大企業，所有私營企業全被政府沒收，雖然說起來叫「贖買」，其實既沒有「贖」也沒有「買」。

在農村，雖然集體化遭到強烈抵制並造成了巨大災難，但到了一九五六年，農民最終還是失去了自己的工具、土地和牲畜，同時也失去了遷徙的自由，被迫將所有糧食賣給國家，價格則由政府決定。農民從此失去了人身自由，不得不唯幹部的命令是從。早在一九五四年，政府就已承認，與解放前相比，農民的口糧減少了三分之一，致使農村中幾乎人人都在忍饑挨餓。

一九五七年，毛澤東將矛頭轉向知識分子，把五十萬人關進了集中營。在此之前，少數民族、宗教團體、農民、藝術家、企業家、工商業主、教師、學者，以及對各項政策提出質疑的黨員，一個個都成了黨要消滅的敵人，如今這一運動又被推向新的高潮。結果，共產黨政權建立還不到十年，已經沒有人敢反對毛主席了。

然而，雖然所有承諾都未兌現，共產黨還是不斷在壯大。在新黨員中，許多人是理想主義者，也有機會主義者，還有些則是流氓。這些人大都對黨無限忠誠，甚至充滿了幻想，就算被黨的機器吞噬也在所不惜。那些在一九五七年遭到整肅的黨內知識分子，許多自願前往北大荒參加勞動。那裡有許多犯人，被迫在沼澤遍布、蚊蟲肆虐的環境裡開荒，可是這些右派知識分子卻將勞動視作自我救贖的機會，希望由此獲得新生，重新為黨工作。

中國共產黨取得政權十多年後，瓦倫丁・朱（Valentin Chu）出版了一本轟動一時的書：《共產中國的內幕》（*The Inside Story of Communist China*）。他在書中問道：「共產黨在中國做過什麼好事嗎？」他的回答是：如果不看全貌只看局部，可能有些個別的事情是好的，比如建了些有用的堤壩，有些托兒所將小孩照顧得很好，有些監獄對犯人予以人道的對待，農村中消滅文盲的努力也頗見成效，但是縱觀一九四九至一九五七年的整個歷史，這些個案並不能證明共產黨兌現了當初許諾給人民的平等、公正和自由。

本書的主角就是受到這場巨大災難影響的普通人。他們的故事大都被歷史所淹沒，因為官方的宣傳報導中只充斥著大量領導人的談話，而這些宣傳只是描述了一個他們想要建成的社會，最多只能算是設計藍圖，並不能反映社會現實，而且通常只提到工人和農民中的模範人物，找不到有血有肉的普通人。

但歷史學家有時也會被虛假的宣傳報導所迷惑，對這個政權精心塑造的形象深信不疑。有些人將解放後的年代稱為「黃金時代」或「蜜月期」，以此來與災難深重的文化大革命時代做對比，而更多的人則堅信中國革命是世界歷史上最偉大的事件之一，特別是當俄國的史達林、柬埔寨的波爾布特、北韓的金日成等共產主義獨裁者一個個名譽掃地後，中國革命就顯得更加偉大了。可是，本書卻表明，一九四九年後在毛澤東統治下的十年是二十世紀人類歷史上最黑暗的獨裁統治時期之一，它造成了至少五十萬平民的死亡，並給無數人帶來悲慘的命運。

書中使用的大量證據都來自中國的檔案館，許多資料在過去幾年中才予以公開。在我蒐集的數百份從未解密的文件中，包括祕密警察的報告、未經篡改的高級領導人的演講、在思想改造運動中寫的悔過書、對農村反抗事件的調查報告、鎮反運動的詳細統計資料、工人工作條件的調查、普通人的上訪信件等內容。其他資料還包括各種回憶錄、信件和日記，以及親身經歷者的記述。那些早期的見證者留下的證詞，通常被同情共產黨政權的學者所忽視，但他們的描述如今恰可與檔案資料互相參證，對研究歷史的真相幫助很大。總的來說，這些資料給了我們前所未有的機會，得以透過宣傳的表象，來講述那些革命的主要參與者和受害者的真實故事。

《解放的悲劇》是《人民三部曲》的第二部，在年代上它描述了《毛澤東的大饑荒》之前所發生的事情——那本書記述的是一九五八至一九六二年間導致數千萬人死亡的人為大饑荒。這個系列的最後一部也將隨後出版，其內容是關於文化大革命的。關於這三本書所使用的檔案證據，我曾寫過一篇文章，詳細介紹了《毛澤東的大饑荒》的資料來源，可供讀者參考。

大事記

一九四五年八月六日、九日	廣島和長崎遭到原子彈轟炸。
一九四五年八月八日	史達林對日宣戰，蘇聯派兵入侵滿洲。
一九四五年八月二十一日	中國和日本舉行正式受降儀式，太平洋戰爭結束。
一九四六年四月	共產黨占領滿洲的農村地區後，蘇聯軍隊撤離滿洲。
一九四六年五月	毛發動激進的土地改革，號召在農村中全面展開階級鬥爭。
一九四六年六月	國民黨軍隊將共產黨逼到滿洲的北部邊境，但因為杜魯門總統特使馬歇爾將軍的調停，雙方達成停火協定，共產黨軍隊重新集結，並得到蘇聯人的訓練。
一九四六年九月至一九四七年七月	杜魯門對中國實行武器禁運。
一九四六年十二月至一九四七年十二月	國民黨軍隊不斷向滿洲增派精銳部隊，但最終深陷其中無法自拔。
一九四七年十二月至一九四八年十一月	共產黨軍隊包圍了滿洲所有的主要城市並取得最終勝利。
一九四九年一月二十二日	被圍城四十天後，北京的國民黨守軍向共產黨投降。

一九四八年十一月至一九四九年一月	國民黨在徐州戰敗，共產黨逼近長江流域和中國南部。
一九四九年四至五月	國民黨位於長江南岸的首都南京陷落，經過長期圍困，共產黨占領了上海。
一九四九年六月三十日	在中國共產黨成立二十八周年之際，毛宣布中國將「一邊倒」地支持蘇聯。
一九四九年十月一日	毛澤東在北京天安門廣場宣告中華人民共和國成立。
一九四九年十二月十日	重慶陷落，蔣介石放棄中國、逃往臺灣。
一九四九年十二月至一九五〇年一月	毛前往莫斯科，得到史達林的承諾和援助。一九五〇年二月十四日，中國與蘇聯簽署《中蘇友好同盟互助條約》。
一九五〇年六月至一九五二年十月	共產黨在南方實行土改。
一九五〇年六月二十五日	北韓入侵南韓，聯合國安理會予以譴責，麥克阿瑟將軍指揮聯合國軍隊予以反擊。
一九五〇年十月七日	人民解放軍入侵西藏。
一九五〇年十月十日至一九五一年十月	共產黨發動「鎮壓反革命運動」，展開大整肅。
一九五〇年十月十八日	中國派兵參與韓戰。
一九五〇年十一月	「抗美援朝」運動開始。
一九五一年至一九五三年	土改後，農民被要求參加「互助組」，分享工具、耕畜和勞力。

一九五一年十月至一九五二年六月	展開針對政府工作人員的「三反運動」。
一九五一年十月	發動思想改造運動，其目的是為了將知識精英納入國家行政體系的管理。
一九五二年一月至六月	毛對私營經濟宣戰，發動「五反運動」。
一九五二年二月至四月	中國指控美國發動細菌戰。
一九五三年三月五日	史達林逝世。
一九五三年七月二十七日	韓戰達成停戰協定。
一九五三年十一月	開始實行糧食統購統銷。
一九五三年至一九五五年	互助組發展為合作社，所有工具、耕畜和勞力以及土地都永遠歸集體所有。
一九五四年二月至一九五五年五月	高崗和其他高級領導人被整肅，其罪名是「叛國和分裂黨」。
一九五五年四月至十二月	胡風反革命集團案。超過七十七萬人在鎮反運動中被捕。
一九五五年六月	開始實行戶口制度，嚴格限制農村人口的流動。
一九五五年夏至一九五六年春	為了加速農村的集體化進程，迎接「社會主義高潮」，農民被迫加入合作社，失去對土地的所有權。城市中的工商業也大都實現了國有化改造。
一九五六年二月	赫魯雪夫在莫斯科發表祕密報告，譴責史達林及個人崇拜，抨擊造成巨大災難的農業集體化改造。中國國內一些領導人更堅定地反對毛的社會主義改造運動，而毛則將去史達林化視為對自己個人權威的挑戰。

一九五六年九月	黨章中刪除了關於「毛澤東思想」的論述，主張堅持集體領導，反對個人崇拜，「社會主義高潮」的提法被揚棄。
一九五六年十月	受到去史達林化的鼓舞，匈牙利人民起來反對政府，蘇聯軍隊入侵匈牙利，鎮壓反對派，成立了親蘇的新政權。
一九五六年冬至一九五七年春	毛凌駕於其他領導人之上，發動「鳴放運動」，提倡開放的政治風氣，以避免出現類似匈牙利的社會動盪，全國各地都出現了學生和工人的示威遊行及罷工。
一九五七年夏	批評的聲浪不斷激增，開始指向共產黨執政的合法性，毛改弦更張，將批評者稱為反黨的「壞分子」。他任命鄧小平主持「反右運動」，打擊了至少五十萬人，其中有許多學生和知識分子被送往偏遠地區從事繁重的體力勞動。從此全黨完全團結在毛主席的領導之下。幾個月後，毛便發動了「大躍進」。

第一部

征服（一九四五—一九四九）

第一章 圍城

二〇〇六年初夏的長春，工人們在挖掘下水管道時，竟然從土裡挖出了大量人骨。骸骨多達數千具，緊緊地排在一起，埋在地下一公尺左右的地方，有些已經因發霉而變黑。工人們繼續往下挖，結果發現了更多層的屍骨，就像柴火一樣堆在一起。發掘現場圍滿了震驚的群眾，有人認為這些人死於二次大戰日本侵略者之手，只有一個老人心裡清楚，這些其實都是國共內戰中的死難者。

一九四八年，人民解放軍包圍長春城長達五個月之久，駐守城內的國民黨軍隊陷入彈盡糧絕的境地。解放軍最終取得了勝利，但這次圍城至少造成十六萬平民餓死。解放之後，共產黨軍隊將許多屍體集中掩埋，既沒有墓碑，也沒有名牌，甚至連簡單的標記都沒有。此後的數十年裡，官方一直宣傳中國是和平解放的，那些死於國共權力之爭的平民便慢慢被歷史遺忘了。[1]

＊＊＊

長春位於東北平原的中部，在一八九八年修築鐵路之前，只是一個小鎮。後來，由於日本人管理的南滿鐵路和俄國人經營的中東鐵路在此匯合，它開始迅速地發展起來。一九三二年，長春成為滿洲國的首都，日本人將它建設成為一座現代化的城市，開闢了寬敞的大道，種植了樹木，興建了各種公共設施，米黃色的帝國辦公大廈高大雄偉，建在開闊的公園旁邊，而日本的顧問和與日本政府合作的滿族人則住在一棟棟漂亮的別墅裡。

一九四五年八月，蘇聯軍隊占領了這座城市，拆毀了無數的建築與機器，並將這些戰利品用火車全部運回了蘇聯，各種工業設備遭到拆卸，許多漂亮的房子被夷為平地。蘇聯人在滿洲一直待到一九四六年四月，直到國民黨軍隊占領長春才開始撤離。兩個月後，內戰爆發了，滿洲再次成為戰場。戰爭伊始，共產黨軍隊占有先機，他們從北方南下，截斷了連接長春與滿洲南部的鐵路。

一九四八年四月，共產黨軍隊逼近長春，指揮這支軍隊的正是林彪。林彪看上去又瘦又憔悴，他早年畢業於黃埔軍校，是一名傑出的戰略家，指揮作戰的才能得到大家的公認。但他是個無情的人，當他得知防守長春城的國民黨軍官鄭洞國不願投降時，便下令包圍長春城，直到守軍投降為止。一九四八年五月三十日，他下達命令：「要使長春成為死城。」[2]

長春城內的平民超過五十萬人，許多人都是逃避戰亂的難民，他們原打算逃亡北京，但由於鐵路被阻斷，所以困在了長春城內。圍城開始後，國民黨軍隊立即實行了宵禁，所有人從晚上八點到凌晨五點都不得外出，全體壯年男子都必須參與挖戰壕，所有人一律不得出城，拒絕接受搜查者可以當場擊斃。最初的幾個星期裡，大家對形勢仍感到樂觀，因為國民政府向城內空投了許多緊急物資，當地的一些頭面人物也成立了長春動員委員會，出售糖果和香菸，安撫傷患，並設立了茶攤，為老百姓提供服務。[3]

但形勢很快便開始惡化，長春變成了一座孤島。二十萬解放軍士兵在城外挖掘戰壕，切斷了供應給城內的地下水，並動用數十門高射機槍和重炮日夜不停地開火，集中火力炮轟政府機構。國民黨軍隊在長春城四周修築了許多碉堡，與解放軍形成對峙。兩軍之間則是大片的無人地帶，很快便被土匪所占據。[4]

一九四八年六月十二日，蔣介石電令長春守軍，取消了禁止城內居民出城的禁令。其實，就算沒有敵人的炮火，國民黨的飛機也無法空投足夠的物資滿足全城居民的需求，更何況在共產黨的防空炮火下，飛機不得不爬升到三千公尺的高度，因此許多物資都落在了國民黨控制區外。為了避免出現饑荒，國民黨軍隊開始鼓勵群眾往城外逃，但一旦出城就不准返回，因為城裡已經無糧可吃。每一個出城的難民都要經過嚴格的搜查，所有金屬物件（如鐵鍋、茶壺、金銀器具等）一律不准帶出城，甚至連鹽也不行。出城後，難民們要經過一個無人地帶，這裡光線昏暗，而且有土匪出沒，攔路搶劫過往行人。這些土匪大都是逃兵，他們騎著馬挎著槍，有的還使用暗語。有一些聰明的難民出城時想方設法在身上藏了些珠寶、手錶或自來水筆，但是只要被土匪發現任何值錢的東西，哪怕是縫在衣服裡的一只耳環或手鐲，就有可能被當場槍斃。有時候，土匪還會把難民的衣服扒光，但還是有少數人成功保住了最值錢的財物，他們將這些東西放在麻袋的最下面，上面則堆滿了破衣爛衫，甚至滿是尿漬的嬰兒衣物，希望用難聞的味道逃過土匪的搜查。[5]

與躲避土匪的搶劫相比，能通過解放軍封鎖線的人則少之又少。林彪下令挖了深達四公尺的戰壕，並拉起鐵絲網，而且每隔五十公尺就設一個崗哨，找不到漏洞可鑽。他向毛澤東報告說：「不讓難民出來，出來者勸阻回去。此法初期有效，但後來饑餓情況越來越嚴重，饑民便不分晝夜大批蜂擁而出，經我趕回後，群集於敵我警戒線之中間地帶。」在描述那些渴望通過解放軍封鎖線的難民時，林彪說：

> 饑民們成群跪在我哨兵面前央求放行，有的將嬰兒小孩丟下就跑，有的持繩在我崗哨前上吊。

戰士見此慘狀心腸頓軟，有陪同饑民跪下一道哭的，說「我們也只是遵從上級命令」。更有將難民偷放過去的。經糾正後，又發現了另一種傾向，即士兵打罵捆綁以至開槍射擊難民，引起部分死亡（尚無死傷數字）。

當時圍城的士兵裡，有一個人叫王俊如，他十五歲時被共產黨拉去參加民兵，在圍城期間，他和其他士兵一起奉命將饑民們趕了回去。半個世紀後，他回憶說：「上級告訴我們，這些人都是敵人，他們必須死。」[6]

到了六月底，在國共兩軍對峙的中間地帶聚集了三萬多人，解放軍不放他們通過，國民黨軍隊也不准其回城，每天都有數百人死亡。兩個月後，滯留在這片死亡地帶的平民超過十五萬人，他們只能靠吃草和樹葉維生，最終大都活活餓死，在烈日的灼晒下，遍地屍體一個個肚皮鼓脹。有一名倖存者回憶說，空氣裡到處彌漫著一股屍臭。[7]

城裡的情形也好不到哪裡去，除了空投物資給軍隊，每天還需要三百三十噸的糧食供應給平民，但四、五架飛機每天最多只能輸送八十四噸糧食，而且通常少於這個數量。為了保衛長春，所有物資都已被軍隊徵用。八月，蔣介石甚至下令嚴禁私人交易，並威脅說違者一律槍斃。很快地，國民黨士兵開始持槍搶奪老百姓的食物。所有的軍馬、狗、貓和鳥都被殺光，普通人只能吃發霉的高粱和玉米，再往後只有吃樹皮，還有人吃蟲子和皮帶。甚至有少數人吃人肉，在黑市裡，人肉一磅賣到一點二美元。[8]

自殺者無以計數，有些家庭甚至舉家自殺來逃避苦難。道路兩旁隨處可見餓死者的屍體。張英華的哥哥、姊姊和大多數鄰居都死於那場饑荒，她在接受採訪時回憶說：「我們就躺在床上等死，連爬的力氣都沒有。」另一名倖存者宋占林回憶說，她曾路過一間小房子，門開了一條縫，「我進去一看，只見屋裡躺著十幾具屍體，床上、地上都是。床上的屍體中，有一個人枕著枕頭，有一個姑娘抱著一個嬰兒，他們看上去就像睡著了一樣，牆上的鐘還在不停地走著。」[9]

到了秋天，氣溫開始下降，活著的人都拚命地想辦法取暖。為了尋找燃料，他們拆掉地板和屋頂，有時拆毀整棟房子，樹全被砍光，就連招牌也被劈了當柴燒，馬路上的柏油也被扒掉了。整座城市就這樣，從郊區直到市中心，一點一點地遭到毀壞，最終全市有百分之四十的房子化成了灰燼。解放軍的密集轟炸更令這一幕雪上加霜，老百姓只能搭起臨時的窩棚棲身，周圍一片廢墟，到處是腐爛的屍體，而國民黨的高官們則躲在中央銀行堅固的大樓裡。[10]

在圍城期間，不斷有國民黨士兵逃跑。與難民的遭遇不同，這些逃兵得到解放軍的優待，並獲得充足的食物。共產黨的高音喇叭日夜不停地喊話，鼓動國民黨士兵逃跑：「你參加了國民黨軍隊嗎？你是被繩子綁著抓去的……到我們這邊來吧！長春現在已經無路可逃……」夏天過後，國民黨軍隊的口糧減少到每天只有三百克大米和麵粉，逃兵的人數開始迅速飆升。[11]

圍城持續了一百五十天。一九四八年十月十六日，蔣介石終於命令鄭洞國往南邊的瀋陽撤退。蔣問鄭：「如果長春陷落，你認為北平會安全嗎？」鄭歎了一口氣說：「全中國沒有一個地方是安全的。」[12]

鄭洞國當時指揮著兩支軍隊，一支是六十軍，士兵大都來自雲南；另一支是新七軍，主要是由受過美國訓練的老兵組成，他們曾遠征緬甸前線，戰鬥力很強。新七軍奉命突圍，但未能成功。六十軍拒絕出城，因為士兵太過虛弱，根本無法行軍至瀋陽。結果，六十軍將槍頭轉向新七軍，向林彪投降，交出了長春城。

＊＊＊

共產黨的歷史書聲稱，解放軍在東北取得了決定性的勝利，但長春的陷落卻付出了高昂的代價。在解放軍的圍困之下，大約有十六萬平民餓死。一名解放軍的部隊作家張正隆在其書中寫道：「長春和廣島，死亡人數大致相等。廣島用九秒鐘。長春是五個月。」[13]

第二章 戰爭

一九四五年八月六日，B-29轟炸機在廣島投下一顆原子彈。三天後，在一陣眩目的亮光中，長崎被夷為平地。一週之後，日本的裕仁天皇命令他的軍隊放下武器。

日本的無條件投降令所有中國人無不歡欣鼓舞，對日抗戰是中國歷史上最為殘酷的戰爭之一，如今終於宣告結束了。在蔣介石的戰時陪都重慶，全城鞭炮齊鳴，一片歡騰。「一開始只是零零星星的，但不到一個小時，到處都爆發出歡呼聲。」探照燈也照亮了天空，以示慶祝。人們湧上街頭，邊笑邊哭，為眼前所見的每一個美國士兵遞上香菸。蔣介石在廣播裡宣布了勝利的消息，他身穿樸素的卡其布制服，沒有佩戴任何飾物。從廣播室走出來後，蔣介石便被歡呼的人群所包圍。有人衝破了警察的封鎖線，有人坐在陽臺上，有人站在屋頂歡呼，還有人把小孩高高舉過頭頂，好讓他們看一眼總司令。[1]

這場持續了八年的戰爭，暴露了許多人性深處的陰暗面。日軍在一九三七年十二月占領首都南京後，大批平民和放下武器的士兵遭到有組織地屠殺。這場暴行持續了六個星期，俘虜們被日軍用機關槍處決、用地雷炸死或者用刺刀捅死。婦女、嬰兒和老人遭到日本士兵的強姦、肢解和殘害。關於死亡人數，至今仍沒有準確的統計數字，大約在四萬到三十萬之間。在戰爭的最後幾年，為了報復游擊隊的抵抗行為，日軍用殘暴的手段摧毀了華北的許多地區，有些村莊被整個燒毀。十五歲到六十歲的男子，只要受到懷疑，就會被抓起來集中處決。

在占領中國期間，日軍還使用了生化武器，並用戰俘進行人體試驗。從北方的滿洲到亞熱帶的廣東，許多地區都分布著日軍的祕密實驗室。他們先讓受害者感染各種細菌，然後不注射麻醉便實施活體解剖。有些人四肢被截斷，有些人被切除了胃或其他器官，還有人被當作火焰噴射器和各種化學試劑的實驗品。哈爾濱附近有一支惡名昭彰的七三一部隊，這支部隊建有自己的飛機場、火車站、兵營、實驗室、手術室、火葬場和電影院，甚至還有一座神社。他們把感染了細菌的跳蚤和衣服裝在彈頭裡，投向平民聚居區，以傳播瘟疫、炭疽病毒和霍亂。[2]

上千萬難民選擇逃離日本人占領區，前往南方的雲南和四川，那裡成了國民黨的抗戰基地。然而，即使在這些未被日軍占領的地方，人們也生活在恐懼中，因為日軍對重慶和其他主要城市的平民不斷進行大規模轟炸，造成了數百萬人死傷或無家可歸。[3]

如今，眼看著和平在望，從沿海地區逃往內陸的難民開始準備返回家園。正如一名重慶的人力車夫在從壁報上讀到日本投降的消息後所說：「日本打敗了，我們現在可以回家了嗎？」數百萬被迫流亡的難民開始變賣簡陋的家當，預備返程。許多人來到長江岸邊，尋找順流而下的船隻，也有人推起小車，冒著酷暑踏上漫漫返鄉路。[4]

政府也著手準備回遷。一九四五年八月二十一日，在湖南的芷江機場舉行了日本向中國投降的正式儀式。在櫻花樹下，日軍少將今井武夫遞交了一份地圖，上面標示著一百萬侵華日軍的駐地。日軍獲准在國民黨軍隊到達前，繼續保留武器，並維持各地治安。此時，國民黨軍隊正乘坐美國的軍艦和飛機，在魏德邁將軍的指揮下，趕赴長城以南的各大城市。這是二戰期間最大規模的空中運輸任務，空運到南京的士兵大約有八萬名，他們屬於第六軍。空運到上海的是第九十四軍，當衣衫單薄的士兵走下龐大的運輸機後，受到大批上海市民夾道歡迎。「這些來自農村的士兵小心翼翼地走下陡峭的舷梯，試圖向大家敬禮。看到這麼多被他們解放的人，他們一時還無法適應。被解放的人們穿著絲質的長袍和皮鞋，而解放者的腳卻髒兮兮地穿著草鞋。」[5]

在上海的馬路上，興高采烈的人們豎起蔣介石的巨幅肖像，上面裝飾著鮮花和皺紋紙。在沿海的所有城市，只要國民黨軍隊一到，「滿大街都是老百姓，大家都聲嘶力竭地歡迎解放者到來。」第三支軍隊被空投到北京，同時，由於時間緊迫，美國的飛機每天都會運輸兩千到四千名國民黨士兵。到十一月初，長城以南的所有日軍都已向國民黨繳械投降。[6]

但是，蔣介石並不是唯一接管這些地區的人。廣島遭到轟炸後兩天，蘇聯對日本宣戰。史達林這麼做，是因為一九四五年二月他曾在雅爾達會議上向邱吉爾和羅斯福做過這樣的承諾。作為對日宣戰的條件，史達林提出讓蘇軍控制東北的港口大連和旅順，並與中國共同管理滿洲的鐵路。羅斯福並未徵求蔣介石的意見，便全盤答應。史達林還要求盟軍向一百五十萬蘇聯士兵提供兩個月的食物和燃料，羅斯福也同意了。於是，數百船的戰略物資被運往西伯利亞，其中包括五百輛謝爾曼坦克。[7]

結果，就在蘇軍馬不停蹄地趕在美國人之前抵達柏林並占領了半個歐洲的同時，他們還在西伯利亞保留了一支一百萬人的軍隊。一九四五年八月八日，這支軍隊在空中支援下，跨過黑龍江進入滿洲境內。其中的精銳部隊乘坐著裝甲火車，沿著中東鐵路向東駛往哈爾濱，一天之內就行駛了七十公里。另一支部隊則從海參崴出發，向南進入朝鮮，迅速占領了羅津。日軍因為沒有飛機，無法組織有效的抵抗。短短幾天的工夫，俄國人就控制了滿洲的所有戰略要塞。[8]

＊＊＊

此時，在距滿洲不遠、長城以南大約一百公里的地方，毛澤東也正在厲兵秣馬。一九二七年，國共第一次合作結束，雙方爆發了內戰。一九三四年，為了逃避蔣介石的追剿，毛澤東及其追隨者被迫退往內陸。一年之後，大約有兩萬名倖存者經過長征到達延安，在這個遠離前線的地方建立了新的指揮部。經過十年時間，毛不僅鞏固了個人的地位，而且發展了大約九十萬人的游擊隊，分布在華北各地的農村地區。如今，他已做好同蔣介石開戰的準備。

但是，毛可能對雙方力量的對比有點過分樂觀。他曾打算在上海發動起義，從而占領中國的金融中心，並希望藉此促成全國性的革命。一時衝動之下，他派遣了三千人祕密潛入上海，為起義做準備。當他得到報告說，這點人根本不夠，而且共產黨在上海缺乏群眾支持時，仍堅持己見，不為所動。就在此時，史達林出面干預，要求毛澤東約束其軍隊，避免與國民黨公開衝突。毛雖不情願，但只好同意。蘇聯紅軍占領滿洲後，毛又有了新的想法。他希望從外蒙古打開一條通往滿洲的通道，藉此與蘇聯人建立連繫。於是他派出四支部隊（其中包括林彪指揮的十萬八路軍）向北進軍，很快便與蘇聯紅軍會師了。[9]

然而，史達林當時最關心的是如何確保美軍撤離中國和朝鮮。美國當時是唯一擁有核武器的國家，因此史達林擔心會爆發另一場世界大戰。為了避免戰爭，促使美國撤軍，他公開表示支持國民黨政府，並在《中蘇條約》中承認蔣介石是中國的最高領袖。一九四五年八月二十日，史達林還傳遞了一則訊息給毛，要求中共的軍隊只需鞏固其農村根據地，應避免和國民黨發生正面衝突。毛因此不得不修改自己的作戰計畫。[10]

當時的中國，不僅貧弱，而且面臨著分裂的危險。俄國人控制著中國的北方，而美國人控制著南方。就在蘇聯紅軍進入滿洲的當天，史達林和蔣介石恢復了雙邊談判。蔣介石派宋子文到莫斯科，但他手裡並沒有多少談判的籌碼，因此不得不接受羅斯福在雅爾達做出的所有讓步，將旅順交給蘇聯作為其海軍基地，允許蘇聯在大連享有與中國平等的權力，並且承諾由中蘇共管南滿鐵路和中東鐵路。作為交換，史達林承認國民政府代表全中國，並保證將滿洲還給蔣介石。

在跟蘇聯簽署了條約並得到莫斯科的承諾後，蔣介石邀毛進行和談，商討國家的未來。毛在美國大使赫爾利（Patrick Jay Hurley）的陪同下，冒險飛往重慶。蔣和毛已有二十年未見，在頭天晚上的接風宴會上，雙方在敬酒時都笑得很勉強。毛在重慶待了足足六個星期，在國共代表討價還價的同時，雙方的激戰卻並未停止。最終，毛在九月十八日宣布：「我們必須停止內戰；各黨必須團結起來接受蔣主席領導，建設現代化中國。」十月十日，雙方發表正式聲明。回到延安後幾天，毛向他的戰友們解釋說，他在重慶達成的協議「只是一張廢紙」。[11]

史達林已經公開表示支持蔣，但他同時也想加強中共的力量來牽制國民黨及其背後的美國人。八月，在他的允許下，共產黨占領了張家口。在十九世紀，張家口是一個重要的關卡，中國各地的駝隊正是通過這裡，將一箱箱茶葉運往俄國。直到二十世紀四〇年代，張家口仍被稱為「北京的北大門」，只要控制了這座古城，就占據了向北京進攻的戰略據點。日本人將張家口建設成為一座經濟和工業中心，並在這裡留下了大量武器彈藥，其中包括六十輛坦克。[12]

除了張家口，占領內蒙古和滿洲其他城市的蘇聯紅軍，也向中共軍隊移交了日本人的武器和軍車。蘇聯向中共提供的各種戰略和後勤物資多不勝數，據後來蘇聯人自己說，這些物資包括七十萬支步槍、一萬八千挺機關槍、八百六十架飛機和四千門火炮。此外，蘇聯人還私下建議中共派大部隊進駐滿洲。當時，毛還在重慶，他命令中共的主力部隊在九月間越過長城，進入滿洲境內。在蘇聯人的默許下，中共軍隊接收了大批遣散的士兵、偽軍和土匪。至一九四五年底，滿洲的中共軍隊已經達到五十萬人。[13]

對於蘇聯和中共在滿洲的合作，蔣介石心知肚明，卻又不能向史達林抗議。滿洲有許多鋼鐵廠，鐵和煤的儲量都很豐富，而且森林密布，土地肥沃，極具戰略和經濟價值。蔣因此派杜聿明前往收復，但國民黨軍隊在旅順和大連登陸時，卻遭到蘇軍的阻擾。一九四五年十月，美軍第七艦隊只好改變航線，將國民黨軍隊運往營口。營口是一個小港口，有鐵路與內地相連，而且當地只有一支共產黨游擊隊。登陸後，杜聿明率軍隊往南抵達秦皇島，接著從山海關越過長城，沿鐵路北上，途中並沒有遇到什麼共產黨軍隊的抵抗。國民黨軍隊從長城出發，行軍三百多公里，不到三週的時間就抵達了滿洲的工業基地——瀋陽。此時，蔣介石向蘇聯提出請求，希望至少由雙方共同占領滿洲。迫於之前支持國民政府的承諾，蘇聯人最終做出讓步，允許國民黨軍隊空運到長春。[14]

等到國民黨進入滿洲，才發現蘇聯人遲遲不肯讓步的原因：蘇聯紅軍趁此期間正對滿洲各地大肆洗劫。詹姆士是獲准進入瀋陽的第一批商人之一。他報告說，蘇聯軍隊肆無忌憚地「強姦和搶掠了三天」，他們「看到什麼就偷什麼，用錘子砸破浴缸和馬桶，把電線從牆裡拽出來，甚至在地板上生火，結果有的把地板燒了個洞，有的則把整棟房子都燒掉了」。許多當地婦女將頭髮剪短，穿上男人的衣服，以防止被強姦。在瀋陽，「廠房只剩下一副骨架，所有的機器都被洗劫一空。」有一名記者報導說，瀋陽「曾經是一座工業重鎮，如今又破敗又擁擠，已經淪落為通往大連的鐵路沿線的一個小車站——而且這條鐵路是由蘇聯人所控制。」蘇聯人對滿洲的工業設備進行了有組織的洗劫，後來據估算，這些設備的總值高達二十億美元。[15]

蘇聯人拖延了五個月才從滿洲撤軍，最後一輛坦克是在一九四六年四月駛出中國國境。他們將農村交給了共產黨，並讓林彪將他的軍隊部署在各大城市的郊區。林彪的八路軍配備了日本的武器，向長春的國民黨軍發動攻擊，七千名守軍中大部分被擊斃。四月二十八日，共產黨又占領了與俄國接壤的哈爾濱。

杜魯門總統並沒有支持二戰時的盟友蔣介石，而是派了馬歇爾將軍到中國，敦促國共兩黨聯合。雖然蔣根本不可能與共產黨合作，但他需要美國繼續提供經濟和軍事援助，因此別無選擇，只能接受美國的調停。而共產黨卻沒什麼好擔心的，他們利用停戰的機會休整部隊，占領了更多滿洲的領土，並進一步深入農村地區。毛任命謙遜溫和的周恩來作為和談代表。周老謀深算，同馬歇爾建立了良好的關係。他將共產黨說成是土地改革者，並表示中共希望學習美國的民主制度。在他的建議下，毛甚至鄭重宣布：「中國的民主必須採取美國的道路。」但事實上，毛對協議內容根本不在乎，只要沒有人強迫他執行這項協議即可。此時，蘇聯紅軍開始撤出滿洲，這讓馬歇爾相信史達林已經放棄對中國的企圖了，他對蔣介石的支持也開始發生動搖。[16]

蔣介石意識到美國人態度的變化，但仍下定決心要把共產黨趕出長春。結果，一九四六年六月初，國民黨軍隊沒有遇到什麼抵抗便奪回了長春，林彪率領十萬大軍向北匆忙撤退，蔣介石的新一軍和新六軍隨後追擊，將共產黨趕到了松花江對岸。現在，整個滿洲只有哈爾濱還在共產黨手裡。國民黨軍隊步步緊逼，打得林彪的軍隊幾乎潰不成軍，出現了大批逃兵。趙緒珍當時是一名解放軍士兵，多年後他在接受採訪時說，逃跑的有軍官、有黨員，還有政委，「有些人回家當了土匪，有些則投降了國民黨。」然而，馬歇爾再次要求蔣介石停火，與共產黨談判。他剛剛去了趟延安，毛澤東特意營造出爭取自由和民主的假象，馬歇爾回來後，甚至向杜魯門報告說，滿洲的共產黨只是一些「散兵游勇」而已。[17]

共產黨利用和談的機會重整部隊，收編了與日本人合作的二十萬精兵，並從農村招募了更多的新兵，戰犯、刑事犯、朝鮮族士兵，從蘇聯返回的東北逃亡者也被徵召入伍，共產黨對他們加以嚴格訓練，要求人人都必須服從鐵的紀律。此外，數百名蘇聯的技術顧問和軍事專家也幫了大忙。俄國人甚至開設了十六所軍事院校，包括空軍、炮兵和工程學院，用來培訓中共軍官，而在蘇聯人控制下的旅順和大連，中共黨員也能得到種種庇護。蘇聯掠奪了滿洲的大量財富，但並沒有破壞大連的兵工廠。在日本技術員和當地工人的幫助下，這些設施繼續運轉，生產了數以百萬計的子彈和炮彈。與此同時，蘇聯還透過鐵路和空運向中共源源不絕地提供各種物資支援。僅從朝鮮一地，蘇聯就裝載了兩千節車廂的物資運給中共。作為回報，一九四七年，中共從滿洲向蘇聯輸送了一百多萬噸的糧食和其他農產品。[18]

在俄國人的訓練下，由烏合之眾組成的中共游擊隊變成了強大的戰爭機器。與此同時，美國人卻對國民黨日益失望，開始削減對蔣介石的支持。當蘇聯和滿洲之間的物資來往絡繹不絕時，美國卻拒絕向中國出售武器，甚至中國政府已經付了款的訂單如今也無法兌現。一九四六年九月，杜魯門宣布對中國實行武器禁運。一直等到一九四七年七月，國民黨才獲准向美國購買可以維持三個星期的步兵所用的彈藥。[19]

國民黨在滿洲又堅持了一段時間，試圖守住鐵路沿線的城市。隨著戰場形勢的變化，他們失去了幾座城市，但幾經血戰又奪了回來。現在，國共之間的內戰已經不再是小規模的游擊戰了，而是有數十萬大軍參與、動用了飛機和大炮、在零下二十度的冰天雪地裡進行的大規模戰爭。到了一九四七年，滿洲已經變成了一個死亡陷阱，蔣介石把他的精銳部隊不斷運往那裡，但毛寸步不讓，下定決心要把敵人拖垮。為此，共產黨不斷擴軍，僅在滿洲當地就徵募了大約一百萬新兵。他們發動了一場場戰爭，最終摧毀了蔣介石的精銳部隊。剩下的國民黨軍隊士氣低落，軍餉不足，糧食短缺，只能待在城裡，不敢主動出擊。而且國民黨軍隊的後勤供應線拉得太長，從北京到長春的火車，在運輸途中經常遭到共產黨小分隊的襲擊。此外，國民黨的軍事設施老化，有時連彈藥也供應不足，士兵們根本沒有子彈進行實彈練習，大多數卡車也因故障而無法使用，而且因為美國對中國實行武器禁運，連維修的零件都買不到。[20]

＊＊＊

張君勱是一名資深的外交官，他對國民黨政府持批評態度，主張實行議會民主制。他後來回憶說，就算當時中央政府有能力維持其統治，國民黨也不是莫斯科和延安的對手，更何況蔣介石的政府根本就運轉不靈。國民黨當時剛剛收復中國，這個國家的面積之大，相當於一塊獨立的大陸。如今，經過八年的戰火，百廢待興。然而，在長城以南的地方，共產黨游擊隊不斷騷擾國民黨，他們突襲城鎮、搶掠村莊，導致數以百萬計的百姓流離失所。共產黨還控制了河北和山東的大部分農村地區，截斷了向城市供應燃料、能源和食物的管道，造成通貨膨脹的激化。對戰後恢復至關重要的交通設施本已被日軍嚴重毀壞，如今又遭到共產黨的進一步破壞，許多鐵路和橋梁都被炸毀。在這場殘酷的黨派之爭中，為了一己之利，共產黨總是熱衷於執行破壞行動。[21]

不僅如此，早在與共產黨爆發衝突之前，國民黨就已陷入一個惡性循環當中。自從一九三七年日本入侵中國後，國民政府就無法透過發行債券來維持財政了，可是政府的稅收遠遠不足以支付高昂的戰爭開銷，唯一的辦法就是增發紙幣。結果中產階級不得不承擔戰爭帶來的主要衝擊，工薪階層的生活品質急劇下降，影響了教師、大學教授、政府職員及軍人等一大批人。「一九四〇年，一百塊可以買一頭豬；一九四三年，可以買一隻雞；一九四五年，只能買一條魚；一九四六年，只能買一顆雞蛋；到了一九四七年，只能買三分之一盒火柴。」與抗戰爆發前的一九三六年相比，一九四七年的生活成本增長了大約三萬倍。為了遏制通貨膨脹，蔣介石下令禁止出口外匯和金條，並設置了利息的上限，凍結了所有公職人員的工資，但所有這些措施都未能長期奏效。到了一九四九年，人們甚至不得不推著一車車的鈔票上街買東西。[22]

從軍官到收稅員，公職人員的收入以驚人的速度不斷下跌。因為欠餉嚴重，就連軍官也無法靠收入為生，各種腐敗行為隨處可見：稅務員收受賄賂；警察以逮捕和判刑作為威脅，向窮人勒索錢財；軍官則剋扣軍餉、虛報帳目，並把軍用物資拿到黑市上出售。所有這些問題都很難解決，因為若是提高公職人員的工資，就會加劇通貨膨脹，從而進一步增加生活成本，致使腐敗更加氾濫。

為了遏制通貨膨脹、重建國家和購買武器彈藥，國民黨急需外部支援，特別是財政上的資助。從一九四八年四月起，美國政府通過馬歇爾計畫向歐洲提供了一百三十億美元的經濟和技術援助，這個數字還不包括從戰爭結束到計畫開始實施期間美國向歐洲提供的一百二十億美元經濟和技術援助。一九四七年三月，為了防止希臘和土耳其落入蘇聯之手，杜魯門宣布向這兩個國家提供經濟與軍事援助。為了同樣的目的，杜魯門也不得不終止對中國的武器禁運。雖然如此，國民黨得到的援助仍然微不足道。直到一九四八年四月，在共和黨多數派的推動下，國會才終於通過向中國提供巨額援助的決議。但這項一點二五億美元的援助計畫最終並未能及時兌現。事實上，自日本投降後，美國向中國提供的軍事援助總值大約在二點二五億到三點六億美元之間。[23]

＊＊＊

一九四八年，戰勢開始逆轉，共產黨在滿洲對國民黨占據的城市發動連續進攻，長達數月之久。蔣介石不斷向滿洲增兵，決心不計一切代價也要死守。他在日記中寫道：「一旦失去滿洲，整個華北就會暴露在共產黨的進攻之下。」因此，蔣在滿洲的戰場押上了全部賭注，決定守住長城一線，絕不後退。[24]

一九四七年十二月，滿洲的天氣異常寒冷，雪下了一公尺深，溫度降到零下三十五度，林彪的部隊越過結冰的松花江，對國民黨發動了大規模的進攻。共產黨的軍隊如今自稱「人民解放軍」，他們並沒有空中支援，但是因為天氣寒冷，空中的霧又冷又濃，極大地限制了國民黨空軍的作戰能力。林彪率領的四十萬大軍中，絕大多數都被調往滿洲南部，包圍了鐵路沿線的各個城市，並消滅了好幾個師的敵人。[25]

位於長春以南的瀋陽，是滿洲的重鎮，那裡建有全國最好的兵工廠之一。林彪切斷了北京和瀋陽之間的鐵路，包圍了瀋陽城。被困在城裡的平民多達一百二十萬人，另有四百萬難民逃入城中躲避共產黨，這些人被包圍了十個月。除了平民之外，城中還有二十萬國民黨軍隊。人們很快便成群結隊地棄城而逃。陳納德將軍的飛機每天從城中運出大約一千五百人，但大多數人都無法透過賄賂買到機票。機場也發生了戰鬥，不遠處的炮聲清晰可聞。到了夜裡，人們藏身在炮彈轟炸下的飛機庫裡。最終，大多數人只得坐火車離開。一個月裡有超過十萬人搭乘火車往西逃亡，一直逃到沒有戰爭的地方。[26]

那些因為太窮或者有病而無法逃跑的人只能等著餓死。一九四八年二月，瀋陽陷入了饑荒，營養不良導致數千人失明；許多人（特別是兒童）得了口頰壞疽——這種病會導致毀容、糙皮病、壞血症及其他營養不良導致的疾病。有一名外國記者報導說：「我走過冷清的街道，看到水溝裡躺著一具具瘦骨嶙峋的屍體，可憐的兒童和婦女圍著我向我求援。街上空無一人，店鋪都關了門，紅磚砌成的工廠也都廢棄了，許多廠房遭到轟炸並在一九四六年遭到蘇軍的洗劫。人們只能靠吃樹皮和草根維生，或者吃豆餅——這種東西通常用作肥料或者飼料，還有人從廢墟中翻找食物。」[27]

從滿洲逃亡的難民不計其數，有些是從被圍困的城裡逃出來的，有些則是為了逃避戰火而流亡的農民，許多人靠雙腳蹣跚步行，少數人則拄著拐杖或者木棍。一九四八年夏，每個月都有約十四萬難民穿過瀋陽周邊的戰場，加入逃難者的行列。他們得穿過大片荒野，還可能遇到土匪洗劫，最危險的地方則在錦州以北三十公里處，那裡有一條鐵路穿過大凌河，守在河對岸的國民黨士兵，對企圖過河的人格殺勿論。過河的唯一辦法是穿過被炸得歪七扭八的鐵路橋，要是付得起錢，當地的嚮導會用繩子把難民綁在自己背上，從橋上硬背過去，橋下激流奔騰，令人望而生畏。從錦州到山海關的火車上，裝滿了一車車的難民。到了山海關，難民們可以棲身在臨時的收容所裡——雖然收容所只有一個水龍頭供眾人使用。許多人會繼續往南，逃往天津或北京，大多數人則忍饑挨餓，居無定所。[28]

一九四八年九月，決定性的時刻終於到來。林彪下令對瀋陽發動正面攻擊，與此同時，他動用三十萬大軍包圍了錦州城，滿洲的生命線危在旦夕。十月十五日，解放軍在錦州的城牆上炸開缺口，蜂擁而入，國民黨方面有三萬四千人死傷，八萬八千人被俘。當時，瀋陽城外有一支九萬人的國民黨援軍，但僅僅一週之後便被林彪的大部隊包圍並殲滅。長春的八萬名守軍最終向共產黨投降，瀋陽的戰爭則又持續了一週，解放軍的炮火炸毀了城牆，雙方展開殘酷的肉搏戰。十一月一日，守城的高級將領宣布投降，滿洲的戰事至此宣告結束。[29]

＊＊＊

上海的物價一夜之間漲了四、五倍，在國際市場上，金元券貶值了百分之九十。大家都認定國民黨將會失敗，美國人開始將軍事人員的家屬撤出中國，並建議南京和上海的美國公民撤離這些地區，舉國上下陷入一片恐慌之中。此時，七十五萬解放軍正從寒冷的滿洲出發，準備翻越長城，向北京進軍。他們的裝備中，有許多從國民黨手裡奪來的坦克、重炮和其他武器。

當時，華北國民黨軍隊的司令是傅作義將軍。共產黨先是迅速切斷了從張家口到大沽口的鐵路——這條鐵路是華北的生命線。這樣一來，傅作義幾乎毫無勝算了。一九四八年十一月，解放軍包圍了中國的第三大城市——天津。很快地，傅作義便被迫放棄天津，將軍隊全部撤回北京城內。林彪下令，將整個北京城包圍起來，切斷水電，不到一週的時間，共產黨便占領了城外的飛機場。隨後，這座歷史悠久的帝都就陷入了一片詭異的寂靜之中，只偶爾聽到炮彈和機關槍的聲音。傅作義是一名傑出的抗戰將領，起初他似乎決心抵抗到底。守軍到處開挖戰壕，在大街上設置路障，還霸占了許多民房當作兵營。為了讓供應物資的運輸機起降，他們還特地開闢了一條飛機跑道，就位於市中心老使館區的跑馬場上。為了修築跑道，一群群身穿棉衣的苦力，被迫在寒冬裡推倒跑道附近的電線杆、樹木和房屋。與此同時，全城開始實行戒嚴，一輛輛裝滿警察和士兵的卡車不時在大街上呼嘯而過，士兵的手裡都握著輕機槍或大刀。在北京城外，為了掃除視線上的障礙，數千座房屋被夷為平地。[30]

然而，北京城裡人人都知道長春發生的事情，而且把長春變成「死城」的，正是此刻包圍北京的林彪。傅作義為此憂心忡忡，深怕作為中國文化首都的北京毀於戰火。起初，他向蔣辭職，但遭到拒絕。於是，他便透過身為中共地下黨員的女兒，開始與共產黨進行祕密談判。一九四九年一月二十二日，在被包圍了四十天後，傅作義簽署了投降書，他率領的二十四萬大軍全部改編成了解放軍。共產黨對傅作義本人及其軍隊的優待，促使其他許多國民黨軍官也做出了投降的決定。[31]

傅作義投降後，這座古老的皇城有八天時間處於權力真空的狀態，共產黨還沒有進城，挎著槍的國民黨士兵依然可以在城裡到處遊蕩，看上去似乎一切照舊。就在這種奇怪的氛圍中，北京迎來了新年。店鋪門口都掛起獅子、兔子、老虎等形狀的燈籠，天安門城樓上的蔣介石畫像則被摘了下來。

一九四九年一月三十一日，解放軍的先鋒部隊終於從西邊開進了北京城，隊伍的最前面是一輛卡車，車上的高音喇叭不斷重複著：「歡迎解放軍進入北平！歡迎人民的軍隊進入北平！祝賀北平人民獲得解放！」一卡車後面跟著全副武裝的解放軍士兵，六人一排，個個臉色紅潤、情緒高漲。士兵後面是舉著毛澤東和朱德巨幅肖像的學生。遊行隊伍的最後是軍樂隊、大部隊和公職人員。圍城終於結束了，北京人大都感到慶幸，但大家對共產黨軍隊依然心有疑慮，「站在馬路兩邊觀望，除了好奇，更多的是顯得很緊張」。人群中，還有零零散散的國民黨士兵，也在默默地觀望。賈克當時是一名年輕的解放軍戰士，他回憶說：「我們這些小夥子席地而坐時，大家都圍著我們上下打量，他們都很好奇，想好好地看看我們，我心裡感到很驕傲。」[32]

儘管如此，共產黨還是得到不少人的熱情擁護。丹棱就是其中之一，那年他十六歲，還是個學生。北京城解放那天，所有的課都取消了，他和一些同學被挑中，舉著標語旗幟和五角星形狀的燈籠加入歡迎解放軍的人群中。他們來到距天安門往西一公里的主要商業區——西單，那裡已經聚集了數千名好奇的群眾，學生們在人群中被推來推去，很快就走散了。丹棱奮力往前擠，但最終連解放軍的影子都沒看到。他只好丟掉破碎的旗幟，跳上一輛電車回去，售票員因為忙著看熱鬧，沒留意到他沒買票。他把臉貼著車窗，終於看到了步槍、刺刀、子彈袋和樸素的軍裝。看到這支紀律嚴明的部隊，丹棱感到滿心歡喜。[33]

天安門廣場上掛起了一幅匆匆繪就的毛澤東像，過了幾個月，毛本人來到了北京城。他乘坐著道奇牌的豪華防彈車，駛向北京城郊區的頤和園。這輛車產於底特律，曾是一九三〇年代蔣介石的座駕。[34]

* * *

就在林彪打通華北通道的同時，徐州附近也在進行一場更加慘烈的戰爭。如同在滿洲和華北一樣，這場戰役是為了爭奪對鐵路動脈的控制權——從北京到南京的鐵路，與從西部通往黃海的鐵路正好在此交會。而且徐州是通往國民黨首都南京的門戶，也是通往富庶的長江中下游平原的必經之地。

一九四八年十一月，一百多萬解放軍湧向徐州，打響了中國歷史上規模最大的戰役之一——淮海戰役。這一百多萬部隊中，有四十萬是從滿洲南下，經北京直撲徐州，另有二十萬來自鄰近的山東。國民黨則調集了四十萬軍隊前來守衛這個地勢平坦、物產富饒的交通要塞。解放軍的指揮官是陳毅，他迅速切斷了鐵路線，並用大炮炸毀了當地的機場。國民黨軍隊的總司令是杜聿明，他曾在滿洲與林彪交過手。情急之下，杜命令他的軍隊穿過顛簸不平的公路和被破壞的鐵路，在徐州城東邊建立起一道新的防線，城北和城西因地勢低窪，遍布溼地，正好利用秋天的洪水來防守。[35]

戰爭在徐州城外打響了，雙方都動用了坦克與大炮，想拚命爭奪這個交通要塞，因此打得異常激烈。國民黨的飛機掌握了制空權，只要天氣晴朗，就不分晝夜地對敵人進行空襲。一座座古城被炸毀，一座座村莊被炸彈照亮，房屋被夷為平地，播種了冬麥的田地裡冒著一股股濃煙。在曹老集北邊的一個村莊，全村都被迫擊炮炸成了平地，滿地是燒焦的稻草，兒童和婦女站在斷垣殘壁間，孤助無援。其中有一個老太婆，穿著臃腫的黑棉襖，看著失去的一切，表情悲傷地站著發呆。有一名共產黨將軍事後回憶道，許多村莊都被解放軍地毯式的轟炸徹底摧毀了：「同杜聿明作戰時，我們使用了數千發炸彈和數不清的炮彈，把村子都炸平了。」有一名飛行員報告說，目光所及之處，所有的村子全被燒毀：「戰場上到處都是屍體。」[36]

為共產黨提供後勤支援的大約有五百萬群眾，包括男人、女人和兒童。負責招募這些民工的，是一位性格強硬的共產黨領導人——鄧小平。他對每個村莊都下達了指標，不達標者會受到嚴懲。這些從事繁重勞動的群眾不僅得肩挑背扛地將食物和各種物資送往前線，還要被當作人肉盾牌，被迫走在解放軍大部隊的前面，因此戰爭中的國民黨士兵，經常不得不面對大批手無寸鐵的農民。林精武當時是一名普通的國民黨士兵，許多年後他還記得向平民射擊的情景。因為平民的人數太多，他的手都打麻木了。他心裡感到很難過，試圖閉上眼睛，但手卻無法停下來。[37]

田野裡都是一群群逃難的人，火車裝滿了破衣爛衫的難民，鐵軌兩邊則躺滿男人、女人和兒童的屍體，「看上去就像破碎的玩具一樣」。火車頂上也擠滿了人，但因為天氣寒冷，許多人的手凍僵了，抓不牢，夜裡便從車頂摔了下來，僥倖活下來的人則把自己綁在火車頂上，小孩和所有值錢的東西也都綁在身上。[38]

徐州的防守同瀋陽一樣：雖然蔣介石親自干預，但部隊調動雜亂無序，指揮系統混亂失靈，再加上情報失真、軍心渙散，最終導致了國民黨的滅頂之災。在共產黨的猛力攻擊下，國民黨不久便被迫撤往徐州城內，只能靠空投的物資生存。城內的食物很快耗盡，士兵們開始宰殺馬匹，老百姓則靠吃樹皮和草根維生。徐州城外，在介於雙方陣營之間的村莊裡，許多婦女和兒童被活活餓死或凍死。蔣介石派飛機從徐州城裡將人員撤出，運往上海。用一名飛行員的話說，這些士兵「滿身血汙和糞便，處於死亡的邊緣」。城內人心惶惶，紛紛傳說為了防止物資落入共產黨之手，蔣介石已經下令轟炸徐州城。解放軍用高音喇叭向國民黨軍隊喊話，承諾向他們提供食物和住所。結果，被包圍的國民黨軍隊整師整師地前來投降。杜聿明則裝扮成普通士兵試圖逃跑，但被解放軍抓獲。一九四九年一月十日，戰爭結束，國民黨失去徐州，遭到了致命的重創。[39]

＊＊＊

丟掉華北後，國民黨敗局已定。一九四九年一月十四日，共產黨頒布了八條苛刻的和平主張。兩個星期後，蔣介石宣布下野。他身穿樸素的卡其布軍裝，沒有佩戴任何軍銜，在位於南京國防部的一間小小的會客室裡，宣讀了一項聲明，將和平談判的大權交給了副總統。[40]

但是，蔣的決定為時已晚。民眾對他的下野反應冷淡，大家已飽受通貨膨脹和沉重賦稅的痛苦，不少人甚至公開表達對國民黨的痛恨。雖然媒體受到官方控制，但政府濫用權力打壓民眾的情況還是得到了廣泛報導。警察用各種殘酷的方式捉捕共產黨的地下黨員，令許多人心生反感。在周恩來的領導下，共產黨開動強大的宣傳機器，對國民黨發動了一場宣傳戰。他們不僅充分利用了國民黨政權的每一個錯誤，而且竭盡所能想讓大家相信，推翻國民黨後，中國將實行各項社會改革，走上民主自由的道路。共產黨的宣傳之所以能成功，主要是因為大多數人對共產黨並不瞭解，只有個別記者曾在監視之下實地參觀過共產黨的根據地。但更重要的原因則是人們早已厭倦了戰爭，在經歷了長達十多年的恐懼和暴力之後，只要能實現和平，即使由共產黨來統治中國，大家也可以接受。

與此同時，共產黨利用和談的機會調兵遣將，進行休整。在長江北岸的農村地區，民工們被組織起來，用獨輪車和驢車為軍隊運輸糧食，並把卡車上的發動機拆下來裝到木船上。到了三月底，已有近一百萬解放軍聚集在長江北岸，準備南下。

正當共產黨準備跨過長江占領全中國時，英國派了一艘海軍護衛艦，打算從上海撤出滯留在南京的本國公民。這艘軍艦叫「紫石英」號，灰色的船艙兩側畫有高達五公尺的英國國旗，一看到它，就讓人不禁聯想起以前外國的炮艦在長江上巡邏監督的歲月。就在「紫石英」號從上海駛往南京的途中，卻被從長江北岸發射的兩枚炮彈擊中，船體受損後只能隨波逐流，最後擱淺在泥濘的岸邊。雖然船員們掛起了兩面白旗，但炮擊依然持續了數天，最終導致四十四名船員死亡。這艘英國皇家海軍的護衛艦在擱淺了十個星期後，才終於剪斷鐵鍊逃脫。毛澤東將「紫石英」號視作列強侵略舊中國的象徵，他下令解放軍的行動絕對「不容許任何外國干涉」，並要求英國、美國和法國從中國全部撤軍。這次事件成了世界各國的頭條新聞，毛澤東對此則感到很高興。41

「紫石英」號事件為上海的外國人敲響了警鐘。僅僅過了幾天，解放軍便發動了全面攻擊。他們乘著帆船舢板，吹著嘹亮的軍號，跨越了長江。國民黨只進行了象徵性的抵抗，大批國民黨士兵早就開始逃跑，南京城內搶掠成風，在商業中心夫子廟，破衣爛衫的男女老少互相嬉鬧著，將沙發、地毯和寢具從兩層樓的洋房裡拖出來，扔到樓下的草坪上。「一名士兵開心地笑著，他扔掉槍，一隻手握著一盞檯燈。有一個老太婆，灰白的頭髮在腦後挽成一髻，穿著破爛的黑衣服，抱著四只漂亮的繡花坐墊，邁著顫巍巍的小腳，開心地跑遠了。」交通部的辦公室裡，從窗框到衛浴設備，都被拆卸一空，地板也被撬了當成燒火的木柴。機場裡擠滿了人，人人都爭著用暴力或行賄的方式登上飛機，士兵則晃動上了刺刀的步槍，驅趕著人群。一名國民黨將軍卻大聲吆喝著，讓手下往飛機上裝一架體積龐大的鋼琴。[42]

夜幕降臨時，全城都陷入了恐慌，街上的氣氛變得越發可怕，遠處不斷傳來槍聲，間雜著爆炸的巨響，震動著全城。撤退的士兵點燃了長江邊的彈藥庫和燃料庫，火光把天空照得透亮。在一座破舊的旅館裡，臨時負責管理這座城市的和平維持會的成員們圍坐在小桌旁，一邊喝茶，一邊草擬歡迎共產黨進城的口號，他們還製作了許多布告，要求市民保持秩序。[43]

四月二十三日，解放軍士兵身穿被汗水浸溼的軍裝，列隊開進了南京城。第二天，人們看見他們沿著人行道整齊地坐在各自的背包上，聆聽幹部的訓話，高唱革命歌曲。好奇的人們圍著觀看，有人為士兵送去熱水——每個士兵隨身都帶著一個大水杯，掛在皮帶上。學生們衣著整齊地走上街頭，向進城的部隊由衷地歡呼，但大多數士兵對歡迎的人群不理不睬——他們與這些人實在沒什麼共同之處。在總統府裡，陳毅和鄧小平輪流坐上蔣介石曾經坐過的椅子。[44]

長江是解放軍大舉南下的最後一道天險。越過長江後，他們的行動就變得極為迅速了，僅用四天就占領了南京，武漢也很快陷落。隨後，解放軍迅速地向東進軍，切斷了上海至廣州的鐵路線，把上海這座中國的金融中心變成了孤島。守衛上海的國民黨軍官發誓說：「上海將是中國的史達林格勒。」但在這座號稱「東方巴黎」的城市裡，大多數人出於對長期圍城的恐懼，並不希望看到這樣的局面。[45]

上海最主要的防線是一道長達五十公里的木頭圍欄，而且木料最初是由聯合國善後救濟總署運到中國來的。在風暴即將來臨之際，全城卻顯得分外平靜，對共產黨的迫近，大家似乎漠不關心，繼續各自喧囂的生活，俱樂部裡的賭局照開，外灘的夜總會和酒吧也照常營業，在修剪精美的草坪上，英國僑民們繼續打著板球，或在午後的陽光下啜飲著杜松子酒，李爾公爵、探戈、彩虹等俱樂部的女招待們，有的坐在酒吧高腳椅上，有的癱在扶手椅裡，對上海的現狀似乎全不在意。儘管通貨膨脹嚴重，但每個人好像都在忙著做交易，有人用美元，有人用金條，有人則用實物互相交換。

為了避免像南京那樣發生搶掠事件，上海實行了戒嚴令。一些共產黨嫌疑分子、黑市投機者和其他犯人在郊區被處決。行刑前，他們先被拉著遊街示眾，每個人被迫站在卡車的車斗裡，脖子上掛著白色的牌子，上面寫著各自的罪名。遊完街後，所有犯人都被拉到刑場，站成一排，士兵瞄準他們的後腦勺射擊。在遠離市中心的馬路上，守軍徵召了數百名勞役，匆匆忙忙拉起鐵絲網，疊起土包，搭建起一座座機槍陣地。主要的十字路口都用沙包堆起了臨時崗哨，士兵們用刺刀撥弄著進城的難民隨身攜帶的包裹。國民黨甚至還組織了一次勝利遊行來鼓舞士氣。一輛輛卡車駛過街道，工人和學生們呼喊著效忠蔣介石的口號，從上海第一高樓——百老匯大廈的屋頂，房客們可以看到黃浦江對岸的炮火映紅了天空，越來越多的村莊被焚毀，地平線上不時可以看到一枚枚炮彈劃過的痕跡。[46]

當陳毅的部隊逼近上海城外的農村時，市區的菜場和路邊的地攤上再也買不到新鮮蔬菜了，漁民們也被迫停止了打魚，上海人最喜歡吃的黃魚，價格在一天之內翻了六倍，而且隔天就斷貨了。米店裡擠滿了顧客，大家都擔心通貨膨脹加劇，糧食供應會持續短缺。上海市長則公開號召市民自己耕種蔬菜。[47]

五月二十五日，在焦急地等待了幾個星期後，上海終於落入共產黨之手。進城的解放軍幾乎沒有遇到什麼抵抗，因為商人和青幫迅速轉變了立場，國民黨也全面撤退了——有些部隊撤退時井然有序，有些則雜亂無章，士兵們滿身泥漿，個個惶恐不安。有些逃跑的士兵路過紅燈區，在店鋪裡瘋狂地亂翻，想找些舊衣服換上，換下的舊軍裝在大街上扔得到處都是。第二天的半夜時分，陳毅率領的一小支隊伍開進了位於上海西南角的法租界，他們隨後沿著霞飛路（Avenue Joffre）和大西路（Great Western Road），緊貼著馬路兩邊的樓房小心翼翼地行進，以防止國民黨狙擊手的零星偷襲。天明時分，他們抵達了外灘。

上海人都鬆了一口氣，城裡沒有發生搶劫、強姦或者徵用財產的情況。如同在其他城市一樣，解放軍士兵們紀律嚴明，一個個睡在人行道上，連市民們端來的熱水也不肯喝。他們看上去都是些青春期的年輕人，跟國民黨反共宣傳中描繪的暴躁、好戰的形象截然不同。菲律賓總領事馬里亞諾·埃斯佩拉塔（Mariano Ezpeleta）對於這些士兵如此年輕感到非常吃驚：

> 這就是共產黨士兵——大都是面色紅潤的十幾歲少年，身體單薄、步態靦腆，而那些成年的士兵看上去就是鄉下的土包子，他們站在十字路口，在輪流換腿以單腳站立的情況下保持身體的平衡，手裡隨意地端著卡賓槍，神情很平靜，睜大雙眼，四處張望，顯然是被上海華麗而壯觀的建築震驚了。這些人看上去就像剛從內地農村小鎮上來的學生，正在學習如何站崗呢。[48]

上海的報紙都對紀律嚴明的解放軍士兵進行了報導。《大公報》稱讚道：「公共交通秩序得到了恢復，沒有一名解放軍士兵坐車不買票，也沒有人插隊搶先上車。」類似的情形得到廣泛的報導，讓不少市民感到安心。[49]

老百姓都舒了一口氣，他們開始給這些共產黨士兵起外號、講他們的笑話了。有一個笑話說，有一隊士兵看到白色的陶瓷馬桶，竟然在裡面淘米，另一個當兵的拉了一下水箱的繩子，結果眼睜睜地看著大米被沖進了下水道。在豪華的華懋飯店裡，土包子們把他們的騾子拴在大堂裡，自己則不停地玩著電梯。這些故事並非都是杜撰出來的，馮冰興當年二十五歲，是一名解放軍士兵。他回憶說：「我們用電燈泡點香菸，在馬桶裡淘米，要知道我們許多軍官和士兵都來自農村，到上海之前，根本就沒有見過這些東西。」[50]

解放軍入城還不到一天，美國俱樂部附近就拉起了橫幅，宣告「歡迎人民解放軍」。六層樓高的大世界遊樂場，在門口掛起了巨幅毛澤東像。沿街的商鋪也都掛上了紅旗，連卡車都貼上了紅色的標語。車上坐著滿滿的學生和工人，個個興高采烈地揮動著彩旗。雖然遠處仍有槍聲，市中心的高音喇叭裡卻播放著共產黨的革命歌曲。第二天，部分地區的有軌電車和公車恢復了營運，警察們也回到馬路上繼續指揮交通，但是都戴上了紅色的袖章，以示效忠於新政權。「街角的小販們又出來叫賣了，馬路邊的菜販子消失了近一個星期，現在又運來了一堆堆各色農產品。」[51]

* * *

隨著共產黨占領南京和上海，那些仍未投降的國民黨軍隊開始往南撤退。廣州是離香港很近的一個南方港口和商業中心，一九一一年辛亥革命後，孫中山曾在這裡設立了國民政府。內戰期間交手的國共兩黨中，許多軍官都畢業於一九二四年成立的黃埔軍校。如今，短短幾週之內，廣州又變得繁榮起來，成為國民黨的臨時首都。面對步步逼近的共產黨，最早撤離南京的外國使團是蘇聯人，如今他們搬到了廣州愛群大廈的第六層——這棟樓位於廣州的外灘，是一座具有現代裝飾風格的大樓，除了第十層住著美國外交官，其他樓層大都被國民黨占據，成了他們的總部。愛群大廈附近的沙面島上，在榕樹掩映下的一棟棟豪華洋房，如今也被南遷的國民黨官員們買了下來。其他剩餘不多的房屋同樣遭到政府官員們的搶購，兩房一廳的小公寓光定金就高達四千美元。與此形成鮮明對比的是，廣州城外有大批窮人，只能住在破敗不堪的房子裡。隨著國民政府的南遷，這座城市一下子人滿為患，已經達到了承受的極限。[52]

然而，廣州的繁榮稍縱即逝。幾個星期後，共產黨開始繼續南下。一九四九年十月十四日，廣州陷落。從長春陷落開始，僅僅一年的時間，共產黨「不費吹灰之力」就完成了長達三千五百公里的行軍。[53]

慌亂之中，國民黨匆匆撤往重慶。十二月十日，蔣介石飛往臺灣，從此再也沒有回來。

＊＊＊

當共產黨南下廣州時，另一支部隊則沿著鐵路往西向徐州進軍。此外，還有與西藏、印度、阿富汗、蘇聯和蒙古接壤的大片邊境地帶，尚未有共產黨軍隊到達。這一大片地區人口稀少，大約只有一千三百萬，不到中國總人口的百分之三，地形上遍布沙漠、高山、草原和湖泊，生存環境艱苦，但風景優美，而且富藏各種資源，如石油、煤炭、黃金、鈷、鈾和其他稀有金屬等。在西北地方有一個穆斯林聚居地帶，那裡有許多清真寺，在舉行宗教活動時使用阿拉伯語。一九四八年，有一位旅行者記述道：「男人的小帽子和女人的頭巾是當地人的標誌，而且他們的面部特徵也非常明顯，跟普通漢人比起來，他們的鼻子更大、眼睛更圓，男人的下巴留著長長的鬍子，兩鬢的鬍鬚也很濃密。」[54]

除了穆斯林，這一地區還有其他許多族群。這種民族的多樣性在新疆體現得最為明顯。它是中國最西部的一個省分，與中亞接壤。這裡遍布牧場，還有大片的沙漠和雪山。歷史上不斷的戰爭和移民使這裡聚集了各種族群，如維吾爾人、哈薩克人、漢人、塔蘭奇人、吉爾吉斯人、蒙古人、白俄羅斯人、烏茲別克人、塔吉克人、塔塔爾人、滿族人等，其中人數最多的是「帶著小花帽、穿著背心和皮靴」的維吾爾人，占當地四百萬人口的四分之三。這些民族之間的關係有時很緊張，時而會爆發衝突，十九世紀時，清政府曾不得不使用暴力來鎮壓當地的武裝反抗，直到一八八四年新疆才完全融入大清帝國。[55]

西北地方還有當時全中國效率最高的地方政府，與國民黨控制下的其他地區形成了鮮明的對比。馬步芳身材勻稱，結實魁梧，是一名穆斯林將軍。在他的治下，青海各地的面貌煥然一新，不僅建設了快速整潔的公路，並在公路兩邊種上柳木和楊樹，在城市衛生、農田灌溉、醫院和醫療設施等各方面也都進行了改造。在省會西寧，有三分之一的人口受過教育，學生的衣食和學費都由政府承擔。當中國大部分地區都陷入內戰時，青海卻逐漸繁榮起來。[56]

但是馬步芳根本不是解放軍的對手。身材肥壯的彭德懷剃著光頭，長了一張鬥牛犬似的臉，他率領十五萬大軍擊潰了馬步芳的四萬騎兵，摧毀了國民黨在這個地區的所有希望。通往西域的古絲綢之路上的要塞蘭州，於一九四九年八月陷落，共產黨由此控制了玉門地區的油田。

至此，新疆已經唾手可得。歷史上，這個地區民族衝突不斷，而蘇聯人的干預使情況變得更為複雜。為了獲得貿易特權以及對油田、錫礦和鎢礦的開採權，蘇聯軍隊一直幫助盛世才鎮壓當地的叛亂——盛世才是一九三三至一九四四年間新疆的統治者。一九四〇年十一月，為了把新疆變為防禦日本侵略的緩衝地帶，蘇聯人實際上控制了這個地區，而盛世才因為害怕新疆會淪為第二個波蘭——早前，史達林和希特勒入侵並瓜分了波蘭——被迫同蘇聯簽訂協定，給予蘇聯對這個地區長達五十年的控制權。二戰結束時，蔣介石與蘇聯人達成協議，作為《中蘇條約》的一部分，俄國人同意撤出新疆。蔣介石同時還向哈薩克人與維吾爾人妥協，同意成立一個聯合政府，由國民黨和東土耳其斯坦的代表共用權力（東土耳其斯坦是在蘇聯的支持下，由反叛者在新疆北部成立的一個政治組織）。

如今，共產黨則透過武力征服與和平談判兩種方式欲使新疆屈服。首先，毛澤東邀請東土耳其斯坦的五名代表到北京參加會議。一九四九年八月二十二日，史達林命令後者與毛合作。兩天之後，這五名代表從哈薩克飛往北京，但飛機在貝爾加湖附近墜毀，機上所有人員全部遇難。一時間，謠言風起，有人認為這是史達林和毛澤東共同策劃的暗殺。東土耳其斯坦的其他領導人則同意將他們的政權融入新疆，接受中華人民共和國任命的新職務。隨後，彭德懷於十月包圍了省會烏魯木齊，迫使國民黨政府投降，新疆從此解放。但是此時，彭德懷的軍隊出現了補給短缺的問題。一九四九年十二月二十九日，他向毛報告說，他的部隊已經沒有糧食可吃：「我認為，不論是為了解決當前的困難，還是為了將來建設新疆，我們都必須得到蘇聯的巨大幫助。」結果，僅僅幾週時間，蘇聯的商人、工程師和顧問就湧入了新疆，滿載蘇聯軍隊的卡車也趁著夜色駛進了烏魯木齊。[57]

西藏的解放還得等上一段時間。一九四九年七月，拉薩驅逐了國民黨的代表。幾個月後，西藏政府發了一封信給美國的國務院，表示將「盡一切所能」進行自衛，抵抗共產黨的入侵。這封信還同時被送往倫敦和北京。北京同西藏展開談判，提出了一系列條件。與此同時，一九五〇年十月七日，四萬解放軍開進了拉薩地區，在海拔四千公尺的青藏高原上向前挺進。他們在昌都消滅了抵抗的藏軍，將脆弱的神權政府置於自己的控制之下。剛剛於一九四七年獲得獨立的印度，此時已經承認了中華人民共和國，尼赫魯對共產黨大加讚賞，並向全世界保證西藏問題將得到和平解決。如今，經過喜馬拉雅山前往印度和尼泊爾的所有主要通道都已被共產黨控制，英國宣布保持中立，因為印度獨立之後，這一地區對英國來說，已經失去了作為緩衝地帶的意義。聯合國也沒有出手干預，因為它正忙於應對韓戰。[58]

至此，共產黨成功地確立了自己的國界，除了外蒙古，他們大致繼承了十九世紀末清朝所開拓的疆土。正如布爾什維克繼承了沙俄的國土一樣，中共如今也在滿清王朝的基礎上建立起自己的政權，只有香港和臺灣未被中華人民共和國控制。[59]

第二部

接管（一九四九—一九五二）

第三章　解放

在歡快的氣氛中，中國迎來了解放。在每一個主要的城鎮，共產黨政權的成立都伴隨著精心編排的遊行活動。所有的遊行隊伍無一例外都以士兵打頭陣，士兵後面是卡車，車上立著毛澤東的巨幅肖像。表演扭秧歌的舞蹈隊員們則身穿藍色、紅色或綠色服裝，頭纏白毛巾、圍著絲質圍巾，手裡揮舞著紅旗，隨著腰鼓、鑼鼓和喇叭演奏的樂曲擺動身體。這些舞蹈的動作都是模仿農民的日常勞動，如插秧、挑水等。這種來自人民、為人民服務的藝術形式，在每次遊行和集會中都要表演。

然而，即使在秧歌很流行的北方，普通農民對這種歌舞也常常感到無法理解，因為有些曲調已經同當地的民歌沒有任何關係，而是模仿蘇聯的軍歌寫成的。傳統的歌詞講述的通常是愛情與背叛的故事，而且用詞下流淫穢，因此被共產黨廢止了，新編的歌詞都是關於廢除不平等條約和歌頌解放軍勝利之類的內容；傳統的舞步很複雜，如今則被簡化成了三、四個簡單的基本動作；傳統的舞蹈角色（如算命先生、怕老婆的男人、神職人員、鄉紳地主和神仙等）如今都變成了工人、士兵和農民。事實上，許多地方的老百姓根本看不懂扭秧歌。在西安，圍觀的群眾分不清舞蹈裡的各種角色，因為當地的傳統戲劇裡找不到這些東西，「唯一不變的就是震耳欲聾的鑼鼓聲，每天都像在過年。一聽到這個聲音，大家就知道時代已經改變了。」雖然看不懂，許多圍觀的群眾還是很享受這種節日的氣氛，因為它宣告著戰爭結束了。[1]

在沿海的大城市，政治集會的規模通常更大。一九四九年七月六日的上海，坦克和榴彈炮轆轆地駛過繁華的南京路，車隊後面還跟著大批的工人，他們冒著瓢潑大雨，揮舞著拳頭。有些公司還派了裝滿工人的卡車參加遊行。殼牌石油公司的一輛卡車上，豎著一個紙紮的資本家，手裡握著一張巨大的五元美鈔。遊行隊伍裡還有一群女學生，穿著整齊的白襯衫和半長的寬鬆褲子，在鑼鼓聲中喊著口號。就在幾個星期前，同樣是這些卡車，駛過同樣的街道，同樣是這些人，聲嘶力竭地喊著口號，不過那時他們慶祝的是蔣介石的勝利，而這一次支持的是共產黨。[2]

十月一日，北京舉行了盛況空前的遊行。在有三十萬人參加的開國典禮上，毛澤東宣布中華人民共和國中央政府成立了。為了這次遊行，準備工作很早就開始了。像大多數帝國的首都一樣，天安門廣場在內戰期間年久失修，看上去已經衰敗了，其規模比今天廣場的規模要小很多。廣場上還保留著中世紀的圍牆、陳舊的街道和破敗的房子——這些房子以前是供等待上朝的官員休息用的。廣場的地面坑坑窪窪、扔滿垃圾，地磚的石縫裡長著薊類植物，還有些歪歪倒倒的樹。[3]

許多學生自願參加清掃廣場的活動，丹棱就是其中之一。作為對這些學生辛勤勞動的回報，他們獲准可以到現場觀看遊行。慶典當天，丹棱一大早就來到集合地點，在寒風中等候。黎明時分，天空下起了毛毛細雨。當所有學生都抵達後，大家排著隊進入廣場，各自找到事先安排好的位置。他們發現地上還有一些很深的小坑沒有被填平，於是丹棱和他的同學們就站在這些坑裡，緊緊地擠在一起取暖。[4]

廣場上，數千面旗幟在秋風中獵獵飄揚，現場人山人海，但每個人都是精挑細選出來的。李志綏醫生出生於北京，當年二十九歲。他讀到共產黨如何和平解放北京的報導後，便辭去了澳大利亞的工作回到中國。那一天，他也在人群中，和大家一起高唱革命歌曲，並呼喊口號：「中國共產黨萬歲！」、「中華人民共和國萬歲！」、「毛主席萬歲！」

十點整，毛澤東和其他領導人出現在天安門城樓的觀禮臺上。他的出現使原本就很興奮的人群更加激動，對許多人來說，這是他們第一次遠遠地見到中國的大救星。那一年毛澤東五十六歲，他身材高大，臉色紅潤，聲音洪亮，吐字清晰，講話時顯得很果斷。這一天，毛並沒有像平時拍照時那樣身著軍裝，而是穿了一件深棕色的中山裝——這種衣服不久便被稱為「毛服」。他的頭髮又黑又多，戴了一頂工人帽，露出又高又寬的額頭。為了表示團結和民主，他和幾位非共產黨的政治人物站在一起，其中包括孫中山的遺孀宋慶齡。雖然宋的妹妹嫁給了蔣介石，但在內戰期間，她始終支持共產黨，如今成為中共統一戰線的代表人物之一。當然，毛是所有人關注的焦點。在許多圍觀者看來，這確實是一個具有非凡魅力的領袖。他說話語調溫和，甚至帶著一種輕快的感覺，雖然帶有濃重的湖南口音，但大多數中國人都能聽懂。毛發表了精彩的演講，他宣布：「中華人民共和國中央政府今天成立了！」人群開始歡呼，爆出震天的口號聲和雷鳴般的掌聲。李志綏幾乎哭了出來：「我感到無比高興，好像心都要從喉嚨口迸出來了，我的眼裡噙滿了淚水，為中國感到無比驕傲，內心充滿了希望。一想到中國人所受的剝削和痛苦以及外國的侵略都將從此結束，我就感到非常高興。我毫不懷疑，毛就是革命的偉大領袖，就是新中國的締造者。」5

對丹棱來說，那天最興奮的時刻是觀看閱兵式。在鑼鼓的伴奏下，歌舞隊扭起秧歌，高蹺隊穿著鮮豔的服裝歡快地蹦來蹦去，但最受矚目的遊行隊伍是軍隊。大約有一萬六千四百名步兵和騎兵，以及坦克、裝甲車和配有機關槍的卡車參加了閱兵。當人民解放軍列隊經過天安門廣場時，出現了幾架飛機在空中盤旋，用來展示中共的軍事實力。緊接在士兵方陣後面的是工人、學生和機關幹部，許多人揮動著紙做的標語和毛澤東的畫像，有些畫像已經被風吹破了。丹棱和他的朋友們在雨中不吃不喝地站了十幾個小時，雖然無處避雨，但大家都很開心。[6]

＊＊＊

第二天，丹棱開始拉肚子。症狀持續了一個月，幾乎要了他的命。丹棱初次見到共產黨是在一九四七年，當時他才十四歲。雖然國民黨把共產黨稱作「匪」，但共產黨的形象卻因此在他心目中變得更加高大了，因為在中國的民間故事中，這些反叛者通常都是反抗腐敗官員的英雄。離丹棱家不遠的一所院子裡就關押了幾名共產黨員。有時候，這些犯人們獲准到室外表演唱歌和戲劇，讓丹棱和附近的男孩們留下了深刻的印象。他很崇拜這些人，而且相信解放區的窮人都能吃飽飯，並受到平等的對待。有一天，丹棱和其他兩個男孩聽說共產黨在北京西邊的大山裡有一個據點，便決定前去投奔。他們帶著食物、水和小刀，趁著夜色溜出城，摸黑跌跌爬爬地穿過荒地和墳場。他們在一個小村子裡過了一夜，很快就吃光了所有的食物，最終不得不放棄原訂計畫。這次經歷讓丹棱對共產黨更為嚮往。一年之後，解放軍包圍了北京城。城裡到處都是國民黨傷兵，有些士兵不僅敲詐老百姓，甚至恐嚇警察。當解放軍在城外紮營，切斷了國民黨的食物供給後，國民黨不得不用運輸機向城內空投急需物資，而為了搶奪這些物資，國民黨士兵們經常打成一團。

在參觀了一次關於蘇聯的圖片展後，丹棱對於共產主義的想像變得更為清晰了。特別打動他的是一幅描繪工人家庭的畫，畫中的父母滿面笑容，和面色紅潤的小孩們圍坐在餐桌旁，桌上放滿了雞蛋、麵包、肉和其他食物，有些他連名字都叫不出來。參觀了這次展覽後，丹棱感到非常自豪，自認為已經非常瞭解蘇聯人民的生活，試圖說服親朋好友都來支持共產黨。他的父母對此並不熱衷，也許是因為生活的艱辛已經磨平了他們的想像力，但他的兩個兄弟卻非常感興趣，對一個人人物質充足的社會充滿嚮往。丹棱十五歲時，因為年幼無知，而且渴望過上衣食無憂的生活，因此加入了共產黨。[7]

二十九歲的李志綏醫生是一個愛國青年，對自己國家的文化、文學、藝術和歷史都深感自豪。他在澳大利亞有一份工作，在船上擔任醫生，因此並沒有捲入一九四八年的內戰，但是由於澳大利亞實行嚴格的移民限制，只青睞白種人，所以想要在澳大利亞長期待下去並不容易。他當時住在一間很小的宿舍裡，年輕的自尊心受到種族主義移民政策的傷害，情緒越來越低落。他為妻子在香港租了一間房子，但自己並不想移民到香港，出於民族自尊，他不願成為外國人殖民統治下的二等公民。

解放的消息終於使李志綏從低落的情緒中解脫出來，他被共產黨勝利的報導所震動，相信中國最終將恢復應有的世界地位。當他在報紙上讀到關於「紫石英」號事件的報導時，立即認為這是反抗帝國主義侵略的一次勝利。這時，他的哥哥從北京寫信要他回國，一下子激發了他的愛國主義情懷。他認為共產黨對黨外知識分子的團結是真心誠意的，因此決心回國：「我崇拜這個黨，黨就是新中國的希望，我在澳大利亞就像一個盲人，不知道自己要去哪兒，是統一戰線讓我看到了希望。」[8]

許多海外華人也像李志綏一樣，紛紛響應號召回國效力。中共在香港的地下組織將一批批人帶出邊境、送入廣州。這個過程通常充滿驚險，偷渡者得打扮成農民的樣子，在邊境附近的指定地點接頭，然後跟隨嚮導步行，跋山涉水到達東江解放區。對許多人來說，這段行程中最令人興奮的事情是觀看升旗儀式。有人回憶道：「當看到我們自己的旗幟升上旗杆時，我的眼睛不禁溼潤了。」有一張集體照就記錄了這一時刻。黃以雙是香港拔萃女書院的畢業生，她給自己改名叫黃星，同其他幾百人一起踏上了回國的旅程。她們在沿途的學校裡借宿，睡覺時在教室裡一排一排躺得整整齊齊。走了七天，她們終於抵達了廣州，在東亞大酒店每十人住一個房間。馬路對面就是愛群大廈，幾個月前還是國民黨的總部，如今大廈的屋頂掛著一幅長長的標語，上面寫著「中國人民站起來了」。[9]

香港成了一個重要的轉運站，一群群華僑從海外歸來，經由這裡回國參加革命，與此同時，一群群難民也湧入香港，躲避不斷迫近的共產黨。逃離大陸的人各色各樣，有些人靠手藝為生，有些則攜帶著做生意的資本。一九四五年與蘇聯協商《中蘇友好條約》的宋子文也來到了香港，受到儀仗隊的列隊歡迎。雲南省的前軍閥龍雲將軍，也帶著隨從來到香港，不過他很快就返回大陸，就任政府高官。

同宋子文和龍雲一樣，大多數人都是香港的匆匆過客，許多人從香港前往東南亞、美國、拉美或其他地方。但也有大約一百萬人決定留在香港，其中有些是富有的企業家，他們將整座工廠都搬到了香港，從此跟香港的命運息息相關，而大多數則是手藝人、小店主和農民，當然還有不少窮人——他們初到香港時，除了包袱裡的衣服幾乎一無所有。數十萬難民在大街上流浪行乞，在香港島和九龍的山上，用泥土、木頭、竹竿、鐵皮、油紙和其他材料搭建住宿的棚子。還有四萬人只能睡在大街上，想方設法為自己在走廊或地下室找到一個容身之處，起居和做飯都只能在戶外。有人在屋頂上擅自搭起違章的棚子，條件稍好一些的則在出租屋裡租一個小房間，一家人擠在幾平方公尺的地方。難民當中還有幾千名士兵，許多人行動不便，身有殘疾，臺灣政府將這些人視為危險分子，拒絕他們入境。他們在摩星嶺附近的貧民窟住了幾個月後，最終由社會福利局安置在吊頸嶺（調景嶺），住在大帳篷和鐵皮屋裡，這裡很快就被稱作「小臺灣」。[10]

另外還有一、兩百萬難民，追隨蔣介石和國民黨去了臺灣。許多人遭受了很深的精神創傷，無數的士兵和政府官員匆忙逃跑時，顧不上留在家中的妻兒，從此與親人天各一方。一九四九年九月，應美君與她一歲的大兒子在火車站告別。小孩哭得很凶，她只好將他留給外婆照管，不敢把他帶上人滿為患的火車。母子分別後，小男孩從此常常沿著家門口的鐵軌追著火車跑，以為媽媽就在火車上。直到一九八七年，母子才得以團圓，那時兒子已經四十歲，在一家國營農場從事繁重的體力勞動。這數十萬難民，在長達三十年的時間裡，與親朋好友的連繫全部中斷，對故園的人事代謝也全然不知。除了不得不忍受這種孤寂，他們還得面對臺灣當地居民的敵視。在一九四七年的「二二八」事件中，數千名手無寸鐵的臺灣平民抗議國民政府的腐敗和壓迫，結果遭到國民黨的屠殺。蔣介石隨後頒布了戒嚴令，在臺灣實行恐怖統治，造成大陸人和臺灣人之間數十年的隔閡。[11]

大陸解放之後，與外部世界的交流很快便被「竹幕」隔斷，中國歷史上最大規模的人口遷徙也隨之畫上了句點。然而，大多數中國人對新政權的態度是既不支持也不反對，他們別無選擇，只能留下來。目睹著一座座城市獲得解放和一次次慶祝遊行，他們在慶幸戰爭結束的同時，對未來既抱著希望，又有幾分憂慮。

＊＊＊

慶祝活動之後，隨之而來的就是警察。跟士兵比起來，這些警察就沒那麼友好了。他們不請自來，挨家挨戶上門搜查各類違禁物品，如武器和收音機等。住在西安的康正果家也受到了騷擾。在他記憶中，那個上門的警察穿著破舊的制服，說話帶著濃重的山西口音。「每次他來，我們就在客廳裡招待他喝茶，但是他好像不習慣坐在光滑的木頭椅子上，坐了一會兒就蹲在上面，連鞋子也不脫。」這名警察對康正果家裡的真空管收音機很感興趣，懷疑是無線電發報機。為此，康正果的父親一再被叫到派出所接受質詢，最後他不堪其擾，索性把收音機交給了警察。[12]

全國各地，任何被當局懷疑為同情國民黨的人都要接受警察的詢問。在北京、上海、武漢這樣的大城市，解放後幾天之內，就由經過特別訓練的小組接管了整座城市的治安工作。他們先聽取地下黨員的簡要彙報，隨後便進駐各地的派出所和警察局，要求所有警察都不許擅離職守。陳毅就任上海市長後，脫下軍帽，換上了黑色的鴨舌帽。他嘴裡叼著一根沒有點燃的香菸，和上海的警察們開了三個小時的會，要求他們「自我改造，同時要完成任務，不要有任何不安」。[13]

共產黨剛剛進城，只能讓之前國民黨政府的職員和警察留守崗位，包括郵局、市政府、警察局在內的各個部門都是如此。但有些部門的高級官員已經溜走了，共產黨便任命了一批新的官員，他們都是黨的幹部，負責接管城市的工作：

> 這些新政權的官員通常身穿藍色或卡其色的制服，像士兵一樣戴著布帽，甚至在辦公室裡也不脫，看上去更像是蘇聯的人民委員而不是中國的政府官員。他們大都出生貧苦，因此生活作風很簡樸，所有的吃穿住都靠黨來提供，連香菸和肥皂也由政府配給，每個月的工資還不夠買一雙劣質的涼鞋。他們住在被政府沒收的洋房裡，但不習慣柔軟的床墊，躺在上面睡不著，因此喜歡睡在地板上。他們也不願意接觸陌生人，除了少數負責處理「外交關係」的人員外，普通人根本無法接近他們。他們認為所有人都應該說北京話——北京話現在已經成了全國的官方語言——而不是說上海話或其他方言。[14]

整體來說，新政權的日常運作還得靠前國民黨政府的雇員。一九四五年，國民黨警察便開始實行戶籍登記制度，並在其控制的城市發放身分證，但一戶並不一定是一個家庭，也可以是一個集體單位，比如一個工廠的宿舍或者一個醫院的部門。如今，戶籍登記的工作由新政權接管，儘管內戰期間共產黨曾譴責這套制度是「法西斯主義」，但他們現在換了一種說法。每一戶的戶主都得到一張食品供應卡——所謂戶主，包括一個家庭的家長、工廠的經理或者寺廟的住持——與此同時，戶主必須向政府報告所有成員的變動情況。因為食品都是按戶籍分配的，所以每個月派出所都得向群眾發放食品供應券。正是透過這種制度，國家前所未有地將每一個家庭和單位置於自己的控制之下。[15]

除了戶籍登記外，每一個人都得劃分階級成分，其依據包括「家庭出身」、「職業」和「個人情況」等。根據各人對革命的忠誠度，階級成分依次分為「好」、「中」、「壞」三大類，其中每一類又可再細分，因此總共約有六十種之多：

好的階級包括：

革命幹部
革命軍人
革命烈士
產業工人
貧下中農

中間階級包括：

小資產階級
中農
知識分子和專業人士

壞的階級成分包括：

地主
富農
資本家

這些階級成分不久便被簡化成兩大類：「紅」與「黑」，或者「友」與「敵」。在接下來的數十年裡，它們將決定每一個人的命運，而且每個家庭戶主的階級成分也決定了其小孩的成分。[16]

首先遭到逮捕的，是被新政權一向視作敵人的「戰犯」、祕密會社的頭子，以及沒有逃跑的舊政權主要領導人。但很快地，共產黨開始捉捕「特務」和「間諜」之類的隱藏敵人，於是那些屬於壞階級的人也成了被懷疑的對象。畢竟中國當時還處在戰爭時期，雖然各地都舉行了勝利遊行，但有些地方直到一九五〇年底才全部解放，而且中國的大部分水域仍控制在國民黨手裡。從一九四九年夏開始，國民黨就封鎖了所有港口，並派飛機轟炸聚集在中國南部沿海的數千艘船隻，以防止其入侵臺灣。國民黨甚至還空襲了上海、廣州等沿海城市，雖然他們的目標設定為軍事和工業設施，但實際上也造成了數百萬平民的傷亡。此外，國民黨還繼續向廣西等地的反共游擊隊提供食品、彈藥等物資。特務活動也幾乎從未停止，雖然經常有人被逮捕，但臺灣方面仍不斷派人對沿海地區進行突襲，致使許多地方都風傳蔣介石即將反攻大陸。

新政權在許多城市都實行了宵禁。在上海，各類汽車從晚上九點開始就不許上街，行人則從十一點開始禁止出門，每一個街口都站著持槍的士兵。[17]報紙和廣播不停地報導有關敵人祕密活動的可怕消息，宣傳海報也隨時隨地提醒大家保持警惕。敵人似乎無所不在，當時天津有一個喊得很響的口號：「解放全中國，活捉人民公敵蔣介石。」[18]

政府鼓勵民眾寫信給警察和報紙，揭發鄰居或朋友，並可獲得獎勵。一夜之間，全中國似乎有一半人口都變成了共產黨員。有一個當時住在上海的外國人寫道，人們爭相表示效忠新政權，「每個人都聲稱自己是游擊戰士，是赤膽忠心的黨員」。[19]那些被劃為壞階級的人則須接受警察的審訊，交代自己的歷史以及與外國人的關係，有時警察還上門搜查，尋找可疑的文件和武器。沒過多久，連收音機都成了可疑物品，僅上海一地就沒收了數千臺收音機，還有各類槍枝彈藥。

最初還沒有出現集體槍決的情況，但那些被新政權視為最危險的敵人，都遭到祕密關押和處決，其他人則必須向政府登記，接受訊問，並被監視居住。上海有數百名「反革命分子」被認定為特務、間諜或刑事罪犯，在一九四九年十二月之後的數月內被槍斃。在河北，解放之後的一年內，有兩萬多人被祕密處決。不久，各地殺人的規模開始迅速擴大。[20]

不過，在當政者看來，他們對大多數背景可疑的人並沒有過多追究，因為諸如教授、職員、銀行家、律師、經理、醫生、工程師等專業人士，對一個政權的穩定和國家的經濟建設都具有重要的價值。但是，歡歌笑語的日子已經結束了，所有人都必須學習新的官方意識型態。無論在機關、工廠還是學校，人人都得閱讀大量的宣傳小冊子、雜誌、報紙和教科書，以學習新的教條，接受所謂的「再教育」。「每個人都要掌握正確的答案、正確的思想、正確的口號。」這種做法就是「洗腦」。從北京到廣州，所有的城市都變成了對成年人進行再教育的中心，銀行、大商場和寫字樓都設有專門用作再教育的圖書館，新政權試圖把每個人都改造成共產主義「新人」。[21]

那些歷史上有汙點的人不得不寫悔過書，交代自己的錯誤。大多數人只要承認自己犯過錯就行了，但也有人寫了非常嚴肅的懺悔書，公開發表在官方控制的報紙上。還有些人被迫站在大庭廣眾之下，懺悔自己的罪行，有時長達數小時之久。此外，還有一種懺悔的形式稱為「辯論」，無休無止的辯論會把人折磨得筋疲力盡，有些人甚至被關在辦公室裡，接受幹部和政治指導員的反覆談話，任何辯解都會遭到駁斥，直到完全悔過為止。每個人的「交代材料」（自白的犯行）都會放進個人的檔案，跟隨其一生。

＊＊＊

還有一類人的處境更為不妙，新政權將他們視為不利於社會穩定的因素，他們的存在只會浪費社會資源。這類人用馬克思主義的話來說就是「流氓無產者」，但幹部們通常把他們稱作「蛀蟲」和「垃圾」，他們包括貧民、乞丐、小偷和妓女，以及在內戰期間逃往城市的難民和無業人員。許多城市居民因為渴望迅速恢復社會秩序，所以支持政府對這些人進行清理，但也有些人擔心城市人口會因此大幅減少。[22]

在北京，負責接管監獄的部隊發現，大多數監獄都空空蕩蕩。為了節約食物和用作取暖的燃料，幾個月前國民黨的市政府就下令將許多犯人釋放了。在首都的大街上，有些乞丐以為他們真正獲得「解放」了，因此在大街上任意捕殺流浪狗，有些人以砸破商店玻璃的方法來敲詐店主，每天甚至可以得到八至十公斤的糧食，而有些黃包車夫則認為，解放意味著再也不用遵守交通規則了，結果致使交通堵塞，有數千人因此被捕，關在城外臨時的集中營裡。至一九四九年底，有大約四千六百名流浪人員被關押在改造中心和管教所裡。[23]

和其他人一樣，這些人也被迫反省自己的罪過，同時學習新的意識型態和生存技能。許多人利用這個機會學習了新東西，但也有人陷入抑鬱之中，不過根據官方的宣傳，所有人都得到了真正的「解放」。有一篇報導說：「有些人覺得非常難過和痛苦，因此裝瘋賣傻，做出各種瘋狂的舉動並試圖逃跑，還有些小孩哭著鬧著要回家。有少數人拒絕接受再教育，例如有個叫劉國遼的人，自尊心很強，他在接受改造時態度堅決地宣布：『我的鋼筋鐵骨根本無法改造。』」[24]

改造所的條件通常很差，而且普遍存在虐待行為。在北京西郊，接受改造者的食物和衣服常被衛兵偷走，還要遭受衛兵的毆打。據一次詳細的調查發現，有兒童在拘押期間遭到性侵。護士們對這些人毫不關心，特別是為他們打針的時候，動作通常都很粗魯。每個月都有人死亡，老年人的死亡率特別高。[25]

上海的情況也是如此。數千名小偷、流浪漢和黃包車夫被捕，並被送往勞改營。捉捕的風潮一陣接著一陣，一九四九年十二月，僅僅三天之內，就有五千多名乞丐和扒手遭到逮捕送往拘留中心。許多人被挑選出來接受再教育和技術訓練，但很大一部分人最終被送入監獄。至一九五一年五月，提籃橋監獄囚禁了三千多名流浪漢、小偷和乞丐，有人則被送往農村的勞改營，數十人被槍斃或在拘禁期間死亡。[26]

大街上的小販也被驅趕殆盡。在國民黨時期，小販們使用各種工具——籃子、扁擔、獨輪車、驢——來裝運貨物，沿街叫賣，並用獨特的叫賣聲或小玩意來招攬顧客。街角的人行道上也擺著小攤，商品五花八門，包括水果、蔬菜、布料、陶器、籃子、煤炭、肉類、玩具、糖果、堅果、肥皂、襪子、手帕、毛巾等，應有盡有。[27]

然而，解放後僅僅幾個月，這些小販全被抓了起來，先是接受質問，隨後被遣返原籍，只有少數人獲准留下來，但是不能再在大街上叫賣。政府開始建造露天市場，對商販們進行統一管理。在天津，兩天之內就在一片荒地上用竹子搭起了一大片棚子，又用了一天時間，把整塊地方用圍牆圍了起來，並蓋上蓆子當作頂棚，地上則劃出一個個攤位。政府搬來桌子、板凳，還組織了遊藝活動吸引顧客。市場裡擠滿了變魔術的、走鋼絲的，以及各類演員和歌手，但再也聽不到走街串巷的叫賣聲了。[28]

妓院也關門了。一九四九年十一月二十一日，兩千四百名警察突襲了北京城裡的妓院，逮捕了一千多名婦女以及數百名妓院的老闆和皮條客。當地的拘留所已經人滿為患，因此這些婦女被集中關在韓家譚一帶已經廢棄的妓院裡——那裡曾是市中心的紅燈區。她們平時必須參加勞動和學習，瞭解封建主義的罪惡，並接受職業培訓。她們還會被帶到大會堂裡，聲討戴著手銬的妓院老闆，以示跟過去一刀兩斷。[29]

其他地方的情形也差不多。從一九四九年十月到一九五〇年一月，蘇州、蚌埠、南京、杭州、天津等各個城市，都清掃了賣淫行業。上海則採用了漸進的方式，政府不斷頒布苛刻的規定，致使妓院的客源越來越少。當局首先禁止在妓院裡宴請、賭博、拉客和喧譁，隨後宣布之前妓女和老闆之間的合同全部無效。警察則利用國民黨政府編製的材料，掌握了每一家妓院的地址和註冊號碼，並對其施加巨大的壓力。結果，上海的九百三十多家妓院一家接一家地倒閉，有幾家妓院的老闆甚至被槍斃。報紙上刊登了槍斃的消息，標題用粗體加黑框突出。因為生意日益慘澹，許多妓院老闆自願將自己的產業交給政府，有人回了老家，有人做了裁縫，有人改賣香菸，還有人當了搬運工。

許多妓女被送往拘留所接受再教育。她們每天都得遵循嚴格的作息時間，要花大量時間來學習，同時還得訴說在國民黨時代遭受的種種虐待。但是，並沒有多少人真的像官方宣傳的那樣，對自己的過去幡然悔悟。相反地，許多人對這種教育很不耐煩，總是相互爭吵，甚至還有人打罵幹部，而且她們大都討厭體力勞動，認為這是一種新的剝削，也不喜歡被關起來遠離人群，還得為解放軍士兵縫補軍裝。曹滿智當時是負責管教這些婦女的一名幹部，他後來承認，妓女們（包括那些來自底層妓院的窮人）並不喜歡被關起來，反而懷念過去的生活，但是她們知道反抗是無用的，只能安心接受改造，大多數人後來被遣送回原籍。僅剩的幾家妓院也在十一月二十五日的突擊行動中被全部關閉，但直到那時，仍有些妓女與看管她們的幹部對抗。[30]

政府很快便宣布賣淫是舊社會的一大罪狀。然而，沒過多久，僅北京一地就有三百五十名婦女重操舊業，有些還是剛剛接受過再教育才被釋放的。其實，真正迫於生計從事這一行業的女性並不多，有些人假裝自己是學生或家庭主婦，帶上年幼的小孩或婆婆作掩護，甚至有少數人穿上幹部服，胳膊上還套著紅袖章，站在家門口公開招攬顧客，看到有男人經過就說：「進來喝杯茶！」其他城市也是如此，解放後雖然有數十萬難民從城市逃往農村，但許多婦女則繼續留在城市裡偷偷出賣肉體。一九五二年，上海捉捕了數百名婦女，但是每掃蕩一次，她們就更善於隱藏自己的行蹤。在之後的數年裡，當局一直使用高壓手段試圖禁止賣淫。[31]

清除流浪漢和妓女遇到很多困難，但更大的挑戰則是處理城市裡的幾百萬難民、復員軍人和失業人員。當局試圖將這些人成群地遣返農村——農村就這樣變成了處理所有「閒散人員」的「垃圾場」，但是大多數人並不願意離開城市，雖然生活並不穩定，但他們已經在這裡待了許多年。在上海，只有十分之一的人願意接受遣返。[32]

在南京，願意配合政府行動的人則更少，有人堅決不肯回農村，尤其反對政府動用軍隊對其強制遣返。但是不管如何反對，南京市區總人口的約四分之一（約有三十幾萬人）被趕出了城市，其中大多數被送往山東、安徽和蘇北，也有些人加入了墾荒大軍，以乞丐為主的一萬四千多名「閒散人員」則被迫接受了生產集訓。[33]

根據黨的政策，每個人都應該有一個「老家」，但事實上，許多人離家已經幾十年，老家根本沒有一個親朋好友。政府把他們送回老家，認為他們可以從事耕種，但這些人經常被當作外來人口受到當地人的歧視，分給他們的田不僅數量少，而且品質差，都是些沒人要的地。有些人根本沒有趕上土改，在當地無法生存，只好又偷偷溜回了城市。

此外還有數十萬復員軍人、小偷、乞丐、流浪漢和妓女，被送往資源豐富的西北，那裡與印度、蒙古和蘇聯接壤，具有重要的政治和戰略意義。一九四九年底，僅北京一地就有近一萬六千人被送往新疆和甘肅。許多人對此安排表示反對，有一名乞丐拒絕離開北京，他爭辯道：「北京是我家，我怎麼能去西北開荒？」有一群復員軍人在被送往邊疆前決定造反，他們先是控制了集中居住的地方，然後成群地潛逃外地。對這些人口的安置計畫制定得很草率，有一次甚至有八十七名老弱病殘被送往寧夏墾荒。[34]

許多人到達西北後，只能住在地窩子裡，整天從事繁重的勞動，推平沙丘，種植樹木，挖掘溝渠。有一名婦女回憶說，她當時被吸引到西北是因為聽信了政府的宣傳，說那裡每家每戶都有熱水和電。到達西北後，當地的幹部卻對她們說：「同志們，你們必須做好準備，要把自己的骨頭埋在新疆。」[35]

制定人口遷移計畫的目的很明確，就是要清除城市裡的「閒散人員」，改造所有的「寄生蟲」，同時創造就業機會。但這項計畫的規模如此宏大，而且共產黨從思想上就對城市沒有好感（一九四九年有報紙宣稱「上海是一座不事生產的城市，是一座寄生的城市」），因此實施起來難上加難。[36]令情況更為複雜的是，一邊是成群的人被政府遣送出城，另一邊又有無數的人想方設法返回城市。一九五〇年十月，安徽遭受洪災後，有近兩百萬難民逃往城市，每天有大約三百四十人從農村逃難到南京，不論老幼，大都只能以乞討和偷竊為生。在上海，難民們就在馬路上吃飯睡覺。而此時，全國各地自一九四九年以來興建的集中營、監獄和改造所早已人滿為患，再也無力收容這些難民。[37]

＊＊＊

剛解放時，共產黨曾向工人們誇下海口，稱他們是「國家的主人」，即將「當家作主」，可是在解放之初的幾年裡，失業率卻不斷攀升。[38]與此同時，新政權對商人和企業家提出所謂「新民主主義」的政策，承諾要團結一切——除了政權最頑固的敵人。為了做做樣子，共產黨與少數民主黨派（如民主同盟等）合作，允許他們參加政治協商會議——政協是一個政治顧問組織，與人民代表大會同時召開。

中國的經濟飽受戰亂、腐敗和通貨膨脹之苦，通訊網路遭到嚴重破壞，鐵路運輸也陷入混亂，有些地方的發電廠遭到轟炸，或因煤炭儲備不足導致停電，因此共產黨接管城市後最迫切的任務不是建設，而是搶救和恢復。起初一切都進展順利。在北京、天津、武漢和上海，國民黨士兵逃跑前設置的路障如今都被移走了，遭到轟炸的地方也清理乾淨了，燒毀的房屋都被推倒，水泥修築的防禦工事和碉堡被夷平，建築廢墟則用來填埋彈坑。在長春和其他曾被包圍的城市，上萬具的屍體被集體掩埋，街道也經過消毒，電線杆重新豎立起來，有些民用設施旁邊還架起了軍事通訊網路，那些用來封鎖河道和港口的船隻也被拖走了，技術人員在軍隊的幫助下對毀壞的發電機進行了維修，鐵軌重新鋪好，橋梁也得到了修復。[39]

通貨膨脹雖然沒有完全遏止，但至少得到了控制，人民共和國發行了自己的貨幣——人民幣，並規定為唯一合法的貨幣，其他如美鈔、銀元和金子等，在解放的最初幾個月還可以流通，但很快便被迫終止。上海組織了五十萬人的遊行，聲討倒賣黃金和其他商品的行為，當局還動員了數千名學生，勸說民眾不要囤積銀元，並密切監視各類交易，嚴禁人們在大街上私自兌換外幣。[40]

很快地，政府的干預就延伸到了更多的經濟領域。規模龐大的國有貿易公司控制了原材料的供應，嚴重制約了私營企業的經營。這些國有公司按地域劃分，透過以貨易貨的方式將物品從富有地區運往物資稀缺地區。例如：華北貿易公司向華中貿易公司出售布匹、紗線、煤油、汽油、苛性鈉和玻璃等，用來交換棉花、花生油和菸草。這些國有公司還開設了國營商店和合作社，經營範圍包括食品、布料、農具、家居用品、五金器具、肥皂、火柴、糖和文具等，其初衷是為了防止各類商品的物價被私人操控。[41]

其實，新政權的許多做法，只是將革命根據地的經濟管理模式拓展到了全國。由於蔣介石對各個港口的嚴密封鎖，天津、上海和廣州等主要貿易城市再也無法獲得煤炭、棉花、鋼鐵和石油，造成許多工廠停工，商品的進出口也陷於停頓，因此貿易的重心不得不從海外市場轉向內地。這種轉變進一步促使新政權加快了干預經濟的步伐。[42]

不過就算沒有國民黨的封鎖，中國的對外貿易也會癱瘓。因為除了蘇聯及其盟友，新政權對外國人充滿了敵意。如今，所有外貿都掌握在政府機構手裡，人民幣的匯率被人為地定得很高，大大降低了中國商品在國際市場上的競爭力。而且就算港口沒有被封鎖，沿海地區的各類企業也面臨著資金嚴重短缺的問題。上海的工業產值曾占全國一半以上，但如今只有部分企業還能維持運轉。有一名外國人注意到：「上海的棉紡廠都盡了最大努力，試圖從中國內地採購棉花取代美國的原料，但儘管如此，工廠也只能一週工作三天，原料只夠六個月的生產所需。滿洲的工業在一九四五年曾遭到俄國人洗劫，如今據可靠消息指稱，其產量只占日據時代的百分之三十。」儘管如此，共產黨仍堅決反對引進外資，因為在他們看來，所有境外資本都會造成帝國主義對中國的剝削。但許多企業都因缺乏資本而面臨停產，因此中國政府只好向蘇聯大筆舉債。[43]

對許多工人來說，他們非但沒有得到共產黨當初承諾的各種好處，反而還被敦促得生產更多。具有諷刺意味的是，在所有群體當中，工人是最難駕馭的。他們渴望站在革命的第一線，要求增加工資、改善工作條件，但面對他們的大聲抗議，中共卻頒布了新法規，宣布罷工違法。與此同時，企業主們也提出抗議，因為雖然「新民主主義」承諾保護私營工商業，但他們不得不大幅提高工人的工資，致使生產成本迅速增加。[44]

因為急需現金，新政權設置了名目繁多的重稅。北京的稅收是以小米來計算的，一九四六年徵收了三萬一千四百噸，一九四七年降到兩萬一千噸，一九四八年則只有一萬噸，但在解放後的頭一年裡卻躍升至大約五萬三千噸。從倒閉的小店主到無法維持全家生計的普通工人，人人都在抱怨。湖南省的省會長沙曾經繁華一時，解放後全城四十二萬居民每人每年平均要上交兩百五十公斤的糧食，而此前國民黨政府對類似規模的城市所設定的徵稅標準只有八十公斤。不僅如此，新政權對私營經濟徵收的某些稅種還具有追溯力，並不僅僅根據它們當前的收入來計算。沒過多久，財政部長薄一波就坦承，這種任意徵收的懲罰性賦稅已經破壞了商業，例如菸草業就因高達百分之一百二十的重稅遭到了毀滅性的打擊。[45]

幹部本身也是個問題。他們習慣於游擊戰爭的環境，但對上海複雜的國際金融體系並不在行。解放前，上海是亞洲最大的商業中心，雖然其面積大約只有莫斯科的一半，但外國居民的人數比紐約之外的任何國際都市都多，吸引的外資也比倫敦和巴黎多。解放初期，共產黨的幹部們曾盡可能地讓上海延續其特色，但很快他們就同這座城市產生了距離感。對各界專業人士提出的每一個建議，他們都心存疑慮，擔心上當受騙，但自己又缺乏必需的知識應對各種複雜的金融問題。菲律賓總領事馬里亞諾・埃斯佩拉塔注意到，共產黨幹部堅持對每個人都稱「同志」，但他們的所作所為卻無法讓人產生「志同道合」的感覺：

> 他們少言寡語、舉止含蓄、令人感覺疏遠。他們過於謹慎、疑心重重、不願和人打交道，而且言行拘謹，讓人無法接近。在公務交往中，他們態度冷淡、一絲不苟，對遇到的問題，根本聽不進別人的意見，甚至拒絕進行討論……他們不能容忍任何人干預其工作，也不鼓勵別人幫他們出主意，任何建議都會被當作多管閒事。他們不需要任何說明，在他們看來，所有人都值得懷疑，甚至有罪。[46]

共產黨不僅把外國人和商業領袖都視為帝國主義的間諜，與他們保持距離，而且對其他群體也是如此。一九四九年中旬，有大約三萬八千名共產黨幹部跨過長江，從北方進入長江以南地區。這些南下幹部大都不習慣當地的食物、天氣和語言，只有少數人最終適應了新的環境。在浙江的杭州、寧波和溫州等商業城市，幹部們在與當地的工商業代表會談時，毫不掩飾對他們的憎恨，與會者常常遭到羞辱甚至毆打，會談經常變成「鬥爭大會」，很快就沒有人敢說話了。而在紹興這樣一座美麗的水鄉小城，當地幹部卻運用打游擊的方式來進行管理。[47]

短短幾個月之內，繁華的大上海就變得死氣沉沉，天津也陷入了衰敗，廣州幾乎到了破產的邊緣。各地的工廠停工，貿易中斷，許多公司都出現了危機。最早嘗到苦果的是高檔的奢侈品市場。在上海南京路上曾經繁華一時的珠寶店裡，之前販賣黃金和玉器的商人，如今卻賣起了肥皂、殺蟲劑、藥品、毛巾和內衣。生產化妝品的一百三十六家工廠只有三十家繼續開門，而且大多數改為生產牙膏。在上海豫園的露天市集上，出售古玩的商人們如今百無聊賴，只能看報紙打發時間。[48] 其他工業領域也是如此，數百家生產紙張、火柴、橡膠和棉布的工廠倒閉。有身處香港的人士估計，上海大約有四千家工廠企業（包括兩千家貿易公司和一千家工廠）破產，在全市的五百多家銀行中，只有約一百家繼續營業，而這一百家中有一半向政府申請了破產。許多由外資經營的運輸和電力公司，因為資金短缺被迫向人民銀行大舉借貸，結果這些公司實際上都被政府所控制。

各大城市的購物商場也變得門可羅雀。上海一名商人回憶道：「那些位於外灘和國際飯店之間的各大商場，包括永安、先施、新新和大新等，都在櫥窗上張貼了告示，上面寫著諸如『忍痛降價』、『清倉甩賣』、『虧本甩賣』之類的字眼。」在曾被譽為「東方芝加哥」的武漢，有五百多家商店歇業，數百多家工廠倒閉。在曾經為工業重鎮的無錫，繁忙的景象不復存在，工廠裡一片寂靜，數百家商店打烊關門。在紡織重鎮松江，十八家紡織廠中只有一家仍維持生產。[49]

與此相應，城市裡的失業率不斷飆升。一九四九年十二月，兩百萬北京居民中約有五萬四千人失業，四年後，全城人口增加了一半，但失業人口卻增加三倍——儘管解放後經過一輪輪的清掃，無數流浪漢、乞丐、復員軍人、難民、小商販和其他閒散人員都被趕出了城市。上海的失業率仍然在上升。一份黨內報告指出，一九五〇年夏，全市有十五萬失業人口，許多人選擇了自殺或者賣掉自己的小孩。[50]

華南地區的情況也是如此。許多失業者將自己的小孩賣給別人，有人選擇自殺，有些人則被活活餓死。在福州，全城人口不足五十萬，失業人口卻超過十萬。據一份供黨內高層閱讀的報告指稱，對當地失業人口的唯一幫助竟來自國民黨，因為他們派飛機向這些地區空投了大米。如此高的失業率導致民眾的巨大不滿，以致長沙發生了六起失業工人包圍工會、反對共產黨的事件，甚至有人鼓動以暴力推翻政府。廣州也發生了類似事件，一九五〇年夏，全市有三分之一的工人失業。在鄭州，數百名搬運工人因抗議工資太低，聚眾襲擊了市政府，毆打負責幹部，砸壞門窗和傢俱。在南京，工人們的待遇還不如解放前，抱怨之聲不絕於耳，機關和工廠的牆上到處寫著「反動」口號。在上海，陳毅市長向毛主席彙報說，大家對現狀失望至極，成批成批的人退黨，普通老百姓則向政府請願，並有人撕毀毛澤東畫像。51

面對這種情況，政府要求老百姓奉行勤儉節約的精神，鼓勵大家多事生產，但並不提倡消費。一方面是追求意識型態的純潔，一方面是經濟的衰退，繁華的城市就這樣逐漸喪失了活力。解放才幾個月，追求享樂就被貶斥為資產階級的惡習。在上海等城市，咖啡館和舞廳紛紛停業，地下賭場也關門大吉。許多世界聞名的大賓館（如和平飯店、匯中飯店和國際飯店等），因為生意清淡，有些把房價降到了每月二十五至五十美元。上海俱樂部曾經以擁有全世界最長的吧檯而出名，如今再也無人光臨，甚至連許多茶館也被迫關閉。南京路上的跑馬場如今變成了軍營，夜生活根本無從談起，因為所有的商店下午六點就要打烊，俱樂部最多可以延長幾個小時，而且晚上冒險出門很可能被年輕的共產黨士兵攔住，查看各類證件。大街上也很少見到黃包車、公車或三輪車，大部分行駛的汽車都歸政府所有，因為汽油貴得離譜，每個月都新增數千輛閒置的汽車。一九五〇年六月，一輛使用了不到一年的別克轎車開價只要五百美元，卻無人購買。52

英語不再是國際商務語言，而成了帝國主義剝削的象徵，受到新政權的排斥。很快地，跟政府打交道的外國人都被要求自備翻譯，而且所有交往都必須透過外事辦公室。當時供職於《大美晚報》（*Shanghai Evening Post and Mercury*）的蘭德爾・古爾德（Randall Gould）記述道：「（同政府官員的）談話很正式，還有速記員在旁邊記錄，但講的都是些客套話。」隨後，用外文發電報也遭到禁止，除非有翻譯在場，而且內容讓官方覺得可以接受。「看板和霓虹燈上的英文都被換成了中文，各個公園和花園裡的英文和法文的牌子也被摘了下來。」甚至連電影院和餐館也感受到了壓力，取外國店名成了一種禁忌。在以前的法租界，以法國的神父、政治家、外交官和作家命名的街道，如今都改了名字，大都以中國的城市和省來命名。鐮刀、斧頭和紅星的標誌隨處可見，不僅出現在電車、大樓、標語和旗幟上，還被做成徽章，佩戴在政府公職人員的胸前。各個公共場所，如書店、火車站、工廠、學校、機關以及天安門城樓上，到處掛著中國和蘇聯領導人的畫像。共產黨的保衛工作也比國民黨嚴密，每座機關大樓都有士兵把守，有些國民黨時期開放的地方，現在也封閉起來了。[53]

出版業幾乎一解放就被置於新政權的控制之下。一九四九年二月，曾在北京發行的二十幾份報紙中，除了官方的報紙外，只有一份仍繼續出版，而且篇幅只有一張紙。上海原來有四份英文報紙，都是由中國人出版的，解放後僅僅幾天就關閉了兩家。短短數月之內，數百種報刊只剩下少數幾種，而且刊登的消息都一樣。國際新聞只剩下一個資訊來源，那就是蘇聯的塔斯社。不過，政府對出版業的審查並非是自上而下的，主要是靠出版者的自我審查。接受了再教育的記者和編輯們，自我審查的意識變得很強。有一名記者表示，黨不斷在糾正出版業的方向：「只要犯一個小小的錯誤，就可能受到斥責，黨員們還會到每個編輯的辦公室，對所有文件進行檢查。」結果當然是絕對地順從。「共產黨的報紙宣傳簡單直白，沒有太多的技巧，要麼好，要麼壞，要麼是朋友，要麼是敵人，就是這麼黑白分明。所有事情都簡化成口號或公式。一有事情，所有管道（包括廣播和報紙）就同時進行密集的宣傳。」[54]

人們的衣著也幾乎在一夜之間發生了改變，首飾和一切用來炫耀的裝飾品都被視為資產階級的物品，沒有人塗口紅或化妝了，姑娘們剪短了頭髮，男人和女人都摘下了戒指，昂貴的錶帶也換成了皮質或更廉價的錶帶。一名剛剛入黨的女人說：「穿著要簡單，越破越好。」李志綏醫生在澳大利亞生活了十七年，剛剛回國時，男男女女的單調服飾讓他深感意外。幾乎全北京的人都穿著藍色或灰色的布衣，樣式都差不多，洗過幾次後就會褪色。很多人都穿著款式相同的黑布鞋，甚至連髮型也相似，男人留著平頭，女人則是齊耳短髮。「我穿著西裝和皮鞋，打著領帶，頭髮也比別人的長，感覺自己就像個外國人。」他的妻子穿著鮮豔的衣服和高跟鞋，燙著時髦的髮型，看上去跟周圍的環境完全不搭調。很快地，他們兩人就借來一些樸素的衣服換上，不過這些變化仍對他們有所觸動：「這些細節讓我意識到，共產黨並不全是我當初想像的樣子，但我對此並不十分介意，認為都是些微不足道的小事情罷了。」[55]

第四章　暴風雨

毛澤東年輕時擔任過老師、出版過報紙，後來則成了工人運動的專家。他於一九二一年加入共產黨，五年後終於找到了人生的方向。當時他只有三十三歲，又高又瘦，長相英俊，對農民們的暴力行為很是推崇。一九二六年，國民黨從廣州出兵，發動了北伐戰爭，試圖打敗軍閥、統一中國。在此過程中，暴力在農村中很常見。那時，蔣介石與史達林的合作還未破裂，國民黨軍隊裡仍有許多蘇聯顧問。在毛的家鄉湖南，國民黨政權在蘇聯人的指導下，資助農民協會發動俄式革命，對社會秩序造成巨大破壞。在省會長沙，被鬥爭的人被迫戴著高帽子遊街示眾，小孩們在大街上邊跳邊唱：「打倒列強除軍閥。」工人們拿著棍棒包圍外國公司的辦公大樓，各類公共設施也遭到了損壞。[1]

農村裡成立了農民協會，掌權的都是貧窮的農民。如今他們一時得勢，可以任意攻擊那些有權有勢的人，結果把各地攪得天翻地覆，造成一片恐慌。有些人被刀捅死，有些被砍掉腦袋，牧師們則被罵成「帝國主義的走狗」，雙手綁在身後，脖子上套著繩索，拉到大街上遊街，他們的教堂也遭到襲擊。對這些造反者大無畏的態度和暴力的手段，毛非常欣賞。他特別喜歡當時流行的一些口號，認為「有土必豪，無紳不劣」。毛曾深入農村調查農民運動，他在考察報告中寫道：「反對農會的土豪劣紳的家裡，一群人湧進去，殺豬出穀。土豪劣紳的小姐、少奶奶的牙床上，也可以踏上去滾一滾。動不動捉人戴高帽子遊鄉。」毛對這種暴力很著迷，一提到這些事就感到「無比興奮」。[2]

毛預言，舊的秩序必將被暴風雨所摧毀：

很短的時間內，將有幾萬萬農民從中國中部、南部和北部各省起來，其勢如暴風驟雨，迅猛異常，無論多大的力量都將壓抑不住。他們將打破一切束縛他們的羅網，朝著解放的路上奔去。一切帝國主義、軍閥、貪官汙吏、土豪劣紳，都將被他們掃入墳墓。[3]

與毛相反，國民黨對農民的暴力行為卻很反感，因為許多軍官就出生於富裕家庭，並不贊成蘇聯的革命模式。結果，一九二七年四月，國民黨軍隊進入上海後，蔣介石發動了一場血腥的大整肅，處決了三百名共產黨員，逮捕了數千人，迫使中國共產黨從此轉入地下。毛則率領著一支一千三百多人的雜牌隊伍進入山區，試圖在農民的幫助下東山再起。

＊＊＊

二十年後，毛主席終於控制了廣大的農村地區。為了向他致敬，周立波發表了一部關於土改的小說《暴風驟雨》。周是延安《解放日報》文藝副刊的編輯，一九四六年他被調到東北參加工作隊，發動群眾參加土改。這次土改是根據一九四六年五月毛頒布的一道指示發動的，當時國共之間即將爆發全面內戰。直到一九四六年，共產黨在農村實行的仍是比較溫和的減租減息政策——實行這一政策是為了在對日抗戰期間維持與國民黨的合作。如今，毛在「五四指示」中號召在農村發動全面的階級鬥爭，沒收叛徒、惡霸和土匪的所有土地，將它們分給貧苦的農民，他希望透過這種方式激發農民的革命潛力，掃蕩舊秩序，擊敗國民黨。

周立波參加的工作隊被派往一個叫做元寶屯的地方。這個鎮位於松花江邊，在哈爾濱東面約一百三十公里處，《暴風驟雨》這本書中所描述的，據說正是這個地方土改的情形：在共產黨的領導下，元寶屯的農民從當地的惡霸手中奪取了權力，廢除了數千年來的封建土地所有制，被剝奪了土地的地主們被迫在公審大會上懺悔自己的罪行，群情激憤的農民高舉棍棒將罪大惡極者毆打致死，元寶屯的革命熱情很快就感染了其他村莊，就像暴風驟雨一般將封建殘餘勢力一掃而光。這部小說一炮而紅，被許多工作隊當作土改的教科書，一九五一年還獲得了令許多人覬覦的史達林文學獎。[4]

但事實上，元寶屯的真實情況與小說中寫的大相逕庭。日本人戰敗後，大多數東北的農民在政治上都趨於保守，他們將國民黨政權視為合法政府，對共產主義知之甚少。韓輝當時二十二歲，是一名共產黨幹部。他回憶說：「當我們到那兒時，村民們並不知道共產黨是什麼，也不知道八路軍是什麼，完全不瞭解。」在元寶屯，只有少數流氓和無賴才對共產黨感到好奇，這些人後來都成了黨的積極分子。

工作隊最初的一項工作是將村民們分成五個階級：地主、富農、中農、貧農和佃農。這麼做完全是模仿蘇聯的模式。[5]為了劃分階級，工作隊在晚上召開沒完沒了的會議，同時透過新招募的積極分子來蒐集每個村民的資訊，對其詳加研究。但問題是，這些人為定義的階級成分並不能準確反映當地的情況，因為事實上元寶屯並不存在地主，大多數農民的生活條件其實都差不多。周立波的小說裡有一個惡霸叫韓老六，但事實上，這個人被村民們推選為農民協會的會長，他的妻子是一名音樂教師，經常在晚上為學校的孩子們縫補衣裳。他本人並沒有土地，只是代住在城裡的地主們收取租金。他的生活同其他人並無兩樣，吃的是粗糧，冬天衣著單薄，屋子外面圍著一圈土牆，屋頂覆蓋著稻草，最值錢的東西就是兩塊小小的窗玻璃。一名村民回憶說：「事實上，韓老六沒什麼值錢的東西，跟書上寫的完全不一樣。」

劃完階級成分後，接下來的任務就是讓那些被劃為貧農和佃農的人將貧困化作憤怒。這項工作也需要花費好幾個星期的時間，工作隊不斷地啟發那些「窮人」，要他們相信所有的不幸都是由「富人」所造成，而且自古以來，富人就一直在剝削窮人。在所謂的「訴苦大會」上，工作隊鼓勵大家倒苦水，有些人趁機發洩壓抑已久的不滿，另一些人則被迫控訴比自己條件好的鄰居。在煽動階級仇恨的過程中，貪欲成了一個強有力的工具，工作隊員們將地主過去的惡行換算成金錢，鼓動貧苦的農民提出補償的要求。

幾個星期下來，經過反覆灌輸，有些人已經相信共產黨的說辭了，不再需要工作隊的督促便會自覺參與運動。還有人變成了革命的狂熱分子，為了參加革命，毅然與自己的家人和朋友一刀兩斷。他們被共產黨承諾的「解放」所吸引，成了被壓迫者的領頭人，並因此沾沾自喜，想由此締造一個充滿光明和希望的新世界。他們以為自己正投身於一項嶄新的事業，從此可以擺脫面朝黃土背朝天的命運，人生也因此被賦予了新的意義。有一名在土改中受到衝擊的傳教士注意到：「這些人對自己扮演的角色很清楚，知道什麼時候該說什麼話，對共產黨的詞彙運用自如。」[6]

經過幾個月的耐心工作，工作隊終於成功地煽動窮人起來反對當地的領導者，曾經關係密切的村民分裂成兩個對立的陣營。共產黨組織窮人用長矛、棍棒和鋤頭武裝起來，有時甚至發給他們槍，同時宣布那些被鬥爭者為「地主」、「惡霸」和「叛徒」，把他們抓起來，關進牛棚。武裝民兵封鎖了整座村莊，任何人不得擅自出入，所有人都必須在衣服上別一個小布條，標明自己的階級成分。地主的布條是白色，富農是粉色，中農是黃色，而窮人的布條則是令人驕傲的紅色。

階級敵人們被迫一個一個登臺接受群眾的批鬥。批鬥大會的現場充滿了仇恨的氣氛，通常有數百人聚在一起，高呼口號，對被批鬥者無情地叱罵和羞辱，有時甚至對其毆打和殺害。有些受迫害者設法逃跑之後，組織了自己的私人武裝返回村莊，對村民們大肆報復，從而將暴力推向了高潮。

許多受害者被活活打死，有些則遭到槍斃。在被殺害之前，他們往往受到拷問，被迫交代隱藏財物的地點——有些人真的隱藏了財物，有些則並沒有。許多村民是主動參與這些鬥爭的。劉福得回憶說：「有些人只要被告知要打人，他們就會那樣做。比如像丁太太，她就是那樣的人。」丁太太曾為周立波工作過，她說：「他讓我怎麼做，我就怎麼做。周立波會這麼說：『那個孫良霸可以鬥。』他會這樣說。那我就會打他（指孫）。」有一名婦女被打得失去了知覺，就在大家把她抬到村子外準備入棺埋葬時，有人發現她還有呼吸，於是領頭的幹部下令將她拉出棺材，予以處決。有些人被劃成富農，躲到田裡不敢回家，最後竟被凍死。有個村子大約有七百口人，被殺害的就有七十三人。

就這樣，共產黨和窮人之間用鮮血達成了協定，所有被害者的土地和財產都被分給了窮人。土地經過丈量後被瓜分，新主人的名字刻在木條上，插在地裡，標示著土地的界線。糧食則被裝進各人的籃子裡，傢俱被拖走，豬被拉走，連鍋碗瓢盆也被裝進麻袋，看上去就像搬家一樣。「我那個時候分到了什麼？」超過五十年之後，劉永青回憶當時掠奪的情景，他的皮膚又黑又粗，灰色的頭髮稀稀落落。「我分了一口缸，裝水的缸。」白髮濃密的呂克勝看上去很直爽，他得到的更少：「我分了一匹馬。一條馬腿，不是一匹馬。我們殺了一匹馬，四家分。」張向淩當時是名年輕幹部，他也分到一條馬腿：「哎呀，我爺爺、奶奶、太爺爺，幾代沒有一條馬腿啊，現在我有了，這可是不得了！」甚至連破衣服也被村民們瓜分了——當然，瓜分時按當時階級成分，最好的總是分給「貧農」和「佃農」。

當所有東西都被分掉後，窮人們便在半夜推著板車去別的村子，希望發現新的鬥爭目標。他們的口號是「誰挖歸誰」。很快地，縣城裡就聚集了數百輛板車，每輛車上都擠滿了農民，手裡舉著標語，或者握著鐵叉和紅纓槍。農民們認為城裡人有錢，「城裡的耗子比農村的豬還肥」。結果，全縣十一萬八千名居民中，有兩萬一千人成了鬥爭對象。為了確保舊政權的支持者不會捲土重來，許多年輕的男子加入了共產黨的軍隊，他們的家庭也因此分到了更多的土地，得到特別的保護。不久之後包圍長春城的就是這些士兵。[7]

＊＊＊

中國的土地幾乎可以說是個隱形資產，它遍布在大大小小的村莊，掌握在無數個家庭手裡，沒有人確切地知道全國到底有多少土地，也沒有一個政府能統計出準確的面積，至於評估每塊地的價值並據此徵收賦稅就更無從談起了。因此，土地稅通常都是粗略估算出來的，而且估算的資料可能會沿用幾十年、甚至好幾個世紀。村民們對外來人員從不說實話，他們總是想方設法對政府隱瞞真實的土地面積。例如：政府對一些未經耕種的土地（如墳場、沙地、樹林或丘陵等）通常是免稅的，但隨著人口的增加，這些無須納稅的土地也被開墾出來耕種農作物（如十八世紀後開始種植的馬鈴薯和花生等），這樣的情況越來越多，政府卻毫不知情。不僅如此，大量的土地從來就未向政府登記過，沒有人知道到底有多少「黑地」，只有投入巨大的人力進行一次全國普查才能揭示真相。[8]

可是，經過土地革命，村民們彼此之間互相鬥爭，把那些「黑地」的所有者都揭發出來了，不僅瓜分了有錢人的財物、廢除了地租，而且終於讓共產黨掌握了真實的土地情況。接下來將由黨來決定土地的產量，並且要求每戶都要上交指定數量的糧食。有人對東北的情況記述道：「為了支援三、四百萬的共軍，當地徵收了大量糧食，許多地區不僅掠奪了農民的餘糧，而且不少人的存糧也被徵走了。」除了納稅外，農民們還得向國家繳納各類食物（如大豆、玉米、大米和植物油等），用來向蘇聯交換工業設備、汽車、石油和其他商品，這種做法進一步加劇了東北糧食緊缺的情況，結果造成數十萬人餓死。[9]

＊＊＊

在共產黨勝利之前，農民的生活是很多樣化的。北方的村莊通常人口密集，大家都住在土磚砌成的房子裡，大多數人都擁有土地，一個個村莊散布在氣候乾燥、塵土飛揚的平原上，主要農作物則是麥子。沿著古絲綢之路往西便是黃土高原，那裡到處是荒丘和峽谷，上千萬人口住在窯洞裡，他們在陡峭的黃土坡上開墾出一小片一小片梯田，種植馬鈴薯、玉米和小米。沿著富饒的長江流域往南則以水稻作為主要的農作物，水田裡溝渠縱橫，田旁邊則建著一座座白牆黛瓦的民居。

與北方比起來，南方的生活型態更為豐富多彩，從沿海的漁村到深山裡的原始村落，各具特色。在沿海地區的許多村子裡，可以看到海外華僑建造的樣式誇張的大房子。這些房子的設計受到外國建築的啟發，但窗戶通常很小，而且開在靠近屋頂的高處。這樣做既是出於風水的考慮，同時也是為了防盜。而同樣生活在這一地區的客家人，其建築風格卻截然不同。他們有自己的語言，建造的房子體積高大，像塔一樣呈圓形，內部有上百間廳堂、倉庫和臥室，可以容納眾多家庭。一個村的居民通常都是同一個姓，大家住在一起，互相幫助。在亞熱帶地區的那些省分，宗族的勢力通常很大，他們不僅控制了大量土地，而且修建了許多祠堂、學校、糧倉和寺廟，本地人和外地人界限明顯——這一點同世界上其他鄉村地區並無二致。

在如此多元化的社會中，很難說存在一個叫做「地主」的階級。「地主」這個詞本是十九世紀後期從日本引入的，如今被毛澤東賦予了現代的含義，可是大多數中國農民並不明白這個詞的含義，他們往往稱呼那些富有的村民叫「財主」。「財主」這個詞只是表示這些人有錢，並沒有貶低的意思。當然，對有錢人也有一些不大尊敬的稱呼，如「大肚子」。董時進是康乃爾大學的農學博士，出版了《現代農民》雜誌。他就說：「中國沒有『地主階級』。」當然，也有些地主濫用自己的權利，虐待農民的情況也並不少見，但是農村裡並不存在一個占統治地位的貴族階級，也沒有形成歐洲那樣的農奴制。[10]

不僅如此，農村中也不存在共產黨所說的「封建主義」。在中國，幾個世紀以來，土地的買賣都有法可依，而且合同的內容非常完備，有時甚至會嚴格區分表層的地皮和底層的土壤。雖然大部分土地只掌握在少部分人的手裡，但土地在各個地方都可以自由買賣，而且租佃權也是由合同規定好的。此外，還有一些土地歸各類團體和組織所有，如寺廟、學校和南方地區的宗族。

一九二九至一九三三年，在卜凱（John Buck）的率領下，金陵大學的一個研究團隊對農村地區進行了一次大規模的系統抽查。他們調查了二十二個省的一百六十八個村莊，蒐集了一萬六千多個農場的詳細資訊，編撰出版了《中國土地利用》（*Land Utilization in China*）一書。這本書記錄了許多地區的經濟差異和農民所從事的不同職業，但總的來說，它證明農村中並不存在巨大的不平等，一半以上的農民擁有自己的土地（通常是幾個人共有一塊地），佃農在農村人口中不到百分之六，許多人家的耕地面積很小，極少有超出平均面積兩倍以上的，佃農們雖然沒有土地，但往往並不比有地者窮多少，因為他們租種的都是肥沃的土地。那些耕種稻田的南方佃農的生活條件，甚至比北方的地主還要好，而且在南方一年通常可以收穫兩季莊稼。除農業收入外，大多數農民還從事手工業和其他形式的生產，這些非農業的額外收入占了他們總收入的大約六分之一。在接受調查的農民當中，有三分之一對從事農業沒有任何不滿，也沒有人抱怨利息太高、商人剝削太重，或者土地所有制不公。[11]

但上述這種情況只是戰爭之前的情形。國民黨、共產黨和日本人打了十幾年仗，雖然沒有根本改變土地所有制，卻助長了農村中的暴力現象。在位於北京以南幾百公里的徐水縣，日本人和共產黨展開了激烈的鬥爭。孫奶奶接受採訪時已經八十九歲高齡，但依然身體健康，而且很健談。她說，當年村民們夾在日軍與共軍之間，進退為難。日本人認定她的公公是游擊隊員，將他逮捕後逼他選擇：要麼在村子裡當警察，要麼被活埋。她的公公選擇了後者，因為他知道，要是他答應幫日本人做事，共產黨就會活埋他全家，以示懲罰。最後，他的家人付了一大筆贖金才把他救出來。以前，村民們彼此之間也時常發生糾紛，但在戰爭年代，為了生存，他們不得不面臨更艱難的抉擇：是抵抗敵人，還是與其合作求生存。[12]

在抗戰期間，許多人被指責為漢奸。傑克・貝爾登（Jack Belden）是一名同情共產黨的記者，他描述了一名姓穆的地方領導人如何跟日本人合作，殺害了數十名游擊隊員。抗戰結束後，這名姓穆的人被拉著遊鄉，村民們手拿菜刀站在路邊，等著割他的肉。遊街結束後，他又被拉到臺上接受眾人的控訴，人人都爭著往前擠要揍他。

> 幹部們不願看到這種情況，就把姓穆的拉到田裡槍斃了，屍體則發還給他的家人。他的家人把他的屍體用草蓆裹起來，但是老百姓發現後把屍體搶走了。他們扔掉蓆子，不停地用木棍毆打他

的屍體。有個男孩拿長矛對屍體連戳了十八下，一邊戳還一邊喊道：「你捅了我爸爸十八下，我也一樣對你。」最後，村民們把屍體的頭割了下來。[13]

抗戰後，由共產黨發動的土地革命為許多村子帶來了血腥的一幕。工作隊所到之處，不斷地翻舊帳，煽動老百姓的不滿情緒，試圖將他們的痛苦轉變為階級仇恨，並鼓動暴民瘋狂地瓜分有錢人的財物。元寶屯就是最早展開血腥土改的地方之一，村民們被劃分成不同的階級，窮人被煽動起強烈的仇恨，受害者遭到羞辱和毆打，甚至受到肉體的傷害，他們的錢財則被勝利者瓜分。一九四七至一九四八年間，共產黨控制下的每個村子都出現了這種情況。

山西是土改最暴力的地區之一。主導山西土改的是康生。這個人身世不明，內心陰暗，面相陰險。一九三四年史達林發動大整肅時，康生與蘇聯的祕密警察緊密合作，殺害了在莫斯科的數百名中國人，許多中國學生半夜失蹤，從此一去不返。一九三六年，他成立了專門負責清除反革命分子的機構，一年後，史達林派飛機把他送回延安。康生很快便追隨毛，運用在蘇聯學到的警察手段掌管安全和情報工作，但由於手段太過殘忍，一九四五年被毛撤職。[14]

一九四七年，康生被派往山西負責土改運動。他在農村中發動了全面的階級鬥爭，沒有人能夠置身事外。在一個叫赫家坡的村子，村民們逼迫地主跪在碎磚頭上，對其毆打和唾罵，甚至往其身上澆糞，康生對此卻表示贊許。康生聽任所謂的「群眾」來決定誰好誰壞，任由那些積極分子扭曲的心理肆虐，造成人人自危的氛圍。在有些地方，連「中農」也可能被當作敵人，遭到逮捕、毆打和虐待，並被剝奪財產。有些地方甚至有五分之一的人被劃成「地主」。在朔縣，沒有人敢為「有錢人」說話，因為這樣做會被指控為「包庇地主」。而認定一個人是不是地主，只需看有沒有窮人指控他，除此之外不需要任何證據。在興縣，有兩千多人被殺，其中包括兩百五十名老人和二十五名兒童——這些兒童被稱作「小地主」。

有一名受害的男子叫做牛友蘭，曾經幫助過游擊隊，送給他們許多糧食、布匹和銀元，但是這些貢獻並未挽救他的命運。一九四七年九月，六十一歲的牛友蘭被拉到大會的主席臺上接受五千名村民的批鬥。他的鼻子上穿著一根鐵絲，他的兒子被迫拉著他，就像拉牛一樣，鮮血順著他的臉頰往下滴。他還被燒紅的烙鐵在身上打上印記，隨後被關在籠子裡，八天後被折磨而死。一九四八年一月十九日，習仲勳向毛澤東報告說：「有用鹽水把人淹死在甕裡的，還有用滾油從頭上燒死人。」[15]

康生同時還指導了其他地區的土改，他的方法很快就被各地仿效。在河北，劉少奇報告說：「群眾鬥爭起來了，要打人、使用肉刑、殺人，現在總是控制不了。」有人遭到活埋、肢解、槍斃或者掐死，有些屍體被吊在樹上，有些則被剁碎。[16]張明遠負責河北東部的土改，他在一個村子裡看到，不到半個小時就有四十八個人被打死。許多時候，暴力行為是精心策劃好的，窮人們事先已透過表決的方式決定要處死誰。表決時，他們一個一個叫被批鬥者的名字，然後透過舉手或者扔豆子的方式來投票。[17]

暴力氾濫的一個原因是殺人者可以逃脫懲罰。每次鬥爭大會結束後，大家就會把受害者的財產瓜分一空。在物質貪欲和權力欲望的雙重驅使下，積極分子隨心所欲地挑選鬥爭目標，沒有什麼嚴格的標準可循。除此之外，另一個助長暴力現象的原因是人們害怕遭到報復。鄧小平這樣描述他在安徽土改的經歷：

> 皖西一個地方，群眾痛恨幾個地主，要求把他們殺掉，我們按照群眾意見把他們殺了。殺了這

些人後，群眾怕和他們有關係的人報復，又列了一個更長的名單，說把他們也殺了就好了，我們又按照群眾意見把這批人也殺了。殺了這批人之後，群眾覺得仇人越多了，又列了更多名單。我們又按照群眾意見把他們殺了。殺來殺去，群眾覺得仇人越來越多，群眾恐慌了、害怕了、逃跑了。結果殺了兩百多人，十二個村的工作也垮臺了。[18]

一九四八年初，隨著共產黨在軍事上的勝利，全國大約有一億六千萬人處於中共的控制之下。黨內的文件規定應將至少百分之十的人口劃為「地主」或「富農」，但事實上，遭到迫害的人數平均達到百分之二十左右，有些地方甚至高達百分之三十。雖然缺少準確的統計數字，但據粗略估計，這次土改中大約有五十萬至一百萬人被殺或自殺。

＊＊＊

一九五一年三月，《人民日報》刊登了一封來信，幾個湖南的農民在信中問道：「毛主席為什麼不能印一些鈔票，先從地主那裡購買土地，然後再把地分給我們？」[19]

這個問題提得很好，事實上蔣介石在臺灣就是這麼做的。一九四九至一九五三年間，臺灣的大土地所有者將土地拿出來分給小戶的農民，政府則付給他們商品券和國營企業的股票加以補償。這種方法雖然剝奪了一些有錢人的財富，但是許多人卻利用得到的補償開始創業，轉而從事起工商業，整個過程沒有流一滴血。這個經驗是從韓國和日本學來的，一九四五至一九五〇年，這兩個國家在麥克阿瑟將軍的領導下成功完成了和平土改。[20]

華北的土改是在內戰期間完成的，而南方的土改則是從一九五〇年六月開始，直到一九五二年十月結束。南方的土改完全可以透過和平的方式進行，因為國民黨已經逃到了臺灣，就連史達林也建議毛澤東儘量不要對農村造成太大的破壞。在一九三〇年代蘇聯集體化的高潮中，史達林曾對富農發動過殘酷的鬥爭，造成數千人被處死，近兩百萬人被流放到位於西伯利亞或中亞的勞改營。如今，史達林卻對毛提出告誡，他認為應該在農村中保留富農經濟，將鬥爭的矛頭集中於地主，這樣比較有利於中國的戰後恢復。一九五〇年二月，史達林發電報給北京，表達了自己的意見。幾個月後，中國的《土地改革法》頒布，採用了不那麼激進的政策。[21]

然而，現實中的暴力與紙上的承諾卻完全不同。毛希望打倒農村裡的傳統地方領袖，在黨和群眾之間直接建立連繫。正如一句古話所說：「窮靠富，富敬神。」如今，所有人都得靠黨吃飯。史達林以前是靠安全部門沒收富農的財產，毛則希望由農民自己來做這件事。為了打破鄉村中長期奉行的道德規範和互相幫助的社會關係，就要煽動多數人起來反對少數人，只有讓人人都牽扯到暴力當中，大家才會永遠跟著黨走，因此在這場鬥爭中，沒有人可以袖手旁觀，人人都得參加群眾集會和批鬥大會，每個人的雙手都得沾上鮮血。甚至在《土地改革法》頒布之前，毛就在一九五〇年六月六日的會議上提醒與會的領導人，要做好拚死作戰的準備：「在三億以上人口中進行土地改革，這是一場惡戰，比之渡江作戰更艱苦、更複雜、更麻煩，因為隊伍裡有兩億六千萬農民。這是土改戰爭，是農民與地主階級最後一戰，是你死我活的戰爭。」[22]

南方的確出現了一些反對共產黨的民間叛亂，新政權因此特別渴望打破那裡的傳統社會秩序。村民們反對新統治者的原因有許多，其中最主要一條與糧食徵收有關。政府不僅常派軍隊來徵糧，而且對待農民的態度和方式都很粗暴。例如：廣東部分地區的徵糧率達到糧食總量的百分之二十二至三十，有時甚至高達百分之六十，迫使不少農民變賣了家中所有值錢的東西，從耕牛到來年播種的種子，一樣都不剩。在鄧小平治下的西南地區，當地政府對農民挨家挨戶地搜查，許多人家中的糧食只夠維持三天所需。在四川，拒絕交出糧食的農民還遭到捆綁毆打、用煙熏眼睛或用酒灌鼻子等折磨。一份供高層領導閱讀的文件顯示，就連孕婦也「經常」遭到毆打，以致有人被打得流產，甚至有人為了逃避稅務檢查而全家服毒自殺。在榮縣，當地幹部為了逼迫四名婦女和一個男人交出更多的糧食，竟將其衣服扒光，強迫他們用雙腿夾著煤油燈跑步。結果，一九五〇年西南地區共徵收了兩百九十萬噸糧食，而那一年全國消耗了四百三十萬噸，其中大部分供應給了一百七十萬軍政人員。在此之前，這個地區的農民手中通常每年都會有些餘糧，如今卻陷入了困頓。[23]

南方到處有老百姓在反抗。在湖南的許多地方，村民們走上街頭抗議新政權。在南縣的一次事件中，兩千多名農民與軍隊爆發了衝突，造成十三人被槍殺或受傷。第二天，一萬多名憤怒的農民趕往縣城抗議，要求停止糧食徵收。全省類似的事件有十幾起。在湖北，有一份祕密報告說，攻擊糧庫的事件「不斷發生」。孝感的兩千名群眾從國家的糧倉裡搶走了七點五噸糧食。在具有革命歷史傳統的浠水，群眾強行把糧食從徵糧船上搬了下來。在恩施，抗議徵糧的示威活動導致四人死亡。在武昌城外的五里，有群眾抗議地方幹部虐待農民以及農民協會「亂打亂殺」。至一九五〇年三月，湖北發生了數十起——用黨的官話來說——「較大規模的群體性暴亂」，引起了很大的回響。在貴州，有些抗議事件參加的人數超過了十萬，大家都下決心要跟共產黨鬥爭到底。[24]

在北方，部分地區雖然還未展開土改，但動盪和反抗已經像星星之火一樣開始出現。在陝西的許多地方，農民們把自家的小麥藏起來，以防止被國家拿走。[25]在甘肅省永登縣，有村民聚眾反抗國家徵糧。在一個村子裡，兩百名村民把徵糧的官員圍起來毆打。在民樂縣，老百姓則把徵糧的官員綁了起來。[26]在華東地區，僅一九五〇年頭三個月，就發生了四十多起農民的反抗事件。這些反抗大都發生在貧困地區，饑餓的村民們從當地的糧庫中搶走三千多噸糧食，並造成一百二十多名士兵和幹部死亡。有一份報告說，當地的官員「對群眾疾苦漠不關心，甚至在工作中採取亂打、亂抓、亂殺的辦法，造成與群眾對立的局面」。[27]

所有這些農民的反抗行為，都被共產黨歸罪於「地主」、特務和壞分子的暗中破壞。黨把這些人抓起來，沒收並重新分配其財產，希望以此贏得村民的支持。[28]

但是，隨著第二輪土改的開始，又出現了一個新問題：在許多南方地區，當地的土地根本不夠平均分配，而且越往南越是如此。東北平原人口稀少，長江以南的農村卻人口稠密，情況完全不同。因為沒有足夠的土地分給窮人，共產黨很快就不得不打破承諾，開始侵犯「富農」的利益。在四川，一個農民只要能賺到錢，就有可能被劃為「地主」，一個農戶家裡只要有一罐白糖或者一頭耕牛，就會遭到批判，這麼點可憐的財產也會被沒收。在長江以北地區，部分農村曾於一九四七至一九四八年經歷過土改，許多人被折騰得筋疲力盡，如今村民們又得再次面對土改的恐懼。在山東，許多農民根本不屬於「地主」，卻也遭到任意逮捕和毆打。在平邑縣，被捕人員中只有四分之一是真正的地主，當地幹部甚至宣稱：「以後每次開會都得殺人。」村民大會上普遍發生任意毆打的現象：「有些幹部暗中鼓勵打人，還有些幹部眼看著毆打發生卻袖手旁觀。」在滕縣，一名黨委書記彙報說，被鬥的人戴著紙糊的高帽子，被迫跪在地上遭受毆打，還有人被扒去衣服，在寒冷的冬天赤裸著身體，有人的頭髮被揪掉，甚至有人的耳朵被咬下來。在西岡山，大家往地主身上小便。[29]

因為太多的普通農民被劃為「地主」和「富農」，有些人為了洩憤，開始伺機報復，致使部分鄉村陷入了暴力的深淵。在貴州婺川縣的一個村子裡，七十歲的張保山被錯劃成地主，積極分子把他揪到群眾大會上，對他又打又罵，還把他摁在冰水裡。他的兩個兒子怒火沖天，因此將好幾個仇人砍死。事後他們躲進深山，但很快就被抓住並處死，狂怒的暴民割掉他們的舌頭和生殖器，放火焚毀他們的屍體，骨灰則撒進了河裡。不僅如此，張保山全家二十多口人都遭到毆打，並被關進了監獄。事後查明，這次事件共導致八人被殺。[30]

有時候，全村都會起來反抗共產黨。一九五〇年四月，河南省蘭封縣平均每三天就有一名村民被幹部殺害。遇害者大都是普通農民，許多人是在趕集的路上遇害的，更多的人則遭到幹部的毆打。有一名婦女甚至在小孩和村民面前，當場被子彈擊中腹部而死。憤怒的群眾一擁而上，奪下武器，制伏了行凶者。[31]

為了推動土改，各地的工作隊想盡了各種辦法。他們絞盡腦汁蒐集當地情報，精心策劃「訴苦」大會，沒完沒了地進行宣傳並召開村民大會，還組織了民兵作為後盾。然而，不管他們怎麼努力，總有村民並不願意與朝夕相處的鄰居反目成仇，更不要說竊取他們的財產。不過，大家都知道要控制自己的情緒，把真實的想法隱藏在內心深處，只有在適當的時候才表露出來。為了活下來，人人都得以適當的方式行事。周瑛是一九四九年加入解放軍的，她親眼目睹了參加村民大會的人們如何依需要隨時轉換情緒：「我注意到一個女人衝著地主又喊又叫，可是任務一旦完成，她就回到人群當中，把自己的小孩從別的女人懷裡抱過來，一邊繼續餵奶，一邊平靜地看著下一個人上臺表演。」那些喊得最響的人，有時候反而是最同情被批鬥者的，有時他們甚至偷偷把分得的財物送還給原來的主人。在徐水縣，有一名姓孫的年輕積極分子，他之前的雇主對他很好，就像一家人一樣，所以他後來偷偷地還給他一桶玉米，孫本人則因此被開除黨籍。[32]

在長江以南地區，土改工作隊不得不面對強大的宗族勢力。宗族內部的關係比階級鬥爭理論所闡述的更為複雜和牢不可破。在湖北，有些遭到批鬥的地方領袖竟然成功說服群眾將矛頭對準共產黨幹部。在房縣，當地農民一致同意，不管誰被劃成地主，都不會分他們的財產。在湖南，土改尚未開始，有些富裕的農民就開始宰殺耕牛，變賣土地和農具。在湘潭，有人推倒自家的房子，把磚頭全部賣掉。在另外兩個縣，大約有兩萬七千棵樅樹在開始瓜分私人財產前被種植者砍掉。在浙江，有地方領袖對村民們發表慷慨激昂的反對土改演說，警告他們土改之後「農業稅一年重於一年」，有些人甚至預言「將來免不了餓死」。[33]

在四川，有些地方完全被少數地主控制。他們事先仔細研究了《土地改革法》，趕在工作隊還未到達之前就把村民們找來，召開冒牌的鬥爭大會，由他們自己決定各自的階級成分，並把少數人劃成地主。有人則自願把部分土地拿出來分給別人，還有些人把財產寄存在別人家裡，或者透過交換和贈送等方式試圖贏得村民的支持。當他們發現所有這些努力都於事無補後，有人則寧願燒掉房子，也不願意把財產交出來。這種情況四川全省都有。[34]

在共產黨看來，所有這些反抗行為都清楚地表明封建黑暗勢力依然控制著農村，黨在農民中得到的支持越少，就越鼓勵暴力鬥爭。黨的幹部們宣稱，許多地主和反革命分子雖然身在國外，仍不斷資助和教唆農民們反對共產黨，而且利用宗教毒害村民的頭腦，派自己人潛入農民協會內部，或者用金錢和女人來腐蝕黨的幹部。黨的幹部認為，只有使用暴力，才能把這些反動勢力打倒，各地因此制定了更高的殺人指標。一九五一年四月二十一日，四川省的領導人李井泉下令，為了替土改大造聲勢，將川西的六千名地主（其中幾千人已經被關進了監獄）遊街示眾並判處死刑：「在土改中，我們應該將隱匿、與外國勢力串連的反革命分子逮捕法辦，預計須處死一半，共四千人，加上在押人犯尚須處決一至兩千人。如此則土改中必須處決五至六千人，大體符合土改中須殺一小批人的原則。」他的這個計畫獲得了上級領導鄧小平的批准。[35]

其他地區的情況也差不多，不過準確的數字卻很難統計。在湖北羅田縣，平均每三百三十名農民中就有一人被槍斃。一九五一年五月，短短二十天裡，就有一百七十人被當作地主處死。許多受害人並不富裕，有些人在處死前還被要求上繳五百公斤至一噸的糧食。當批鬥大會宣判這些人死刑時，沒有人敢反對。[36]

廣東省珠江三角洲是中國最富庶、商業最發達的地區之一，那裡的許多地主與香港的企業家關係密切，海外華僑購買了大片土地，打算退休之後回歸鄉里。在沿海地區，許多村子住滿了富裕的歸僑，他們住在現代化的房子裡，舉止洋派，與內陸的傳統風格形成鮮明的對比。廣東全省大約有六百多萬華僑家屬，許多婦女、兒童和老人都依靠海外的匯款生活，全部土地的大約五分之一屬於海外華僑所有。廣東省委書記方方很清楚這些華僑在經濟上的重要性，因此試圖幫他們保留一些土地。可是，一九五二年毛澤東派陶鑄來廣東取代方方。陶鑄之前曾在廣西對反抗土改者予以殘酷鎮壓，致使廣西全省有數萬人被當作「地主」或「反革命分子」遭到殺害。有些人將陶鑄比作坦克，誰反對他就會被輾死。

方方不久便被毛召到北京，被斥為「地方主義」，並因此遭到整肅，從此銷聲匿跡。僅一九五二年這一整年，廣東就有約六千名幹部被降職或被指控為追隨了「錯誤的路線」，對土地所有者以及富裕農民的殘酷毆打和任意殺害普遍發生，當時的口號是「村村流血，戶戶鬥爭」。許多人被綁起來吊在房梁上，或埋在土裡只露出腦袋，遭受各種酷刑的折磨。在與香港緊鄰的惠陽縣，有近兩百人被殺害，潮州有七百多人自殺，三個月之內就有四千多人死亡，有些是被打死，有些是被折磨致死。[37]

＊＊＊

經過土改，農民們普遍生活貧困。生活條件稍好些就會受到批判，有時還會被沒收財產，甚至遭到殺害。許多家庭一夜之間便失去了經過幾代人辛勤勞動才積累下的家產，那些靠勤奮努力而成功的人，如今卻處處低人一等。傳統的生活經驗被眾人拋棄，成功者被視同剝削者，窮人則因為「根正苗紅」而得到讚揚，而且根據黨的宣稱，越窮才越光榮。如今，農民們不僅因貧窮而自豪，甚至對變得有錢心生恐懼。在山東，許多人只願完成最基本的工作量，不願意多幹活多掙錢，因為他們知道「黨喜歡窮人，越窮越好」。一九四九年主政山東的康生報告說，該地區的農業產量在土改之後直線下降，因為村民們都信奉「貧窮光榮」。整個華北地區的農業產量下降了三分之一。內戰導致了大量人口的死亡和遷徙，而土改則破壞了生產——有些幹部自己也承認這一點。[38]

因為存在種種不利於生產的因素，最終形成了一個貧窮的惡性循環。首先在心理上，土改本是一場由恐懼、貪婪和嫉妒所驅使的運動，因此在生產上，人人都畏首畏尾，不敢出頭拔尖。其次，政府對所謂「土地所有權」的界定很模糊，因此村民們對土改中獲得的財物普遍缺乏安全感，心裡都沒有底，而分配給農民的土地通常面積有限，又散布在村莊的各處，耕種起來十分不便，何況許多農民缺乏耕種的知識，也沒有工具、種子和肥料。此外，農村與市場的連繫也遭到了破壞，原本由地主經營的商鋪要麼被洗劫，要麼宣告破產。農民們以前還可以打些零工補貼家用，如今這樣做也被當作資產階級的行為。四川曾是全國最富裕的地區之一，可是土改之後，經過重新分配的土地中，有三分之二的產量低於土改之前。[39]

＊＊＊

與此同時，出現了另一種形式的貧窮。許多被鬥爭的人其實比其他村民的條件好不了多少，但也有一些經過幾代人的努力，確實積累了相當數量的家產。這些人當中，有學者、商人和政治人物，不少人喜歡收藏藝術品，如硯臺、硯滴、佛像等小玩意兒，有些古籍、銅幣、傢俱或字畫的價值則更高。事實上，長期以來統治中國的都是這些學者型官僚，收藏古玩的愛好正體現了他們對文化傳統的重視，因此大多數人家裡都保留著過去的老物件。

然而，經過土改，除少數被沒收後重新分配，大多數藝術品都遭到了毀壞，以致文化部於一九五一年六月下令，所有在土改中沒收的古董和善本書都必須集中保管並登記造冊。但這個命令來得太晚了。在山東，大多數古董都被付之一炬，或者被當作剝削階級的殘餘送進了廢棄物處理場。「到處都是舊書，只要被認為含有封建思想，就被扔掉，或撕掉當舊紙用。」此外，還有許多古蹟被當作「封建主義的殘餘」遭到破壞。在濟寧有座太白樓，據說唐代詩人李白曾經住過，在土改中這座樓被推倒（一九五二年又復建）。在聊城，十八世紀詩人和畫家高鳳翰的墓被挖開。在即墨，群眾自行挖掘了六座漢墓。在淄博，好幾座寺廟及廟裡的佛像被當作封建迷信的殘餘遭到摧毀。在嶗山，華嚴寺一百多卷明清時代的佛經被當作廢紙處理，有些甚至被用來捲香菸。有份黨內的報告指稱，這樣的事例多到「數不勝數」，在許多幹部眼裡，歷史遺跡就等同於「垃圾」和「迷信」。[40]

＊＊＊

至一九五一年底，全國被剝奪財產的地主超過一千萬人，百分之四十以上的土地被重新分配。至於土改運動中到底有多少人被殺，則永遠是個未知數。從一九四七年至一九五二年間，至少有一百五十萬至兩百萬人死亡，此外還有數百萬人被貼上剝削階級和敵人的標籤，一生吃盡了苦頭。[41]

第五章 大整肅

至一九五〇年夏，共產黨已經沒有什麼朋友了。用毛澤東的說法，黨正在「全面出擊」，結果是四面樹敵。資本家不喜歡共產黨，失業者內心焦慮，大多數工人對經濟下滑不滿，農民苦於賦稅沉重，知識分子害怕失業，藝術家反對政府干預創作，宗教人士對這個新政權更是反感。毛說「全國緊張」，而且「我們相當孤立」。為了改變這種狀況，黨必須交朋友，把敵人一個個孤立起來。為此他提議，減緩對少數民族的壓力，安撫私營商人，與民主主義者聯合起來，對知識分子的改造不要急於求成，可以「穩步前進」。[1]

那麼，到底誰才是真正的敵人呢？毛說當前的整體方針是「消滅國民黨殘餘、特務、土匪，推翻地主階級，解放臺灣、西藏，跟帝國主義鬥爭到底。」[2]

在毛發表上述談話後不到三週，北韓軍隊越過「三八線」入侵南韓。一九五〇年六月二十五日，聯合國安理會一致譴責北韓的入侵。幾天後，杜魯門總統對南韓盟友伸出援手，聯合國軍隊在麥克阿瑟將軍的率領下發動反攻，於一九五〇年十月一日把北韓軍隊趕回了「三八線」以北——這一天恰好是中華人民共和國成立一周年。十月十八日，二十萬中國軍隊悄悄進入北韓境內。一週後，他們在中韓邊境地區向聯合國軍隊發動了攻擊。

趁著戰爭爆發之際，中共組織了大規模的群眾集會支持新政權，並聲討幾個月前毛所提到的敵人。十月十日，本是國民黨時代的國慶日，毛在這一天發表指示，要肅清「國民黨的殘餘勢力」、「特務」、「土匪」和其他「反革命分子」。在接下來的整整一年裡，大整肅將連同土改一起橫掃全國，無人可以逃避。

＊＊＊

時至一九五〇年十月，到底還有多少「土匪」和「特務」對共產黨政權構成威脅呢？官方的宣傳媒體不斷發出警告，聲稱有暗藏的特務和第五縱隊陰謀破壞及顛覆政權。這種臆想從中共政權成立的第一天起就一直存在，新政權的統治者始終活在自己想像出來的陰影裡。長期以來，中共形成了一個傳統，即將所有的失敗都歸罪於敵人——有些敵人是真實存在的，有些則是想像出來的。每次發生往井裡投毒或糧倉失火之類的事件，總要怪到潛伏的間諜或地主身上。普通農民只要稍有反抗——這樣的情況時常發生，就會被視為「反革命分子」。黨在刻意營造一種緊張的氣氛，一方面是為了警告大家謹言慎行，同時也是為了製造各種藉口來加強對社會的控制。

不過，在中國南部，倒也確實存在一些威脅新政權安全的因素。例如：湖北、四川和貴州等地就爆發了幾十起武裝反抗政府的群眾暴動。至一九五〇年夏，廣西已有一千四百多名幹部和七百多名士兵遭到圍攻和殺害。在解放後的一個月內，共產黨在廣西曾殲滅十七萬國民黨軍隊，但很快各地就出現了武裝反抗勢力，並不斷有農民加入反抗者的隊伍。在玉林縣，有兩百多名村民參與了武裝叛亂。在邑寧縣的一個村子，有三分之一的男性逃入森林，加入反政府的游擊隊。幾十年來，共產黨一直對國民黨採取游擊戰術，對其發動突襲和伏擊，攻擊薄弱環節後迅速撤退到農村地區。毛在一九三〇年寫道：「敵進我退、敵駐我擾、敵疲我打、敵退我追。」而如今，中共在華南地區卻成了游擊戰術攻擊的對象。[3]

毛對廣西的情況很關注，他指責當地領導人對暴動者「驚人地寬大」。廣西做出了迅速反應，在一九五〇年十月十日之後的幾個月裡就殺了三千名游擊戰士。隨後，毛將綽號「坦克」的陶鑄派到廣西，對叛亂者進行全面鎮壓。至一九五一年三月，有一萬五千人被殺，數十萬人被關進監獄，許多人餓死或病死。在玉林縣的部分地區，五分之一的人口遭到逮捕，還有無數人被劃為「地主」，妻子兒女也受到牽連。一九五一年夏，陶鑄發電報給毛，稱：「廣西殲匪四十五萬，殺人四萬，其中三分之一可殺可不殺。」[4]

當剿匪運動於一九五一年十月結束時，廣西境內有四萬六千兩百人被殺，占該省總人口的千分之二·五六。也就是說，每四百個人中就至少有一人被殺。[5]

除了廣西，其他地方的情況也很殘酷。負責這些鎮壓運動的總指揮是羅瑞卿。羅出生於四川南充的一個地主家庭，那裡盛產大米、橘子和絲綢。這個人從來不笑，因為在同國民黨作戰中面部受傷，一笑嘴脣就會裂開。和林彪一樣，羅出身於著名的黃埔軍校，卻於一九二八年加入了共產黨。他是最早被送往蘇聯的人員之一，在那裡與祕密警察一起工作過。在延安時期，他曾被派往第四軍打壓反毛集團。據一名後來叛逃的高級官員說，羅在第四軍中的所作所為稱得上「心狠手辣」，並因此贏得了毛的信任。新政權成立後，羅被任命為公安部長。他在辦公室掛了一幅捷爾任斯基（Felix Dzerzhinsky）的肖像——此人是惡名昭彰的蘇聯祕密警察機構契卡（Cheka）的創始人，羅將他視為自己的偶像和導師。[6]

在新政權的暴力機構中，羅扮演了關鍵角色，毛對鎮反運動的各項指示，正是由他直接傳達給各地的領導人。一九五一年一月，湖北的負責人李先念來北京見他。在此之前，湖北只鎮壓了兩百二十名反革命分子，可這次會面後不久，大規模的殺戮就在湖北展開了，至該年二月便處決了八千人，之後在春季又處決了七千人。不久，被殺人數迅速達到三萬七千人，部分農村幹部一言不合就拔槍，令民眾整日提心吊膽。至此，運動已經完全依靠恐怖手段來推行，李先念也無法阻止了。有些地方幹部甚至將製造恐怖當作常規手段來控制老百姓，當上級要他們有所節制時，他們反而威脅說：「不批准殺人，我就不搞生產，不做發動群眾的工作，等你批了以後，再去發動群眾也不遲。」最終，湖北全省共有四萬五千人遇害，占全省總人口的千分之一點七五。[7]

就像鋼鐵產量和農業產量一樣，殺人也有上級下達的指標。全國有數百萬人遭到逮捕、審訊和判決，對此羅瑞卿不可能一一過問。因此，毛規定了一個大概的殺人指標，作為各地行動的依據。毛認為，總的來說，通常應該殺掉總人口的千分之一，但這個比例可以根據各地的情況上下浮動。各地對殺人的情況進行統計後上報中央，中央有時會要求殺得更多。例如：一九五一年五月，廣西的殺人比例已經達到了千分之一．六三，但中央仍指示要多殺些。貴州因為發生了較多的民眾反抗事件，因此向中央申請殺掉千分之三，而柳州地區則要求提高到千分之五。毛回覆道：「貴州省委要求殺千分之三，我也感覺多了。我有這樣一種想法，即可以超過千分之一，但不要超過得太多。」一旦某個地方的殺人比例達到千分之二後，毛便會指示應該把更多的人判處無期徒刑，送去勞改。[8]

為了使殺人的指標看上去比較適度，毛對其不斷進行調整。對未達成指標者，他批評為「右傾」，但同時他也試圖控制那些過分熱衷於殺人的「左傾」分子。他對某些地方領導人的讚揚被當成指示，在黨內高層傳閱。一九五一年一月，毛主席表揚河南殺了一萬兩千名反革命分子，該省隨後便制定計畫，打算在該年春天再殺兩萬人。毛認為，在有三千萬人的河南，這個數目是適當的。但他同時提醒道，數字僅僅發揮了指導作用，實際應該殺的人可能會更多。毛說，大整肅應該「穩、準、狠」，意思是這場運動必須進行得像外科手術一樣精準，不要變成任意的屠殺，那樣會損害黨的形象。但他又說：「第一要強調一個『狠』字。」一九五一年一月底，毛認真閱讀了羅瑞卿的報告後，決定在全國範圍內繼續推進鎮壓運動：「在殺得不多的省分應當大殺一批，絕不可停得太早。」[9]

毛在發表評論、談話和指示時，通常故意把話說得模稜兩可，讓下屬不得不仔細揣摩他每句話的深意。他還喜歡讓每個人提出自己的主張，最後由他根據自己的好惡加以取捨，因此常有人提出激進的建議，以迎合毛的意圖。不過，一旦這些激進的做法造成亂子，他們就會受到毛的批評。正因為每個領導人都得揣摩毛的意圖提出自己的計畫，所以黨內高層全被牽連進這場恐怖的運動當中，成為積極的參與者，而不僅僅是執行毛的命令。例如：一九五一年二月鄧子恢和鄧小平便提議，應該處決二分之一到三分之二的反革命分子。毛表示同意，但條件是殺人應該「祕密控制，不要亂，不要錯」。[10]

另一個建議是由饒漱石提出的，他當時掌握華東大權。一九五一年三月二十九日，饒提議這場運動應由「外層」轉向「內層」，意思是說應當將黨內的叛徒和特務作為鎮壓的對象，不過也有人提出不同意見，認為這場運動已經「殺得太多」了。毛表示贊同饒的主張。於是，一九五一年五月二十一日，中央發布了關於清除黨內敵人的指示。[11]

至一九五一年四月，全國已有五分之三的省分達到或超額完成了千分之一的殺人指標。儘管毛主席曾告誡不要超過太多，貴州仍有千分之三的人口被消滅。[12]與此同時，被捕入獄者超過一百萬人，以致羅瑞卿不得不下令將捉捕的行動先暫停幾個月，以便處理積案。但很快他就後悔了，表示對新政權的敵人不能太仁慈。他宣布：「堅決肅清大量普遍存在的反革命殘餘勢力。」於是到了夏天，殺戮又重新開始了。[13]

毛在中南海裡指導著鎮反運動的進展，並隨時根據下面的彙報調整死刑的比例。在個別地區，由於有少數素質較高的幹部掌控局面，恐怖氣氛似乎沒有那麼嚴重，但大多數地方幹部都心甘情願地充當劊子手，而且由於社會不斷分裂，也有底層民眾出於報復、洩憤或私人恩怨，參與製造恐怖的過程。

＊＊＊

幹部們為了表明消滅反革命分子的決心，肆無忌憚地濫用手中的權力，這樣的例子在檔案中隨處可見。雲南的鹽興縣是個盛產鹽的富裕地區。一九五一年四月，當地黨委接到一封匿名檢舉信後，逮捕了該縣一百多名中學生並對其加以拷問，甚至連小孩也不放過。十歲的武烈英也被吊在房梁上毒打，八歲的馬思烈被綁在十字架上並且被迫跪在地上，兩名施刑者將一根木棍橫著壓在他的大腿上，把他的腿和膝蓋死命地往水泥地上擠，就連年僅六歲的劉文弟也被指控為特務頭子遭到刑訊，最終有兩名小孩被折磨致死。這樣的事情並非孤例，四川的民兵也曾試圖在學生中發掘特務組織。他們將一些小孩雙手和雙腳綁著倒吊起來，把另一些人帶走假裝要槍斃他們，其中三名小孩被折磨而死，另有五名自殺身亡。大約有五十個小孩倖存了下來，但許多人成為跛子或落下終身殘疾。[14]

在廣東，即使用黨自己的標準來衡量，那些受指控的人當中也至少有三分之一是被冤枉的。羅定縣發生過一起案件，起因是一名學生被懷疑有偷竊行為，結果導致三百四十名十三至二十五歲的年輕人遭到逮捕和審訊。廣東省的監察部門收到了數百封上訴信，最終才在一年後派人前往調查此案。[15]

在鬥爭反革命分子的過程中，甚至出現過全村被毀的情況。在江西的比古曾發生過一起惡性事件，一個班長發現幾戶村民的屋子冒煙，便懷疑那幾戶人家藏有敵人，因此未經請示便擅自開槍，結果全村的房子都被火點著，造成二十一人當場死亡，另有二十六人傷重不治身亡。遇難者中除一人外，全是婦女和兒童。[16]

幹部們爭先恐後地想儘快達到殺人定額，由此造成許多冤案。在貴州的某些地區，冤案比例超過了百分之五十。在從江縣，多少有些證據的案子不足三分之一。在惠水縣長安鄉，一名叫謝朝陽的村民僅因敲了地主家的門，便引起辦案人員對他的懷疑，結果他被抓起來遭到拷打，直到供出另外四十八名村民為止。這些村民大都是些窮人，其中有八人被逮捕並遭到毒打，打昏後用水澆醒，然後接著打，最終有六人選擇了自殺。在另一起案件中，一名自殺的男子被控於一九二九年殺害了八個人，然而事實上那一年他才只有一歲。[17]

有些人只是看上去可疑，結果卻招致厄運。在雲南省曲靖縣，有一百五十人在沒有任何證據的情況下被當作「匪特」關進監獄，負責此案的幹部解釋說，這些人看上去「又像土匪又像特務」，所以叫做「匪特」。任何人只要和舊政權有一點關係，哪怕是微不足道的連繫，也可能招致殺身之禍。四川省富順縣有四千名機關職員遭到逮捕，原因是他們過去都曾為國民黨工作過。地方幹部常常得揣摩上級領導的意圖提出激進的建議，就像黨的領袖們需要猜測毛主席的真實意圖一樣。例如：當時執掌雲南和四川的鄧小平就曾寫過一封信給毛，聲稱地方政府中有許多反革命分子。在雲南的一些村子裡，甚至百分之九十以上的幹部都被當作特務、地主或其他類型的壞分子。[18]

就像土改時一樣，各地的領導幹部在運動中都不甘落後。從村到縣再到省，一層一級互相仿效，幹部們多奉行寧可多殺而不可少殺的原則，以免自己被當作「右派」遭到整肅。在雲南，有些幹部甚至隨機性地殺人：「看到別的地方捕得多殺得多，自己也就在幾天內草率地大捕大殺。」有些黨員雖然心裡不怎麼情願，但為了顯示積極，不得不硬著頭皮撐著，正如一名幹部所說：「不恨也得恨，不願殺也得殺。」為了達成或超額完成上級下達的指標，數千人就這麼悄無聲息地被處決了。[19]

有時候，當關押犯人的地方——包括正規的監獄以及由民兵看守的學校、寺廟和祠堂等——人滿為患後，當局就會不經正式調查和審理，將犯人直接處決了事。胡耀邦曾彙報說，在四川西部「處五年以上徒刑的極少，有些同志認為處五年以上徒刑不如殺掉。」[20]

有些黨員幹部對民眾採取恐怖手段，是為了防止他們向上級告發自己的所作所為。在四川，到處都有幹部無視中央的規定，未經公審即祕密殺人，以剷除自己的仇人。懋功是個小鎮，一九三五年六月紅軍長征翻過大雪山後曾到達這裡，而且毛還在這裡對黨進行了改組。在恐怖盛行的四個月中，該地對外公布的死刑犯只有十人，但實際上另有一百七十人被祕密處決，其中有二十人是被刺刀捅死的，還有幾個遭到斬首，首級甚至被掛在城門上示眾。部分遇難者只是普通的農民，從未參與過任何反黨活動。對此，當地幹部解釋說，因為懋功是少數民族地區，所以只有使用赤裸裸的暴力才能馴服當地人。[21]

至一九五一年五月，在鄧子恢和鄧小平掌管的華南地區，情況已經越來越失控。最終，不得不由毛主席出面干預，下令將判處死刑的權力從縣級單位收回。[22]然而，這個命令卻導致了一場更瘋狂的殺戮，地方幹部都搶著在命令生效前儘快剷除他們想處死的人。在四川涪陵，僅十天之內，就有兩千六百七十六人未經審判即被處決。中央的命令生效後，又有五百人在兩天內被處決，以致在兩個多月的時間裡，被殺的總人數達到了八千五百人。涪陵的情況在四川並非個案，在溫江縣，當下級請縣委書記批准從一百二十七名犯人中再殺掉一批人時，他簡單地回覆道：「看一下，挑幾個。」結果，三天之內即有五十七人被槍斃，而此時中央決定暫緩死刑的命令已經生效。[23]

＊＊＊

全國各地都有人被折磨或毆打致死，其中有一些被刺刀捅死或被砍頭，但絕大多數是被槍斃。槍斃的過程並不像人們想像的那麼簡單。在遍布寺廟和寶塔的古城開封，行刑者一開始都是瞄準目標的頭部射擊，但因為現場太過噁心，所以他們不久便改為射擊心臟。但這樣做也不那麼容易，要是打偏了，犯人就會在地上扭動哀號，不得不再補射。殺人的技巧就是這樣從實踐中得來的。[24]

在少數情況下，行刑者會勒令犯人下跪低頭，然後用大刀將其頭顱砍下。在廣西，犯人的首級有時會被掛在市集入口處類似足球門一樣的木頭門框上，柱子旁邊還會張貼著死者的罪狀。[25]

行刑的槍聲在各個鄉村回響著。不管是真的敵人，還是假想中的敵人，都被迫跪在臨時搭起來的檯子上，當著眾多村民的面，被身後的行刑者處決。張應榮遭到毆打後，又被用一塊木板抬到臺上。據他回憶：

當時臺上還有十個人接受批判，全都被繩子綁著。我大哥就在我身邊，兩個民兵把他的胳膊扭在身後，身體向前九十度彎腰。我躺在木板上，向上看著。雨已經停了。在大夥兒的喊聲中，我能聽到附近河水的聲音。雲已經散了，天空一片碧藍。我想：就是在這樣的天空下，就是在這個村子裡，大夥兒已經和睦相處了這麼多年，可是為什麼他們現在變成了這樣？他們為什麼如此互相憎恨、互相折磨？難道這就是共產革命嗎？所有的「階級敵人」都挨了打，打得臉上青一塊紫一塊，頭上傷痕累累。可是毆打並不能讓這些共產黨滿足。他們開始了殺戮。那次大會之後，所有在舊政權裡當過官的都被處決了，包括我的兄弟，他們的子女也被判了十年、二十年徒刑，有些在監獄裡瘋了，有些死了。[26]

公開處決後，死者家屬通常會獲准去收屍。收屍者一般都默不作聲，趁著暮色靜悄悄地走向屍體，手裡抱著用來包裹屍體的草薦以及把屍體運回家的簡易擔架。但有時候行刑者會用炸藥把屍體炸碎，這種做法一度非常流行，以致有些省分不得不正式發文禁止這種行為。

有些被害者則是在偏僻的樹林、山溝或河邊被單獨或集體處決，屍體要麼被扔進井裡，要麼草草地集中埋葬，有些則被扔在野外任其腐爛。死者家屬往往得花上幾個星期來尋找親人的屍體。幸運的話，他們能找到屍體的殘骸，然後小心翼翼地將其掩埋。雲南的張茂恩等了十個月才獲准為他的兄弟收屍——他的兄弟是在路邊被槍殺的，然後被扔到了山溝裡。「我兄弟的屍體已經腐爛了，看上去就像倒在河裡的一棵樹。我二哥和我娘下到河裡想把他拽上來，結果屍體碎成了一塊一塊。我們只好撿起骨頭，洗乾淨，裝進隨身帶去的盒子裡。」[27]

有時屍體會被野外的動物吃掉。在河北，有些集中掩埋的墳墓很淺，野狗會把屍體挖出來啃掉。在四川，一名婦女因被懷疑私藏槍枝而被捕，經歷了殘酷的折磨後，她最終吊死在一棵樹上。她的屍體被扔到樹林裡，成了野豬的食物。[28]

＊＊＊

運動初期，城市裡死的人比農村少，因為黨的領導擔心在城市裡殺太多人會造成較大的負面影響，而且為了發展經濟，他們仍不得不與商人、企業家和各類專業人士打交道，有時還得適當做些妥協。但這種寬鬆的局面並未能持續多久。

一九五一年三月十三日，兩百多名軍隊領導在山東省的省會濟南出席了一次慰問音樂會。當一個民間器樂節目表演結束，大家正在鼓掌之際，一名年輕人突然起身，踩著桌子走向身為高級軍官的黃祖炎，隨後向他開了一槍。子彈從黃的頸部射入，從下頜穿出。黃全身是血，一下子癱在椅子上，隨後滑到地上。觀眾們一陣恐慌，紛紛躲到桌子下面。刺客又開了一槍，最後飲彈身亡，黃則在被送往醫院的途中死亡。這名刺客名叫王聚民，時年三十四歲，一九四三年入黨。他之所以這麼做，是因為他的家人在土改中受到了衝擊。

事後，毛提醒全黨要提高警惕，因為這個案件表明敵人是多麼狡猾：他們先是混入黨的內部，潛伏數年後，突然衝出來攻擊黨的高層領導人。毛說：「（對這些人）絕不可優柔寡斷、姑息養奸，是為至要。」[29]

在刺殺事件發生數天後，毛即下令在城市裡要「大殺幾批反革命」。在寫給天津市委書記黃敬的信中，他借用民意來為殺人辯護：「人民說，殺反革命比下一場瓢潑大雨還痛快。」[30]

很快地，全國便展開了一次突擊行動。在幾週前剛剛發生刺殺事件的山東，僅在四月一日這晚，警察就圍捕了四千多名嫌犯。濟南逮捕了一千兩百人。到了晚上，大家不敢睡覺，都從窗子裡膽戰心驚地向外張望，看誰又被抓走了。幾天之內，有數十人被公開槍斃。毛主席對此大加讚賞，並表示那些「膽小的同志」應該向山東學習。[31]

三個星期後，四月二十八日這一天，上海、南京等十四座城市聯合發動了一次突擊捉捕行動，共有一萬六千八百五十五人被抓。那天正好是週六，兩年前剛剛回國任教於上海一所大學的羅（Robert

Loh）當晚正在批改學生的論文，他回憶說：「聽到大街上的警笛聲和隆隆的卡車聲持續了好幾個小時，我憂心忡忡地感到肯定發生了什麼大事，但還沒有引起警覺。第二天早上，傭人驚慌失措地向我報告說，已經抓了好幾千人了，他們說所有曾經為國民黨政府做過事的人都被公安抓走了。」[32]人被抓走後，他們的房門便貼上X形的紅色封條，意味著在案件調查結束前，屋子裡所有的東西都不許動。全上海一下子出現了許多紅色的封條，警察甚至占用了公共建築作為監獄。突擊行動事先做了充分準備，在捉捕之夜的數週前，公安局已經要求所有為國民黨做過事的人向政府登記，並聲稱這樣做是為了給那些犯了「政治錯誤」的人一次「重新做人」的機會。這些人必須向當局遞交個人自傳以及家人、朋友或相關人員的詳細情況。每個坦白認罪的人都得到了寬大處理的承諾。

逮捕之後便是公開處決。「我們大學旁邊就有一處刑場。每天都能看到一車一車的犯人，上課的時候就會聽到恐怖的槍聲。屍體隨後被卡車拉走，教學樓前面的路上全是斑斑血跡。」像全國各地的人一樣，羅也被迫參加了幾次公審大會。當局說這樣做的目的是為了教育老百姓，不過羅感受到的卻只有恐懼和厭惡：

> 我特別記得有一次審判一個工廠的工頭，據說他不僅勒索工人錢財，還勾引手下的女工。宣判之後，他被一下子推到臺下。因為雙手被綁著，所以他只好在地上滾，那樣子看上去很奇怪。當他停下來後，一個警察對著他的腦袋就是一槍。我離他大約只有十步遠，親眼看見他腦漿四濺，扭曲的身體看上去很噁心。[33]

在處決犯人的同時，還出現了一股自殺的風潮，絕望的人們開始從外灘的高樓上縱身躍下。不久，警察在許多大樓的一樓窗戶外張起了大網，於是自殺者便不再跳窗戶了，而是爬到樓頂往下跳。有個男人跳下後正好砸中了一輛黃包車，結果他本人、車夫和乘客都死了。很快地，每幢高樓門口都出現了站崗的警察和士兵，於是屍體又開始每天出現在江面上。[34]

每座城市都在集中處決犯人。在北京，領導鎮反運動的是市長彭真。在一次群眾大會上，他向與會者喊道：「我們對於這些罪大惡極的惡霸、土匪、漢奸、特務這一群野獸們，應該怎麼辦呢？」

全場一起高呼：「槍斃！」

彭又說：「現在被控訴的反革命分子，只是一部分，還有一批關在監獄裡。此外，北京市還有不少潛伏的特務和間諜。我們應該拿他們怎麼辦呢？」

大家齊聲喊道：「堅決肅清反革命！」

彭接著說：「今天我們在這裡控訴的，有很多惡霸，這是些封建殘餘。如果允許這些封建殘餘存在的話，那就沒有我們的自由幸福了。天橋有『霸』，菜市有『霸』，房纖（倒賣房地產的人）有『霸』，賣水果的、賣魚的、賣水的，都有『霸』，甚至於還有『糞閥』、『糞霸』。這些封建殘餘，我們應當怎樣對付他們呢？」

眾人大喊：「槍斃！」[35]

在上海、天津和北京的體育場裡，都舉行了這樣大規模的群眾集會。從事先準備演講稿，到在主席臺上儀式性地宣判罪狀，每一步都經過精心策劃。但在現場觀看處決的人數並沒有這麼多，通常只限於黨員積極分子，這樣做是為了測試他們對黨是否忠誠、立場是否堅定。周瑛在獲得提拔之前就被迫觀看了在北京舉行的一次集體處決：「卡車把我們拉到刑場，就在著名的景點天壇附近。被害人都跪在地上，雙手用鐵絲綁在背後，身邊擱著簡易的棺材。大概有六個公安站成一排，冷漠地朝他們的後腦勺開槍。他們倒地後，有些人的腦袋已經裂開了，有些頭部只有一個光滑的小洞，還有些人則腦漿迸裂，濺了一地，甚至濺到了旁邊犯人的衣服上。」周瑛厭惡地想走開，但一個幹部抓住她的肩膀喊道：「好好看著！」、「這就是革命！」她叫喊著想捂住臉，但那個人緊緊抓住她，強迫她非看不可，跟她一起去的一些人甚至興高采烈地踐踏著屍體。[36]

被殺者在刑場上幾乎都不說話。負責這些運動的幹部們早已從土改時期的群眾大會上吸取了豐富的經驗，他們完全知道怎麼防止拚死反抗的死刑犯鳴冤叫屈或者喊出反黨的口號。一個很有效的辦法就是威脅犯人對其家屬進行報復，此外還有其他一些辦法。一名大會組織者曾這樣說：「我們在每個犯人的脖子上套一根鐵絲。要是他想掙扎或反抗，士兵只需要向後拉鐵絲，就可以勒住他的氣管，讓他發不出聲。」有時候鐵絲會用繩子來代替。[37]

城市裡死刑的比例要比農村略少，一般不超過總人口的千分之一。毛認為，為了不致激起民眾的反抗，在城市裡少殺些人是可以接受的。一九五一年四月他曾說：「例如北京人口兩百萬，已捕及將捕人犯一萬，已殺七百，擬再殺七百左右，共殺一千四百左右就夠了。」[38]

＊＊＊

這場恐怖的運動直到一九五一年底才告結束，但殺戮從未真正停止。在每一輪新的運動中，都有越來越多的群體被捲入其中。浙江是中國面積最小、人口最稠密的省分之一，其地形多山，沿海地區則分布著山丘和平原。在運動高潮時，浙江全省大約有二十五萬民兵守衛著各條主要街道。羅網如此繁密，很少有人能夠逃脫，許多人逃跑後最終餓死或凍死在山裡。[39]

然而，沿著浙江不規則的海岸線坐落著數千座島嶼，這些地方幾乎仍處於政府控制範圍之外。中國的南方水網密布，到處是運河、溝渠和曲折蜿蜒的河流，還有大片大片的梯田，以及天然或人工的湖泊。即使大部分城市都鋪上了瀝青、水泥和柏油的馬路，以方便現代化的交通運輸，很多人還是繼續依靠著水路交通。在中國的沿海地區，最常使用的交通工具是漁船和舢板，其次便是各類貨輪、油輪和渡船。內河航道的交通也很繁忙，既有舊式帆船，也能看到現代化的內燃機船。

那些生活在水上的居民主要從事捕魚和養殖業，類似海上的「遊牧者」，長期以來一直被視為流民，既不准在陸上定居，也不能與陸上的居民通婚。對生活在華南珠江三角洲的客家人來說，生活在水上要安全得多，因為陸上充滿了各種危險。他們擁有自己的方言，平時停泊時，他們將小舢板和捕蝦船一艘挨著一艘靠在一起，由此形成了一支小型船隊，他們甚至還在船上設有浮動的寺廟和專門用作宗教活動的場所。他們當中的許多人在解放後駕著船帶領全家逃到了香港。慢慢地，香港聚集了近六萬名漁民，他們聚居在香港仔灣和油麻地附近，形成了一座漂浮在水上的龐大城市。

除了客家人，在水上繁衍生息的還有其他一些群體，例如大運河上世世代代在大型貨船上勞動和生活的船民。這條古老的運河完工於十七世紀，當時開鑿的目的主要是為了將南方的糧食運輸到帝國北方的首都。除了貨船外，運河上還有將糞便等肥料運往沿岸各省的「花船」，這種船的船身常常點綴得五彩繽紛。在黃河與大運河交匯的山東境內，則有許多大大小小的煤船和糧船。在長江中游的湖北沙市，港口裡一艘挨一艘地停滿了帆船。再往上游去，常常能見到等待雇主的縴夫，他們的工作是將船拉過淺灘或者峽谷。

在這個水上世界裡，總是活躍著形形色色的走私販、居無定所的漂泊者以及無家可歸的流浪漢。在黨看來，這裡正是反革命分子最後的藏身之所。當局認為，在廣東沿海各口岸大約有一半的人口從事走私活動，同時為敵特提供庇護。廣東北邊的福建和浙江海域的許多小島上，仍有人與臺灣的國民黨保持著祕密聯絡。交通部副部長王首道曾說，在水上謀生的這四百萬人口生活在令人憎惡的陰暗世界裡，他們依然保存著濃厚的封建習俗，而且幫派橫行，控制了沿岸各地的碼頭。他經過計算認為，反革命分子在這類人口中占了五十分之一。[40]

羅瑞卿也持相同的看法。一九五二年十二月，他給水上人口設定的死刑比例是千分之一，關進集中營的人則是這個數字的九倍。接下來的一年中，革命終於從陸地來到了水上，造成數千人被處死，更多的人則被趕下船送去勞改。[41]

＊＊＊

沒有人知道在這場大整肅中殺了多少人，因為各地進行統計的方法各不相同，而更重要的一個原因是，許多人是被祕密處決的，地方上根本不會上報。目前可見到的最完整的統計數字，出自鄧子恢領導下的幾個省。自一九五一年十月至十一月，這幾個省的被害者總數超過了三十萬，占當地人口總數的千分之一點七（見表一）。另外，羅瑞卿在關於這幾個省的報告中還提到，這些地區（主要是廣東）在接下來的幾個月內還準備殺掉五萬一千八百人。[42]

在鄧小平領導下的貴州、四川和雲南三省，殺人的比例應該不會低於千分之二。在涪陵地區下轄的十個縣中，這個比例達到了千分之三點一。在四川的其他地方，甚至有高達千分之四的。在貴州全省，我們可以看到的數字是千分之三。一九五一年十一月，在給鄧小平的一份口頭報告中提到，這三個省有十五萬人被處決。[43]

在華東，早在一九五一年四月，福建和浙江的殺人比例已經達到了千分之二。山東要稍低一些，但在夏季到來之前，全省已經殺了十萬九千人。[44]

北方的情況更為複雜，因為在鎮反運動於一九五〇年十月開始前，許多人就已經被處決了。例如：一九五一年河北殺了一萬兩千七百人，但在一九五〇年十月之前就已經殺了兩萬多人。[45]包括甘肅、新疆和西藏在內的西北地方，因為無法看到可靠的檔案資料，情況很難估計。在東北，內戰中已經死了無數人，一九五一年五月該地區的殺人比例反而降到了千分之零點五。[46]

目前檔案中唯一可見的被殺者總數，是一九五四年在黨內高層會議上由劉少奇提出的七十一萬人，兩年後毛再次提到這個數字。[47]當時全國的總人口大約是五億五千萬，按這個數字算下來，大約相當於殺了千分之一點二的人，不得不說這是個相當保守的估計。當然，劉提出的這個數字在政治上肯定是被黨認為可以接受的，因此遠遠不能反映各級報告中的真實情況。與此相比，薄一波的估算可能更為可靠。他在一

表一：六省死刑人數彙總（1950年10月至1951年11月）

省分	殺人總數	每千人死亡率
河南	56,700	1.67
湖北	45,500	1.75
湖南	61,400	1.92
江西	24,500	1.35
廣西	46,200	2.56
廣東	39,900	1.24
總計	301,800	1.69

資料來源：羅瑞卿的報告，陝西省檔案館，1952年8月23日，123-25-2，頁357。

九五二年秋提到，被殺者超過兩百萬人。這個數字儘管無從證實，但可能性最大，因為從一九五〇年至一九五二年底，除了被公開處決的反革命分子外，還有許多人是被祕密處死的。[48]

此外，還有數百萬人被送進勞改營，或處於民兵的監視之下。更有數不清的人成了政治賤民。原有的社會結構被政治仇恨撕裂，千百萬人被貼上「地主」、「富農」、「反革命」和「罪犯」的標籤，劃入「黑色階級」，與那些屬於革命先鋒隊的「紅色階級」勢不兩立。在黨的批准下，這些「賤民」的政治身分將代代相傳，因此他們的子女仍將面臨各種指控和歧視，在學校裡受到老師的另眼相看，遭到同學的欺負，甚至在放學路上還會受到共青團員的攻擊。這些人還將成為日後歷次政治運動的標靶，被拉著遊街，或者在批鬥大會上接受眾人的唾罵——這樣的批鬥大會在一九六六年文革之前不下三百次。他們成了革命的犧牲品，黨讓他們活著，是為了以他們來警示眾人：如果有人膽敢與黨作對，這就是他們的下場。[49]

那些在鎮壓運動中倖存下來的人，即使聲譽沒有受損，內心也從此充滿了恐懼，因為一個人就算是清白的，也不一定能保住性命。在黨看來，錯殺幾個人根本無所謂。因此，沒有人能確保自己不會被捲入其中，而這種不確定性正是這場運動最令人深感恐怖的地方。這場運動對正常的人際關係造成了顯著的破壞，之前的各種社會組織如今已支離破碎，人們變得彼此孤立、互不信任。羅就注意到：「為了指控一個人，人們不得不出賣朋友，與家人反目。中國人之間的傳統溫情已經蕩然無存。大家得到的教訓是：朋友越多越危險。我們開始嘗到被群體孤立的滋味，也感受到個人在國家權力面前是多麼渺小無助。」[50]

經過這場運動，社會控制變得越來越嚴厲了，甚至對黨員的控制也是如此。在黃祖炎遇刺後的幾個月裡，各主要機關的門口都出現了哨兵。搜查也變得越來越頻繁。李長宇是一九五一年一月入黨的，他回憶說：「在那個年代，高級幹部的辦公室門口都有衛兵站崗，遇到開大會時，會場的入口處也要布置崗哨。每個入場的人都要搜身，一旦發現武器，就會全面提高戒備。」[51]

在解放後的頭一年裡，大家還可以自由出入各政府機關，或者隨意走訪親友。但很快地，各個場所都加強了安全管制。周瑛記述道：

> 幾乎一夜之間，所有政府部門都對外關上了大門。我們必須先在門口填一張表，並說明來意才能進去。安檢嚴格得簡直可笑，讓大家覺得好像到處都是間諜似的。每個人都發了身分證件和徽章，還有一大堆貼了照片的身分證明。這些東西我現在還保存著，有些掉色了，但還可以清楚地看出我的名字、出生地和級別。大家對陌生人充滿了懷疑，甚至熟人之間也是如此，以致相互見面時感覺很彆扭，因為見面之後我們都得寫一份詳細的報告，彙報大家談話的內容以及見面的事由。大家都變得與世隔絕了，平時就待在單位裡，只跟同事來往，同住一個宿舍，同在一個食堂吃飯。

隨著朋友之間交流的減少，從前的友誼開始淡忘，人人都變得自閉起來，只顧關起門來過自己的日子。外國人也被大批遣送出境，這個國家正變得越來越封閉。[52]

第六章　竹幕

每年的陰曆七月十五是中國傳統的鬼節。這一天，人們會為還未轉世的孤魂野鬼舉行特別的儀式。一九五一年的鬼節是西曆八月十七日，但是在北京，大家並沒有像以往那樣掛起燈籠、表演歌曲或戲劇，而是成群結隊地在馬路上晃蕩，似乎在等待著什麼。其實誰也不知道發生了什麼事，但眼看著一輛輛汽車往天橋駛去，大家知道又要殺人了，因為大部分死刑都是在天橋執行的。然而，當正式的遊街隊伍終於出現時，眾人還是驚呆了。第一輛車上站滿了荷槍實彈的士兵，緊隨其後的是一輛敞篷吉普車，車斗裡站著一名外國人。只見他身材高大，腰板挺直，留著長長的白鬍鬚，頭髮向後梳，眼睛凝視前方，雙手則被緊緊地綁住。另一輛吉普車上是一名日本男子，也被綁著站在車斗裡。後面還跟著幾輛車，裡面坐著興高采烈的警察。北京廣播電臺報導說，當時大街上擠滿了人，大家高呼「打倒帝國主義！鎮壓反革命！毛主席萬歲！」的口號。但是，據當時身在現場的一名外國人以及英國領事館的說法，人群中一片沉悶，大夥兒都默不作聲。[1]

李安東（Antonio Riva）和山口隆一（Ruichi Yamaguchi）是最早被共產中國判處死刑的外國人。前者是一名義大利飛行員，一九二〇年代來到中國幫助國民黨訓練空軍，而後者則是一名日籍書商。經過一個小時的審判，當局認定這兩人圖謀暗殺毛主席。官方媒體披露說，他們陰謀趁國慶活動之機，用迫擊炮轟炸天安門的檢閱臺。除了這兩個人，還有幾名參與策劃的外國人也被判處了很長的刑期，其中包括六十四歲的義大利籍主教馬迪儒（Tarcisio Martina）——他是河北易縣天主教區的負責人，被判處無期徒刑（後於一九五五年被驅逐出境，未過幾年便去世了）。

這個案子的主要證據是從李安東家中搜出的一門迫擊炮，以及從山口隆一的筆記本裡發現的一幅手繪地圖。那門斯托克斯牌的迫擊炮是一九三〇年代製造的，其實早就不能用了，是李安東在天主教會的一堆廢棄物中發現的。那幅圖則是北京消防隊繪製的天安門廣場地圖，山口隆一曾向消防隊出售過消防用品。官方宣布這個特務組織的頭子是名美國軍人，名叫包瑞德（David Barrett），其實他只是曾經碰巧住在這兩個人隔壁，而且一年前就已經搬走了。這個案子審訊期間，包瑞德在臺灣抗議說：「我從來沒有……試圖暗殺或者策劃暗殺過任何人。」二十年後，周恩來總理向他表示歉意，並邀請他重返中國。其實，整個事件都是捏造的，其目的就是為了威脅外國僑民，並恐嚇中國人不許跟外國人接觸。[2]

李安東和山口隆一被處決後，他們的屍體被草草掩埋在北京城外一處農場裡，除了瓜田和菜地裡插著的幾根木頭和幾塊墓碑外，這個農場看上去毫無特別之處。大部分墳墓都已被荒草掩蓋了，個別比較新的還能辨認出來。這裡埋葬的就是在天橋被處決的反革命分子們。李安東的妻子認為她的丈夫應該安葬在天主教的墓地裡，經過幾番交涉，她最終從公安局要回了他的屍體。那副用薄木板釘起來的簡易棺材又被挖了出來，李安東的屍體被重新安置在真正的棺材裡。那一天晴空萬里，人們將棺材抬上一輛騾車，上面罩著一塊印有白色十字架的黑布。在塵土飛揚的小路上顛簸了五個小時，騾車才抵達了掩映在柏樹、松樹和白楊樹下的柵欄墓地。這塊地最早是一六一〇年由明朝的萬曆皇帝賜給耶穌會士安葬利瑪竇的。李安東終於在這裡得到了安息。這次事件後的第二年，耶穌會受到中國政府的譴責並被趕出了中國。一九五四年，這塊地被中共北京市委黨校占用。文革期間，大部分墳墓都遭到了破壞，極少數倖存下來的，今天也很難找到了。[3]

＊＊＊

利瑪竇是一五八三年來到中國的義大利傳教士。為了傳播天主教，他學會了這個國家的語言和文化。一六〇一年，他成為獲准在帝都居住的第一位外國人，此後他的餘生大都致力於傳教、翻譯以及與京城第一流的學者們交遊。不久，其他傳教士也來到中國，但能留下的並不多。一七五七年後，外國商人——葡萄牙人、西班牙人、荷蘭人和英國人——先後來到中國，但他們只能待在廣州城外一小塊指定的區域。只有到了一八三九—一八四二年以及一八五八—一八六〇年兩次鴉片戰爭之後，才有越來越多的外國人開始在中國長期定居。他們大都住在上海和天津等通商口岸由外國人管轄的租界內。外國僑民不受中國法律約束，只需遵守本國法規。他們可以在通商口岸買賣土地和房產，也可以因公到內地旅行。一八九五年《馬關條約》簽訂後，他們還獲准在通商口岸建造工廠和經營店鋪。

中國城市的現代化就是從通商口岸開始的。比如上海，一八四二年之前只是一個以紡織和漁業為主的寧靜小鎮，如今卻發展成為大都市，從排水系統、港口設備、通訊網絡、保險業務到醫院、銀行和學校，都是國際一流水準。再如大連，也先後在俄國人和日本人的主導下，從一個小漁村變成了滿洲地區重要的深水港。

租界內也湧現出一批中國本土的一流企業，但為了保證人身和財產的安全，許多中國的企業家都謀求與外國人合作。歷史學家郝延平認為，十九世紀末中國出現了一波「商業革命」的浪潮，中國的買辦與外國商人合作，在自由貿易的體制下共同尋求商機。匯票的使用使得信貸更加便利，墨西哥銀元和中國紙幣提供了充足的資金，貿易額隨著國際市場和全球貿易的擴張正經歷一次革命性的飛躍。在這個過程中，中國的本土企業常常處於有利地位，其產品占了中國商品出口份額的七成。[4]

然而，直到一九一一年清王朝終結後，中國才真正迎來經濟的蓬勃發展。不到十年的時間，中華民國境內的外國僑民增長了三倍，已經超過了三十五萬人。甚至當租界交還給中國後（這個過程從一九一八年開始，直到一九四三年結束），外國人仍不斷湧入中國。雖然許多外國僑民只生活在自己的小圈子裡，跟中國人並沒有太多接觸，但越來越多的外國人已經在這個國家扎下根來。無論是英國人、法國人、美國人還是日本人，都有全家幾代人共同生活在中國的情形。對很多外國人來說，儘管他們對當地人瞭解不多，但都將各自生活的城市當作自己的故鄉。許多外國僑民的小孩並沒有回到本國入讀寄宿學校，而是在租界內就讀於英國人、美國人、法國人、德國人和日本人開辦的學校，這些學校的課程同母國的學校是一樣的。許多小孩出生於傳教士或商人的家庭，他們從小在中國長大，有些能講兩種語言，對中國養成了深厚的感情。正如歷史學家費正清所言：「在通商口岸的墓地裡，隨處可見對中國熟悉到『生於斯、死於斯』的外國人。」[5]

中國政府完全清楚，外國人為中國帶來了新的文化和技術。袁世凱、蔣介石等政治領袖任用了一批外籍專業人士，包括國際聯盟的技術人員、日本的法律顧問、德國的軍官、英國的建築工程師、法國的郵政職員和美國的運輸專家等。中華民國剛成立沒幾年，政府就聘請了一批著名的外國專家，其中包括國際法學者有賀長雄（Ariga Nagao），公共管理專家喬治・帕杜（George Padoux）、對鐵路實行標準化管理的亨利・卡特・亞當（Henry Carter Adams）、治外法權專家亨利・德・柯德（Henri de Codt）、著名政治學者威廉・富蘭克林・威洛比（William Franklin Willoughby）、法律顧問弗蘭克・詹森・古德諾（Frank J. Goodnow）以及軍事專家阪西利八郎（Banzai Rihachiro）等。此外，還有許多名氣沒這麼大的外國雇員——從工程師、職員、會計、律師到教師和翻譯，都為這個國家的現代化做出了貢獻。[6]

在中華民國，還有數千名傳教士活躍在宗教、醫療和教育領域。基督教吸引了近四百萬信眾，成了這個國家的第三大宗教。教會創立了數百所中學以及十三所學院和大學，如杭州基督教大學、嶺南大學、金陵大學、聖約翰大學、上海大學、山東基督教大學、蘇州大學和燕京大學等。二十世紀初，傳教士在中國尤其活躍，其中一個原因就是他們同中國國內的改革派進行了多方面的合作，特別是在教育改革和公共衛生領域。歷史學家費維愷（Albert Feuerwerker）寫道：「在那些一九一〇年代和一九二〇年代出生的『中國的年輕一代』中，許多人都是接受教會學校的教育長大的。」他們當中出現了城市規劃師、一流的記者和社會學家等。一九一九年，全中國（包括滿洲在內）的一千七百零四個縣當中，傳教士未曾涉足的只有一百個。他們許多人都會講各地的方言，並與當地居民保持著密切的連繫。

此外，還有超過十萬歐洲難民也輾轉來到了中國。最早到達的是一九一七年逃亡到中國的八萬多名白俄難民，之後是一九三〇年代從德國、奧地利、捷克斯洛伐克、波蘭、立陶宛、愛沙尼亞、拉脫維亞等地逃亡來的兩萬多名猶太人。他們帶來了各門知識、經驗和技術，使中華民國的社會構成更為豐富。這些人經營著各種生意，如美容院、麵包房、猶太餐館等，有人甚至獲得了中國國籍。

這一波波移民潮帶來的結果是，從北方的北京直到南方的廣州，中國沿海的各座城市正變得和歐洲及美國的城市一樣國際化，上海的外國人口之多，在全世界範圍內僅次於紐約。

然而，在共產黨統治下，並非所有外國人都受到歡迎。最早體現這一變化的，是一九四八年十月解放軍占領瀋陽後發生的一件事。埃爾登・埃里克森（Elden Erickson）回憶說，他當時正站在美國領事館的屋頂觀看解放軍進城：「我記得他們開槍打死了一位老婦人，然後徑直從她身邊走過去。後來，他們發現我們站在樓頂往下看，便開始向我們射擊。」幾個星期後，根據史達林的建議，共產黨派士兵把美國領事館圍了起來。他們指控美國領事安格斯・沃德（Angus Ward）和他的職員將領事館當作情報總部，並以此為由將他們軟禁了長達一年之久。領事館與外界的所有通訊全部被切斷。沃德回憶說：「就連向我們揮手致意的行人也會遭到逮捕。」水、電、暖氣和藥品也停止供應。當氣溫降到零下四十度時，大家仍不得不用水桶從外面挑水。在領事館外面，每天都舉行反美遊行，人們一邊呼喊口號，一邊揮舞標語。一九四九年十一月，共產黨逮捕了沃德和另外四名職員，控告他們「煽動動亂」。美國政府向包括蘇聯在內的三十個國家提起申訴，一天之後，判決下來了：立即遣返出境。一九四九年十二月底，他們坐上冰冷的火車——所有車窗都開著，而且無法關閉——經歷了四十個小時的車程，最終到達天津，隨後被移交給美國外交官。[7]

類似的事件還有許多。一九四八至一九四九年，當共產黨橫掃中國時，外國人（尤其是美國人）經常成為被騷擾的對象。一九四九年四月，一隊解放軍士兵進入美國大使司徒雷登在南京的住所。大使在二樓的臥室正臥病在床，見到有士兵闖入，連聲問：「你們是什麼人？」當時留在南京的外國人很少，司徒雷登是其中之一，他當時正滿懷希望想和共產黨達成協議。司徒雷登於一八七六年出生在杭州，父母都是長老會的傳教士，他的中文甚至說得比英文好。他一生的事業都在中國，一九一九年成為燕京大學的首任校長。就在士兵闖入他的住宅幾個月後，毛澤東發表了一篇諷刺性的社論〈別了，司徒雷登〉，將他斥為「美國侵略政策徹底失敗的象徵」。[8]

其實早在解放前，外國人就開始成批地離開中國了。許多人看出了種種跡象，決定趁早離開。早在一九四八年，以色列就從上海撤出了好幾船難民。不過，直到解放軍在北京和天津城外聚集時，大多數國家仍未做出撤僑的決定，因此那時想離開中國的話，運輸工具還很夠。一位當時住在上海的英國人回憶說：「不管是上班還是在家裡，或者在聚會上，大家都在議論這件事——走還是不走。」頭一個從中國全面撤僑的國家是美國。一九四八年十一月十三日，就在共產黨打下南京半年前，司徒雷登大使向美國國務卿建議「從全中國緊急撤僑」。駐紮在西太平洋地區的美國海軍承運了數千名美國人和其他國家的公民。[9]

美國政府撤僑的決定在外國人當中引發了軒然大波，其他國家也隨後跟進。例如：菲律賓派了一艘經過改裝的坦克登陸艦，將一群樂手以及他們的家人撤出了中國。馬尼拉慷慨地接納了六千名白俄——他們當初來到中國，就是為了逃避蘇聯的迫害，因此對共產主義原本就沒有好感。儘管如此，英國政府仍樂觀地認為中國不會發生社會動盪，因此主張「暫時不動」。一九四九年，英國皇家海軍的護衛艦「紫石英」號遭到炮擊後擱淺了十個星期，這件事讓英國人頗為震驚。就在這次事件發生一週後，當時在聯合國工作的埃莉諾・貝克（Eleanor Beck）寫道：「大家一個接一個地都下定決心要走了。」[10]

然而，還是有許多人不甘心放棄自己的房子、工作和財產，決定靜觀其變。可是不久，市場開始迅速崩盤，這些人拖的時間越長，損失就越大。很快報紙上就登滿了出售房屋、汽車、冰箱和其他日用品的廣告。[11]

解放之後，一開始似乎一切都還好，並沒有因此產生太大的衝擊，許多外國人都鬆了口氣。共產黨反覆聲明會保護外國公民的人身和財產安全，而且在占領各地時似乎確實信守了這個承諾，城市裡也沒有發生騷亂或搶劫。有些外國人甚至熱情地寫道，士兵們非常有禮貌，偶爾借用一些生活用品，很快就會歸還，這一點跟國民黨士兵的流氓作風真有天壤之別。[12]

然而，共產黨政權對外國人的敵視卻是顯而易見的，報紙上連篇累牘地刊登言辭刻薄的文章，對過去那些所謂「不公正」的大事小事加以批判。與帝國主義有關的一切，無論是真的還是臆想的，似乎都會激發民憤。結果，外國人在中國的經濟、宗教、教育和文化等領域所做的一切，從教會學校、民主制度、跨國銀行到外資企業、法律術語和英文路名，統統被視為與新中國的奮鬥目標不一致，甚至連上海的電費單繼續使用英文也被斥為「深受殖民主義思想影響」的表現。有一次，一名外國人到電報公司發電報，公司職員卻扔給他一塊紙牌，上面寫著「只講中文」，他的同事們則在一旁笑得喘不過氣來。[13]

歷史學家貝芙莉・胡珀（Beverley Hooper）就此寫道：「那些長期遭受屈辱的人們如今抓住一切機會來羞辱別人。」現在外國人變成了弱者，哪怕一個小小的過失也會被媒體無限上綱為帝國主義侵略的又一個佐證。上海曾經發生過一起很惡劣的案子，當事人是美國駐上海的副領事威廉・奧利弗。這個瘦弱、謙遜的年輕人被當局拘押了三天三夜，只供給少量的麵包和水。關押他的理由是：一九四九年七月六日這一天，他開車闖進了一條因為要舉行慶祝遊行而封鎖的馬路。他在關押期間遭到毒打，卻得不到治療，最終被迫簽署了幾份悔過書。上海的報紙對這起事件進行了大篇幅報導，並趁機讚揚共產黨將上海從帝國主義的壓迫下解放了出來。一九四九年七月十二日這天，一家晚報刊登了一首短詩（〈帝國主義大限已至〉），聲稱中國人從此再也無須仰仗外國人，帝國主義的好日子一去不返了。

當形勢扭轉後，
我們中國人不再需要你們這些無賴，

帝國主義者當心了，
你們的好日子已經一去不返了。[14]

跟外國人有關的事件多得數不勝數，有些瑣碎而不引人注目，有些則招致國際社會的譴責。各國領事此時已不受中國政府重視，而且還常常受到侮辱和騷擾。外國記者也被禁止活動，稿件必須接受審查。外國人的一切活動都受到種種限制。不久，所有外國公民都被要求前往當地公安部門登記備案。一九四九年，一名外國學生從北京報告說：「登記的程序冗長而複雜，而且不得不去好幾次，得用中文填寫一式四份的問卷，內容相當瑣碎（答案不全或錯誤都會被打發回來重寫），此外還要交六張照片。最關鍵的一步是面談，從一刻鐘到一個小時不等，所有問答都被記錄在案。」負責面談的人有些曾為國民黨政府工作過，但是面談時，總會有一名共產黨幹部一言不發地坐在一邊。登記之後，公安局經常會派人上門檢查。怡和洋行的一名雇員回憶說：「客廳裡時常會出現黨的幹部，他們想瞭解你個人的全部歷史。」[15]

解放不到兩個月，許多外國人對所見所聞就再也無法忍受了。一九四九年九月，當局批准一艘救濟船駛入上海，撤出了一千兩百二十名分別來自三十四個國家的公民。每個人都得申請出境簽證，手續煩瑣，得好幾天才能辦成。當這艘名叫「戈登將軍號」的輪船駛離黃浦江時，埃莉諾・貝克在她的日記中寫道：「我現在身在此處，真是有生以來最幸運的事。千萬別上共產主義的當。」上海的一家報紙卻以勝利者的姿態宣稱：「別了，戈登號的旅客們。」[16]

不過，仍有一些外國人咬著牙想堅持下去。一九五〇年，巨額稅收摧毀了外國僑民的文化和慈善機構。醫院、學校和教堂因不堪重稅而紛紛關閉，連那些風光一時的各種俱樂部也關門大吉。外國企業被壓榨到了極致，中國雇員變得非常強勢，他們對外國人充滿了階級仇恨，工會又進一步煽風點火，要求全面增加工資、縮短工時，致使外企的日子更加難過。最終，外國的企業主們再也無力承擔各項開支，企業被政府接管，卻沒有任何補償。於是，「戈登將軍號」再次來到中國——這次是在天津，接走數百名神情沮喪的外國人。[17]

一九五〇年十月，就在中國參加韓戰後的幾個月內，外國人在中國所受的不公平對待達到了頂點。十二月十六日，美國國務院下令凍結中國居民在美國的有形和無形資產。作為報復，人民共和國也凍結了所有美國在華資產，全部由軍管會接收。在接下來的幾個月裡，許多外國人（特別是美國人）被指控「為帝國主義國家充當間諜」，這些人當中既有學生和傳教士，也有企業家和外交官。到了一九五一年三月，數十名美國公民在毫無證據的情況下被判入獄，而且被單獨關押。有時候，抓人根本不需要任何理由。所有教堂、學校、醫院和慈善機構的資金全部凍結。不久，政府接管了境內所有的美資企業。中國的報紙報導說，工人們以「放鞭炮、掛國旗」等方式熱烈慶祝這一改變。[18]

除了美國人，其他國家的公民也受到指控。許多人的出境簽證被扣押了好幾個月，直到他們將財產全部自願上繳中國政府後才獲准離境。比爾・休厄爾（Bill Sewell）當時是成都一所大學的講師，他回憶道：

那些打算離開中國的人必須在當地的報紙上宣布這項消息，如果過去的傭人或其他人對他們提出控訴，當局就會進行調查，這樣會使申請出境的過程拖得更長。幹部們必須確保學校財產和個人財產沒有混在一起，所有的私人行李都得進行登記，每樣東西都要反覆檢查。有些人認為，不少政府官員就是想故意刁難他們。更糟糕的是，許多人取不到足夠的現金。大家本來就很焦慮，這下子更加憤怒了，同時又感到很絕望，毫無辦法。那些等待出境的人每天的心情就是這麼複雜。[19]

獲准離境後，政府對帶出國的私人物品有嚴格的數量限制：不准帶汽車，不准帶自行車，不准帶金、銀、銅製品，只能帶數量極少的毯子、畫卷、墨鏡和其他物品。每人只能帶一件首飾或一只手錶。如果海關官員覺得某些私人物品比較可疑，但又不屬於機密的話，就會將其沒收。許多人不得不放棄用了一輩子的東西，離開時只隨身攜帶一只裝衣服的箱子。莉莉安・威倫斯出生於上海，父母是俄裔猶太人，為了逃避布爾什維克革命來到上海。她在出境時，不得不交出個人相冊和集郵簿接受檢查。謹慎的檢查員沒收了一張她小時候和姊姊以及家裡女傭的合影。照片中的女傭身穿白上衣和黑褲子，姊妹倆則坐在她身邊。很明顯，在檢查員看來，女傭的穿著是帝國主義剝削中國人民的標誌，因此不能讓這樣的照片流傳到國外。[20]

有些人即使持有簽證，出境時仍會受到阻攔。戈弗雷・墨爾（Godfrey Moyle）在怡和洋行的保險部門工作。一九五一年六月他從天津出境時，一名海關官員拿著他的護照看了許久，然後抬頭望望他，一言不發就將文件撕得粉碎。墨爾只記得這名官員衝他喊道：「吊銷了！」他無言以對。「我當時完全說不出話來，一個詞都迸不出來。」他至今也沒弄明白為什麼自己的出境許可被吊銷了，之後他不得不等了兩年才拿到新的簽證。[21]

對許多商人來說，離開中國可能需要經歷一個漫長的過程。共產黨不承認有限責任的原則，因此只要公司破產，任何個人——無論是股東、辦公室主任、會計，甚至保管員——都會被政府扣押，要其承擔責任。面對政府的巨額稅收和工會的過分要求，許多大企業主和實業家根本無法令其滿足，因此都被關進了監獄，直到他們繳納足夠的錢或設法從境外匯來鉅款後才被釋放。倫諾克斯（H. H. Lennox）是公和祥碼頭有限公司（Shanghai and Hongkew Wharf Company）的經理，因為海上封鎖和業務量下滑，這家公司於一九五〇年宣布破產，結果因為工人沒有得到分紅，倫諾克斯被抓了起來。「跟他關在一起的還有四十多名遭到短期拘押的中國人。牢房裡什麼都沒有，只有他隨身帶進去的幾塊三明治和一條窄窄的長條凳。」[22]

新政府的財政政策具有追溯力，因此不僅適用於外企當前擁有的資產和利潤，還可用來追究過去的問題。透過仔細核對帳目和強迫企業員工作證，政府官員總能找到各種理由，認定公司或企業欠政府的錢。為了逼其就範，政府控制了所有銀行。特別是中國銀行，在被共產黨接管後，成為審查帳目的主要部門，而且是唯一一家可以進行外貿結算的銀行，其他眾多銀行的業務卻一落千丈。

人們無法尋求法律的保護，因為法律本身即被視為帝國主義剝削的工具而遭到極力貶低，甚至連律師也被禁止出庭，整個審判過程完全由忠於黨的法官裁決。上海有許多曾為外資公司和企業提供法律諮詢的著名律師，如今卻全部銷聲匿跡。所有現行的法律條文（包括民法和刑法）一律廢止。[23]

與此同時，政府還希望迫使外國人放棄房產，使用的手段還是老招數：徵收巨額的土地稅和房產稅，如果逾期不交，就會產生高額滯納金。此外，所有房產一律不准買賣，就算價格合理也不行，結果許多人只好眼睜睜地看著自己的利益受損。當然，政府還可以用延期辦理出境簽證要脅。迫於這樣的壓力，外國人通常只能將自己的財產送給人民政府。[24]

例如：在面對渤海灣的豪華度假區北戴河，各國使館和代表團等機構修建了數百座漂亮的海景別墅。十九世紀末，英國人建了條鐵路，將這座小漁村與天津和北京連接起來，從此北戴河便成了有錢人和外國外交官們消夏避暑的勝地。在第二次世界大戰及內戰期間，許多外國人被迫離開了中國，因為走得匆忙，沒來得及變賣房產。到了一九五二年九月，北戴河的外國人只剩下一位姓鮑爾溫（Baldwin）的先生，他每日裡釣鱘魚、種果樹，過著「安靜而憂鬱」的生活，而其他外國人的房產大都變成了共產黨幹部的療養中心。一九五四年，毛寫了一首與北戴河有關的詩，從此這裡便成了黨的領導人最喜歡去的度假勝地。[25]

一九五一年七月二十五日，全國開始清理外籍人口，這樣做部分是因為公開處決李安東和山口隆一所產生的擴大效應。在北京，警察逮捕了數十名不同國籍的神父、修女、學生、教授、商人和醫生。被捕後，他們與外界的連繫全部中斷，許多人從此杳無音訊。哈麗雅特・米爾斯（Harriet Mills）的父母是長老會的傳教士，她獲得富布萊特獎助學金前來中國研究魯迅，但因為擁有一臺軍用無線發報機，而且與山口隆一有來往，結果被抓起來關了近兩年。同是富布萊特學者的阿林（Allyn）和阿黛爾・里基特（Adele Rickett）那天正與哈麗雅特共進晚餐，結果也遭到逮捕，關了好幾年。他們在監獄裡不斷接受思想改造，到最後幾乎真的相信自己是間諜了。[26]

一九五一年八月二日，北京祕密通過了一項決議，下令將所有外國人（除了已經被捕的）全部驅逐出境。到了那年夏末，外國人已被驅趕殆盡。全中國唯一還可見到較多外國人的地方只剩下天津。那裡曾是華北地區最繁忙的港口，如今成為官方准許外國人離境的唯一通道，就連居住在上海的外國人也必須先坐火車到天津，然後才能登船。天津城裡擠滿了等待上船的人。那些曾經風光一時的大飯店如今淒涼地矗立在那裡，彷彿訴說著昔日的輝煌，住在裡面的都是些急於出境的外國人。在其中一家飯店裡，有一間用金色與紅色裝潢的舞廳，如今已經廢棄，與它相連的餐廳裡，桌上的鮮花早已枯萎，窗戶上還能見到內戰時為了防止空襲而貼上去的紙條。[27]

至一九五一年底，上海的外國人已經被全部清空。北京也是如此，曾經繁華一時的外國人聚居區如今已經破敗毀壞。耶誕節前夜，參加英國大使館聚餐的只有三十六個人——這就是當時仍留在北京的所有英國外交官和平民。[28]

兩年之後，其他國籍的外國人也面臨著被遣返的命運。首先是從戰後即被關押的大約兩萬五千名日本人，隨後是一萬兩千名白俄。許多人已淪落到赤貧的境地，有些甚至「死於嚴寒、饑餓和疾病」。從一九五三年底開始，這些人都被陸續驅逐出境。[29]

＊＊＊

一九二六年，湖南的農村正處於動盪之中，基督教教堂籠罩在不祥的陰影之下。年輕的毛澤東記述道，在革命風暴中，當地的神父被拉著遊街，教堂遭到洗劫，傳教士們噤若寒蟬。動盪很快就過去了，但是在共產黨控制下的地區，到了一九三〇年代和一九四〇年代早期，傳教士依然是被鬥爭的目標。內戰期間，共產黨軍隊所到之處，沒收教堂的財產，關閉教會學校，控訴並殺害了數十名當地和外國的教徒。

一九四七年七月，共產黨游擊隊來到北京北面一個偏僻的山谷，占領了楊家坪聖母神慰院。他們焚毀了修道院，將修士們關起來審問和拷打。一九四八年一月，在大冬天裡，六名修士戴著手銬和鐵鍊，被押上一座臨時搭起來的檯子。他們身穿白色僧袍，上面長滿蝨子，並染著片片血跡。修士們被迫跪在地上，憤怒的群眾紛紛往舞臺前面擠。一名當地的幹部宣讀了判決：死刑，立即執行。槍響處，六名修士逐一倒下。「他們的屍體被拖到附近的溝裡，然後扔上一輛破車，一個疊著一個。」幾個月後，另外二十七名修道士（其中大多數是本地人）也被虐待致死。到底有多少傳教士於一九四六至一九四八年間在中國被殺害，沒有人知道確切的數字，但估計大約有上百人。[30]

在中國的四千多名新教傳教士中，有一半在解放前就撤離了駐地。其中有些人曾被日本人關在集中營裡好多年，因此害怕共產黨來了會遭受同樣的命運。另一些人離開是因為生病或年紀大了。但與此同時，卻有超過三千名天主教傳教士聽從羅馬教廷的命令堅守崗位。這些人的宗教觀各不相同，其中既有生活樸素、與世無爭的特拉普教徒（Trappists），他們對物質沒有任何欲望，從不說無用的廢話；也有思想比較新的基督教青年會的成員，他們在城市裡從事各項社會公益活動。這些留守的傳教士中，仍有少數人對與共產黨合作抱有一絲希望，但大多數則認為，與共產黨進行任何形式的合作都是「向魔鬼妥協」。[31]

從解放後頭一年的情況來看，這些傳教士繼續留在中國的決定似乎是對的。雖然新政權要求外國人進行登記，試圖向教會學校滲透，經常檢查教會醫院，而且譴責宗教信仰，甚至審訊基督徒，但許多傳教士對前景依然保持樂觀。然而，接下來的形勢卻變得越來越不妙，各種壓力也與日俱增。約翰・歐歇（John O'shea）主教的教區位於江西南部，共產黨來到那裡半年後，他寫道：「套在脖子上的繩索每天都在收緊。」與其他外國人一樣，傳教士面臨著各種限制，有些人實際上已遭到軟禁，無法隨意進出教會駐地。隨後，共產黨又徵收了教會的房產，用作駐軍、屯糧和集會，試圖一步步將教會趕走。[32]

此外，同其他外國人一樣，傳教士們也面臨著經濟上的壓力，包括巨額的房租、稅收和罰款等。根據梵蒂岡的說法，一九五〇年代中期，中國政府「對其教會課以毀滅性的賦稅」。結果，中國的天主教會很快便紛紛倒閉了。[33]

不久，韓戰爆發了。中國於一九五〇年十月參加戰爭。不到一個月，傳教士便開始遭到大規模逮捕。他們被控以間諜罪和顛覆國家政權罪，許多人接受了公審，並被迫遊街。新教傳教士們開始成群地離開，至一九五一年底已經剩下不足百人。[34]

然而，羅馬教廷公使黎培里（Antonio Riberi）仍命令天主教徒們不惜一切代價加以抵抗。於是，儘管受到審判、遊街和聲討，兩千多名天主教傳教士依然堅守崗位，企圖抵抗官方的滲透。一九五〇年九月，義大利籍主教馬迪儒被捕，當局指控他參與了暗殺毛澤東的陰謀，並以此為藉口禁止羅馬教廷在中國的一切活動。馬迪儒後來被判無期徒刑，而在此之前，黎培里也已經被軟禁在家，警察每晚都要上門檢查，還經常找他談話，這樣的情況持續了數月之久。一九五一年九月，他因「從事間諜活動」被驅逐出境。在將他從南京押解到中港邊境的一路上，當局組織了許多次批鬥大會，大街上、火車站、旅館和飯店裡的高音喇叭反覆播放宣傳廣播，斥罵這位教皇的代表是「帝國主義的走狗」。[35]

毛個人對梵蒂岡也很關注，尤其對它能吸引如此眾多不同國家的信徒感到好奇，但天主教徒的頑固也令他感到不安，其中最讓他擔心的一個組織是「聖母軍」（Legion of Mary），因為它的名字聽上去像是個軍事組織。許多聖母軍的成員都面臨著被捕的危險，但他們堅決否認從事任何反革命活動。一九五一年八月十四日，公安部下令，要在「一年之內」消滅這個組織。[36]

黎培里被押赴香港途中，在上海被迫遊街兩天。過了不久，聖母軍駐遠東的代表莫克勤（Aedan McGrath）就被十一名手持輕機槍的警察帶走了。關進監獄前，他的手錶、念珠、宗教聖牌等全被沒收，鞋帶和褲子上的鈕扣也被摘掉，他被迫赤身裸體連續站了幾個小時。幾個月後，他被轉到英國人於一九〇一年修建的提籃橋監獄。牢房裡沒有床，沒有椅子，沒有窗戶，除了一個桶子之外，一無所有。看守每天兩次從鐵欄杆裡遞進食物，倒在一個骯髒的罐頭盒裡。莫克勤在監獄裡經歷了無數次審訊，有時候看守不許他睡覺，有時則被迫在刺骨的寒冬裡光著身子。過了三十二個月，他終於被帶上法庭，被宣判有罪。兩天後，當局將他釋放，押上火車驅逐出境。[37]

有些人就沒這麼幸運了。一九五一年十二月，馬利諾外方傳教會的傳教士、六十二歲的福爾德（Francis Xavier Ford）被捕。他是這個美國天主教會的一名主教，當局控告他從事「間諜活動」並「私藏武器」，但從未對他進行審判，而是將他拉到村子裡——從一九一八年開始他就在那兒傳教了——遊街示眾。他的脖子上勒著一根潮溼的繩子，繩子乾了就會收縮，差點將他勒暈過去。暴民們用棍子和石頭毆打他，直到將他打倒在地。福爾德最終死在監獄裡，屍體就埋在廣州城外。[38]

警察還對許多教會發動了精心策劃的突擊行動，並大批逮捕這些教會的傳教士。例如：一九五一年八月三日，二十七名聖言會傳教士在青島被捕，在監獄裡關了兩年後遭到驅逐。警察不僅將傳教士們抓走審訊，還拿走他們的聖杯、禮服和其他聖物，此外還破壞了教堂的墓地，挖開墳墓，移走神龕，撬開地板，毀壞柱子，以尋找藏起來的武器和發報機。最後什麼都沒找到，警察們只好拿走鐵絲、舊念珠等廢棄物當作存在發報機的證據，甚至連藥品也被說成是毒藥。傳教士們被關在條件惡劣的監獄裡，面對無休止的審訊和荒謬的指控長達數月，普遍產生了被迫害的妄想症狀，有些人幾乎快被逼瘋了。被關在蘭州的保羅・穆勒（Paul Mueller）神父就拒絕進食，因為他覺得食物裡有毒，並聲稱看守用死亡射線對付他。最後他在監獄裡因感染而不治身亡。[39]

即使那些準備離開中國的傳教士也會遭到騷擾。阿道夫・布希（Adolph Buch）是一名法國神父，他於一九〇六年來到中國，成為一名遣使會傳教士。一九五二年十月他打點行裝準備離開中國，但是海關沒收了他隨身攜帶的大批蝴蝶標本——這些都是他在業餘時間收集的。「他們指控我想把標本寄到美國，然後再裝滿細菌寄回來。」當這位八十七歲高齡的老人拖著沉重的腳步走過羅湖大橋進入香港時，他的助聽器也不見了，因為攜帶任何機械設備出境都是違法的。[40]

當局對教會的許多指控都是惡意編造的。例如：政府沒收了數百家教會醫院，並指控部分外籍院長虐待病人，因此將他們逮捕，但事實上這些指控都是捏造的。在洛陽天主教醫院，曾有一名奄奄一息的婦女被送進來，她的丈夫央求醫生動手術，手術沒有成功，但醫生事先已經反覆警告他成功的機率很小。過了幾個星期，當地幹部強迫這名男子對醫院的院長索蒂（Zotti）神父提起控訴，結果院長被判了一年徒刑，外加一年監視居住。類似的例子還有許多。[41]

當局還大肆指控傳教士們故意殺人，並以此為藉口侵占了兩百五十多所教會孤兒院。解放後，有些病得很嚴重的小孩被家人或陌生人送進孤兒院，但是修女們無法將他們全都救活。一九五一年十二月，在廣州有五名修女被控謀殺了孤兒院裡的兩千一百一十六名兒童，結果她們被拉到大街上遊街示眾。審理此案的法庭設在紅牆圍繞的孫中山紀念堂，審理過程用五種語言在廣播上播出，持續了好幾個小時。公訴人用尖銳的嗓音朗讀著起訴書，指控內容包括非人道地虐待兒童和非法販賣兒童。除了這些頗具煽動性的言辭外，當局還傳喚了幾名證人，其中有幾個小孩，一邊作證一邊對著麥克風抽泣，他們的話音很快就被群眾的哭喊聲淹沒了。這次表演性質的公審大會最後達到了高潮：兩名修女被判處徒刑，其他被告則被立即驅逐出境。[42]

一個星期後，在另一所孤兒院裡，兩名法國修女和一名神父被控殺害兒童，士兵用棍棒毆打他們，並逼他們挖出肢解後的兒童屍體。挖掘持續了十二天，每天勞動十二個小時，有荷槍實彈的士兵看守，根本不許有任何拖延。在南京，教會興辦的聖心兒童院被當局稱為「小布亨瓦德（一納粹集中營名）」，當局指控修女們虐待兒童，不僅讓小孩挨餓，還折磨他們，並把他們賣身為奴。北京、天津和福州等地也發生了類似針對教會孤兒院的刻意攻擊。[43]

至一九五二年底，有數十名外國傳教士被捕入獄，許多人的手腳都鎖著鐵鍊。僅一九五二年一整年，即有近四百人被驅逐出境，另有一千多人也迫於各種壓力離開了中國。一九五三年夏，政府對教會殘存的影響進行了進一步肅清。一年後，新教傳教士除一人外全部離開了中國，另有十五人被拘押正等候遣返。三百名天主教傳教士依然堅守在中國，但其中有十七人被捕，六十人接受調查，三十四人已經啟程離開中國，更多人則做好了離境的準備。[44]

＊＊＊

早在人民共和國成立前，蘇聯的影響在中國就已隨處可見。鮑大可（Doak Barnett）在一九四九年九月寫道：「在北京的公眾場合，蘇聯領導人的畫像幾乎與中國共產黨領導人的畫像同樣重要。」在標誌性的建築物樓頂，經常可以看到蘇聯和中國的國旗並肩飄揚。各大城市都大張旗鼓地成立了中蘇友好協會，甚至連街道也以蘇聯的名字命名。哈爾濱的主幹道被命名為「紅軍街」，長春的主幹道叫「史達林大街」。瀋陽用大理石建了一座高大的「坦克碑」，用來紀念蘇聯人將滿洲從日本帝國主義的占領下解放出來。無論書店、車站、學校或工廠，都可以找到翻成中文的蘇聯文學作品，連中國共產黨使用的部分教科書也是從俄文翻譯過來的。報紙和廣播長篇累牘地宣傳要忠於蘇聯，要追隨莫斯科的外交路線，並且歌頌史達林是社會主義陣營的領袖。北京還舉行了一次大規模的展覽，「系統性地介紹蘇維埃聯邦共和國社會主義建設的偉大成就」。[45]

一九四九年六月三十日，在中國共產黨成立二十八周年紀念大會上，毛澤東發表談話，宣布中國應該「一邊倒」。在此之後，蘇聯的影響一發不可收拾。毛宣稱「一邊倒，是孫中山的四十年經驗和共產黨的二十八年經驗教訓教給我們的，深知欲達到勝利和鞏固勝利，必須一邊倒。」一邊是帝國主義，一邊是社會主義，沒有第三條道路可走。所謂的中立其本質是虛偽的。雖然有人認為，為了獲取外國的貸款，中國應該更接近華盛頓和倫敦，但毛澤東奉送給這些人一個詞：「天真」。毛認為：「蘇聯共產黨就是我們最好的先生，我們必須向他們學習。」幾個星期後，《時代》雜誌這樣評論道：「這個聲明讓全世界都知道了中國共產黨在過去、現在和將來的態度。」同一個月，毛派了他的二把手、個性比較嚴肅的劉少奇前往蘇聯，與各位部長會晤，並參觀了各個政府機構，他還與史達林見了六次面。劉少奇在蘇聯待了兩個月才回國，隨行的還有數百名蘇聯顧問，有些人跟他坐同一列火車來到中國。[46]

在過去的二十八年裡，中國共產黨一直依靠莫斯科的經濟援助和意識型態上的指導。毛澤東本人的命運也因蘇聯的資助而改變——他在二十七歲那年，第一次得到共產國際發放的兩百元現金，這才得以前往上海參加中共的成立大會。他對接受蘇聯人的資助感到心安理得，而且正是利用了莫斯科的支持，他最終率領一群衣衫襤褸的游擊隊員奪取了政權。然而，在此過程中，毛與蘇聯的關係時好時壞。蘇聯人總是不斷指責他，而且因為與蘇聯顧問就黨的政策意見不合，他在政治和軍事上都曾受到過排擠。史達林總想迫使毛澤東與他的死對頭蔣介石合作，甚至一九二七年國民黨在上海對共產黨大開殺戒後，莫斯科仍繼續公開支持南京政府。蔣介石的軍隊對毛圍剿追擊了近十年，最終迫使共產黨轉移到山區，並跋涉了約一萬兩千五百公里撤退到了北方——即後來所謂的「長征」。但即使在長征途中，中國共產黨仍繼續得到蘇聯的資助。共產國際向他們提供了數百萬墨西哥銀元。要是沒有這筆錢，共產黨人不可能走那麼遠。[47]

第二次世界大戰末期，史達林本著一貫強硬的實用主義作風，與國民黨簽訂了一份同盟協定。雖然他仍在暗中幫助毛，於一九四六年將滿洲交給了共產黨，但蘇聯並未直接插手中國的內戰，只是警告毛要當心美國——美國當時支持蔣介石，而蔣介石因為領導抗戰勝利，已是大家公認的世界領袖之一。

甚至當一九四九年共產黨已經勝券在握時，史達林對毛仍心存疑忌。史達林的警覺性一向很高，他害怕毛會成為第二個鐵托——這位南斯拉夫的領導人因為反對莫斯科的領導已被踢出了共產主義陣營。史達林對任何人都不信任，對毛更是視作潛在的對手，因為他知道毛對他早就心懷不滿。為了爭取史達林的信任，毛對鐵托大加批判。他後來回憶說：「史達林懷疑我們在贏得革命勝利以後，中國會像南斯拉夫，而我會是第二個鐵托。取得勝利後會變得像鐵托一樣。」毛因此對史達林竭力奉承，試圖讓他相信毛個人以及他的黨都是真正的共產主義追隨者，都是蘇聯虔誠的學生，因此值得史達林施以援手。[48]

儘管努力向史達林輸誠，毛對莫斯科過去對待他的態度終究還是耿耿於懷，但除了蘇聯又沒有其他國家可以求助。一九四九年，毛的政府亟需國際社會的承認以及外部的經濟援助，來重建被戰火摧毀的國家。毛首先宣布了「一邊倒」的政策，隨後便開始謀求與史達林會面，但幾次要求都遭到莫斯科的拒絕。直到一九四九年十二月，蘇聯人才終於同意毛前往莫斯科。

因為害怕遭遇不測，毛乘坐的是一輛裝甲列車，而且鐵路沿線每隔一百公尺就布置一名崗哨。不過，就在他到達中蘇邊境時，還是被掌管東北大權的高崗惹火了。據說當時在東北，史達林的畫像比毛主席的畫像還多，而且高崗幾個月前剛訪問過莫斯科，並與史達林簽署了一份貿易協定。當毛得知高崗在他乘坐的火車上特意掛了一節車廂，裝的全是送給史達林的禮物時，他下令留下那節車廂，把禮物都退了回去。[49]

這是毛第一次出國，所以顯得很緊張。經過長途旅行，火車到達了斯維爾德洛夫斯克，毛在上下列車時，渾身是汗。到了莫斯科，毛主席得到的卻是冷漠的對待。他本來以為，作為一場偉大革命的領袖，將世界四分之一的人口帶上了共產黨主義大道，蘇聯人肯定會熱烈歡迎他的到來。可是中華人民共和國已經成立幾個月了，蘇聯人對中國共產黨取得的勝利卻一直抱以詭異的沉默。史達林派他的兩名忠實追隨者——莫洛托夫和布林加寧——到雅羅斯拉夫斯基車站迎接毛，但他倆並沒有將毛送到下榻處。毛主席在火車站發表了一番談話，其中回憶了沙俄與中國簽訂的不平等條約是如何在一九一七年十月布爾什維克革命後被廢除的——事實上，這些不平等條約的廢除，要歸功於五年前國民黨與蘇聯根據雅爾達協定簽署的同盟條約。那天，史達林簡短地接見了毛，並恭維了他取得的勝利，但同時又以戲弄的態度，假裝不知道他來蘇聯的真實目的。蘇聯人就這樣讓毛在莫斯科待了五天，好像他這趟來，跟許多其他外國代表一樣，只是專程來為史達林慶祝七十大壽的。[50]

五天之後，毛被趕到了莫斯科郊外的一幢別墅。為了得到史達林的正式接見，毛不得不等上好幾個星期。會議安排總是被取消，打電話也沒有人接。毛終於失去了耐心，大聲怒罵，說他來莫斯科除了「吃飯、拉屎和睡覺」，其他什麼事都沒做。史達林正在磨耗毛的耐心，他堅持中國必須遵守雅爾達會議達成的協議，讓蘇聯控制旅順港、大連以及東北的中東鐵路等。

毛無計可施，只好讓周恩來前來解圍。儘管周頗具外交手腕，但雙方經過六個星期的談判，才最終達成了協議。蘇聯人堅持認為，二戰後國民黨政府被迫讓渡給蘇聯的所有權益必須繼續維持下去。蘇聯方面參加談判的是米高揚和維辛斯基，這兩個人都很難對付，提出條件時毫不留情。例如：他們雖然同意於一九五二年底將港口和鐵路歸還中國，但同時又堅決提出，蘇聯可以繼續在其本土與滿洲和新疆之間任意運輸軍隊和設備。毛對蒙古的設想也很快落空了，他原來以為蒙古本是清朝的領土，因此中華人民共和國理所當然擁有其主權。但史達林和蔣介石於一九四五年已經達成協議，承認蒙古獨立，所以這個問題根本就沒有商量的餘地。此外，周恩來還不得不就新疆和滿洲的許多重要權益做出讓步，如給予蘇聯在新疆十四年的開礦權等。米高揚還糾纏周，要求中國每年向蘇聯出口數百噸的錫、鉛、鎢和銻。當周委婉地表示中國缺乏開採設備時，米高揚打斷他的話，說蘇聯可以提供幫助，中國人只需要告訴他們：「缺什麼？幾時要？」[51]

二月十四日，《中蘇友好同盟互助條約》終於簽字，但毛得到的好處僅是蘇聯承諾在五年內向其提供三億美元的軍事援助。為了獲得這些有限的資助，毛卻不得不在領土問題上做出重大讓步，這頗像十九世紀時列強同中國簽訂的許多不平等條約，都包括了割讓領土的祕密協定。此外，中國還承諾向數千名蘇聯顧問及技術人員支付高額工資，而且是用黃金、美元或英鎊結算。正如歷史學家保羅·溫格羅夫（Paul Wingrove）所說：「毛取得了勝利，贏得了中國的獨立，並成立了革命政府，但蘇聯人對待中國的方式，與對待被其占領的東歐國家並無二致，都是要這些國家用自己的關稅來換取蘇聯『專家』的服務。」一九四三年，中國在蔣介石的領導下就已廢除了治外法權，但如今中國的法律對蘇聯人卻毫無約束力。毛向蘇聯臣服，也是為條件所限。中國是個弱國，在冷戰的國際環境下，需要強有力的保護。有了這個條約，萬一中國將來受到日本或其盟國（特別是美國）的攻擊，就可獲得蘇聯的援助。但除了表面的風光，毛和周在離開莫斯科時，對他們所受的招待肯定感到忿忿不平。[52]

***

從一九五〇年開始，數百名蘇聯顧問和技術人員開始陸續來到北京、上海等城市，有些是獨自前來，有些人則攜家帶眷。他們起初住在以前的租界內，但很快就占據了解放前其他外國人的地盤。在上海，他們集中住在城外往西幾公里的一處地方，那裡風景如畫，並未受到戰爭的破壞，到處分布著公園和別墅，外國人在那兒可以打野鴨、玩高爾夫，還可以沿著小溪漫步。這塊位於虹橋的世外桃源很快就被解放軍占領了，他們奉命將這裡的外國人全部趕走，好讓蘇聯人搬進來。當局通知當地居民必須在二十四小時內搬走，將房產上繳政府。「那些反對的人被強行趕走，傢俱也被搬出來，裝上卡車。」新房客都是來自蘇聯的技術員、飛行員、裝配工以及在虹橋機場工作的其他蘇聯人。整個住宅區都有哨兵日夜看守，周圍豎起高大牢固的竹籬笆，轉眼變成了當地人口中的「俄租界」。[53]

在每個主要的城市裡，蘇聯顧問都集中住在由士兵守衛的社區裡，與當地群眾嚴格分開。在廣州，沙面島曾是外國公司和領事館的聚集地，沿江建有許多石頭砌的樓房，如今成為政府官員的生活中心。蘇聯顧問們就住在廣州俱樂部裡，這裡以前只有英國人可以進出，裡面有私人花園、網球場和一座足球場。在天津，有些蘇聯人住在倫敦道上的別墅裡，入口處有手持衝鋒槍的士兵巡邏，其他人則住在老的蘇聯領事館內，裡面進行了重新裝修，外面有一堵三公尺高的圍牆，牆頭拉著電網。[54]

除了外出購物，蘇聯人平時很少上街。他們一個個表情嚴肅，穿著長的皮外套，褲腿很寬，足蹬皮靴，頭戴寬邊呢帽。「當他們走進商店時，其他顧客都被要求離開。」他們的工資很高，而且中國對外匯出口又有所限制，因此他們非常喜歡購買普通人買不起的奢侈品。羅寫道：「蘇聯顧問出沒在上海的每一個商業區，他們熱衷於購買美國和歐洲的手錶、鋼筆、照相機及其他各種進口的奢侈品。這些東西商店裡仍有出售，但沒有中國人買得起。」不久，他們又開始搶購古董傢俱、東方的地毯、法國利摩日生產的瓷器和其他藝術品，然後裝滿一只箱子空運回蘇聯。[55]

到了一九五〇年十月中國加入韓戰的前夕，在中國的蘇聯軍人和平民達到了十五萬。在旅順港的蘇聯海軍基地，駐紮了大約六萬名蘇軍。另有五萬人駐紮在從旅順到符拉迪沃斯托克的鐵路沿線，他們的主要任務是守衛鐵路。此外，滿洲北部還駐有蘇聯空軍。一群群身著制服的蘇聯軍官分布在全國各地，擔任中國陸軍和空軍的教官。

然而，蘇聯人活動的範圍遠不止軍事領域。數千名來自蘇聯的技術人員來到中國，幫助各地修橋築路、建設工廠、發展工業。在北京的各政府部門中，聘用了數百名蘇聯顧問，他們將蘇聯的一套做法帶到了中國，影響很大。其中高等教育部的蘇聯專家人數最多，達到了一百二十七名。[56]

交流是雙向的。中國也派出無數代表團前往蘇聯參觀，其中少數是貿易代表團，絕大多數則是去學習如何運作一黨專制的國家。例如：王耀山和張秀山參加了一個大型代表團，到蘇聯各地參觀了四個月，學習如何組建政治組織，其內容包括如何培訓城市幹部以及組建北京的中央委員會等。文化部副部長周揚率領一支五十人的代表團，考察了與宣傳有關的各個方面，提出了一千三百多個正式問題。在三個月的逗留期間，他們去《真理報》參觀了六次。中國正在所有領域——從國家安全、城市基礎建設、幹部培訓、經濟建設、意識型態工作到重工業——全面複製蘇聯模式。[57]

與此同時，由於韓戰期間西方對中國實行經濟封鎖，中蘇雙邊貿易開始迅速增長。中國的外匯和黃金儲備有限，只好透過出口貴金屬、工業產品和食物來換取信貸、資本貨物和各種原材料。例如：用豬肉換電纜，用大豆換鋁，用糧食換鋼軋輥等。因為像銻、錫和鎢等金屬的開採量有限，所以中國出口到蘇聯的大都是農產品，包括纖維製品、菸草、糧食、大豆、新鮮水果、食用油和罐裝肉類等。很快地，莫斯科就成了絕大部分中國出口商品的目的地。[58]

「向蘇聯學習」在中國成了一句流行口號，幹部和知識分子們都要學習史達林的《聯共（布）黨史簡明教程》。這本書被中國人當作《聖經》一樣來讀。一名隨中國籍丈夫居住在廈門大學的英國婦女記述道：「當時有很多培訓班和培訓中心，在所有學校和所有年級中，俄語變成了第一外語（實際上是唯一一門外語）。在教育戰線，教案的每一個細節都是從蘇聯人那裡不加批判地複製過來的，甚至連午飯時間也向後推遲了三個小時，以保證上午能連續上滿六節課。」[59]

中蘇友好協會在全國設有十二萬個分會，負責發放書籍、雜誌、電影、幻燈片和戲劇等文化製品，以及發電機、收音機、麥克風和留聲機等設備。這個協會組織了數十場展覽會，主題包括「蘇聯的婦女」、「蘇聯的兒童」和「蘇聯的建設」等。後來，甚至連中文的新聞資訊都主要來源於蘇聯官方的塔斯社了。每一個中國人都被反覆告知：「蘇聯的今天就是我們的明天。」[60]

第七章 戰事再起

解放本應帶來和平。一九四九年，絕大多數中國人對前景持審慎樂觀的態度，大家經歷了十幾年的戰爭，都希望能過上正常的生活。然而，一九五〇年十月，毛卻將他的人民拖進了曠日持久的韓戰。

在一九四五年二月召開的雅爾達會議上，史達林與羅斯福經過一番討價還價，不僅就滿洲問題達成了祕密協議，而且還討論了共同占領朝鮮的問題。朝鮮半島位於滿洲南部，與中國以鴨綠江為界，於一九一〇年成為日本的殖民地。該半島南北長約一千公里，其東北邊境距符拉迪沃斯托克很近，與蘇聯的邊界不足二十公里。一九四五年八月，蘇聯紅軍幾乎未遇抵抗便進入朝鮮北部，一直到北緯三十八度線才停了下來，以待美軍從南北上。與此同時，俄國人扶持金日成成為北朝鮮臨時政府的領導人。

金日成生於一九一二年。他本人並不怎麼會說朝鮮語，因為他小時候全家都生活在滿洲。一九三一年，金日成加入中國共產黨，在延安以北的地方參加了抗日游擊隊。一九四〇年，他被迫越過邊境逃往蘇聯，並接受了蘇聯紅軍的訓練。到二戰結束時，他已經從普通士兵晉升為少校。

一九四五年八月二十二日，金日成抵達平壤，至此他已在國外流亡了二十六年。回國後不久，金日成便將數萬名朝鮮志願軍和一車車軍事物資送過邊境，以幫助中國共產黨與蔣介石爭奪滿洲。此外，他還在蘇聯顧問的協助下建立了朝鮮人民軍，史達林向他提供了坦克、卡車、大炮和輕武器。但是，因為沒有蘇聯的同意，金日成無法向美國支持下的南韓李承晚政權發動戰爭。當毛奪取了中國的政權，將全世界四分之一的人口帶入社會主義陣營時，金日成卻只能眼巴巴地看著，聽憑朝鮮繼續分裂下去。[1]

金日成曾向莫斯科反覆提出進攻南韓的要求，但史達林並不想這麼快便捲入與美國的衝突。然而，到了一九四九年底，眼見美國人並未干涉中國的內戰，反而拋棄了撤退到臺灣的蔣介石，史達林的立場開始發生動搖。一九四九年底毛訪問莫斯科時，史達林與他討論了朝鮮問題。史達林建議將中國人民解放軍中的部分朝鮮籍士兵送回朝鮮。毛表示同意，因此將五萬名朝鮮籍士兵送了回去。隨後，一九五〇年一月，美國表示其在太平洋地區的防禦範圍並不包括朝鮮。於是，金日成又數次祕密前往莫斯科，並最終說服史達林同意他進攻南韓。但史達林仍擔心戰爭的代價太大，因此拒絕出兵參戰。他對金日成說：「就算你被揍得鼻青臉腫，也不要指望我出手相助，你只能向毛求援。」於是，一九五〇年四月，金日成來到北京見毛。[2]

毛此時正需要史達林的援助。為了進攻臺灣，他只能指望蘇聯提供必需的海上和空中支援，而且中國的大部分地區已經解放，他也沒有理由拒絕幫助朝鮮完成統一。於是，毛承諾金日成，如果美國出兵，中國也會參戰。[3]

蘇聯對北韓的軍事援助開始成倍地增加，其中包括坦克和飛機。與此同時，蘇聯軍官開始幫助金日成制定作戰方案，將發動進攻的日期定在一九五〇年六月二十五日。這一天，北韓藉口邊境的一次小規模衝突，從空中和地面對南韓發動了全面進攻。南韓猝不及防，其軍隊人數不足十萬，而且美國人一直擔心南韓會進攻北方的共產黨，因此故意不向其提供反坦克武器和口徑在一〇五毫米以上的大炮。結果數週之內，南方的軍隊便潰不成軍。[4]

杜魯門總統對此立即做出反應，警告說美國不會坐視不管，並發誓要將北韓趕回去。戰爭爆發當天，聯合國便通過了一項決議，決定派軍隊支援南韓。當時，蘇聯駐聯合國大使正在抵制臺灣在聯合國的地位（這項抵制行動從一月分即已開始），他本來計畫回到安理會否決這一決議，但史達林通知他不要參與此事。兩天後，蘇聯人向金日成和毛保證說，美國的干預不會導致事態的升級。史達林對西方的介入並沒有採取任何防範措施。事實上，他知道毛已經承諾金日成會向朝鮮派兵，或許他正希望借中國人之手消耗美國的力量。[5]

杜魯門命令駐日美軍向南韓提供援助。為了在全球與共產主義進行鬥爭，總統獲得了國會批准的一百二十億美元軍費。很快地，除了美軍之外，又有十五個聯合國成員國也派出了各自的軍隊，其中包括英國和法國。到了八月分，聯合國軍隊憑藉在坦克、大炮和空軍等方面的優勢，在朝鮮發起了反攻，並迅速扭轉了戰場上的形勢。一九五〇年十月，麥克阿瑟將軍率領他的部隊已經打到了三八線。他本來可以就此停戰，但他相信毛絕不敢派兵參戰，因此下令繼續進軍，將戰線一直推進到鴨綠江，從而直接威脅到了人民共和國的安全。

十月一日，史達林發電報給毛澤東，要他派五到六個師的兵力增援北韓。他建議最好叫「志願軍」，以謊稱中國並沒有正式參戰。此時，毛已經在邊境部署了軍隊，接到電報的第二天，他便命令部隊「隨時待命開進（朝鮮）」。[6]

接下來的幾天，毛試圖說服其他黨和軍隊的領導人支持他的決定，但只有周恩來表示審慎的支持。在內戰中贏得東北戰場的林彪，此時謊稱生病，不願指揮這次行動。其他領導人包括劉少奇在內都極力反對參戰，他們害怕美國會轟炸中國的城市，摧毀東北的工業基地，甚至投擲原子彈。聶榮臻元帥回憶說，那些反對參戰的人認為，中國已經經歷了這麼多年的戰爭，因此「除非真的萬不得已，最好不要打這場仗」。彭德懷在賓館的地板上翻來覆去想了一個晚上（他嫌床太軟，因此睡在地板上），才極不情願地接受了任命，負責指揮這場戰爭。對於這一決定，他解釋說：「老虎是要吃人的，什麼時候吃，決定於它的腸胃。向它讓步是不行的。」[7]

這一次，毛下的賭注很大。他認為美國人不會將戰火燒到中國，因為那樣就會激怒蘇聯。他還相信，美國人並不打算打一場持久戰，因此根本不會像中國那樣投入數百萬的兵力。毛認為，中國與美國必有一仗要打，因為韓戰甫一爆發，杜魯門便派出第七艦隊前去保護臺灣，所以與其將來進攻防守嚴密的臺灣、與美國和國民黨同時作戰，還不如現在就在朝鮮同帝國主義打一仗。而更為重要的是，東北邊境如果出現一個敵視中國的朝鮮，那將對人民共和國的國家安全構成巨大的威脅。

此外，毛還想與史達林暗中較勁。當時，蘇聯和中國同在朝鮮競爭，想一統亞洲。史達林領先一步，一直將中國共產黨排斥在北朝鮮之外。但一旦蘇聯的周邊力量開始瓦解，毛隨時準備從東北出發，扳回局面，成為亞洲共產主義陣營的領袖。

與此同時，毛也向克里姆林宮開出了價碼。一九五〇年十月十日，他讓周恩來和林彪去見史達林，雙方在黑海邊的史達林別墅進行了談判。史達林承諾向中國提供彈藥、大炮和坦克，但收回了之前派遣空軍的承諾，藉口是飛機需要再過兩個月才能準備好。史達林甚至發電報給毛，告訴他中國並不一定非出兵不可。但毛堅持說，不管有沒有蘇聯的空中掩護，中國都會出兵。周恩來讀到這封電報後，知道事情已無可挽回，只能無奈地雙手抱頭。十月十九日，數十萬中國軍隊開始悄悄地開進朝鮮。[8]

＊＊＊

聯合國軍完全沒有料到中國會出兵參戰。對於中國國內發生的事情，美國人幾乎毫不知情，因為美國在中國的軍事情報網早在一九四九年九月就已基本瓦解了。不過，十月十九日，美國駐香港的武官發了一封電報給華盛頓，情報來源是一名叫陳卓林的中國人，曾任中央航空公司總經理。電報警告說，中國在中朝邊境部署了四十萬大軍，即將開赴朝鮮戰場。荷蘭外交部也利用其在北京的使館蒐集到的情報，向美國人提供了中國軍隊即將出兵朝鮮的詳細情況。但這些警告都被忽視了。[9]

麥克阿瑟堅信中國絕不會介入戰爭，因此當他得到報告，說解放軍已經進入朝鮮時，他冒著極大的風險，乘坐道格拉斯C54飛機親赴鴨綠江上空想一探究竟，但結果什麼也沒看見。彭德懷指揮的十三萬大軍都是趁夜色行軍，而且他們既沒有機械化設備，也沒有無線通訊，因此很難發現其行蹤。

十月二十五日，中國軍隊突然發動了襲擊，消滅了幾個南韓軍團，隨後又像進攻時一樣，迅速地撤退到大山裡。麥克阿瑟對此不屑一顧，認為這一行動恰恰證明中國軍隊數量有限，不願與美國開戰。感恩節那天，天寒地凍，風也很大，他決定立即發動全面攻擊，以便讓美國大兵們「回家過耶誕節」。

結果，用一位歷史學家的話說，美國人遭遇了「近代戰爭史上最大的一場伏擊戰」。[10]十一月二十五日，麥克阿瑟的部隊遭遇大批伏兵。中國軍隊吹起響亮的號角，鼓聲、口哨聲響成一片，士兵們在夜色的掩護下一邊咆哮一邊向敵人投擲手榴彈。這一切讓聯合國軍隊驚恐萬分。解放軍士兵向敵人的陣地猛撲過來，發起一波又一波的凶猛攻勢。戰局幾乎在瞬間扭轉，美軍被迫向南匆忙撤退。十二月七日，共產黨幫助金日成光復了他的首都平壤。

因為沒有空中掩護，補給線拉得過長，而且缺乏食物與彈藥，彭德懷主張在「三八線」停戰，但毛決心繼續打下去。一九五一年一月正是中國的新年，中國軍隊占領了南韓的首都漢城。美國人遭到了沉重的打擊，杜魯門宣布全國進入緊急狀態。他告訴美國民眾，他們的家園和國家「正處於萬分危險之中」。

毛的聲望獲得極大提升，但士兵們付出的代價也是高昂的。他們不得不在極端的天候中作戰，氣溫常常降到攝氏零下三十度，還得忍受刺骨的寒風和深深的積雪，而且大部分中國士兵竟然沒有棉鞋，有些只穿著單鞋，少數人甚至打著赤腳，打仗前只能用破布把腳包起來。士兵們成批成批地凍死，許多人的手腳都生了凍瘡。三分之二的士兵患上了戰壕足病，有些最終發展成壞疽。因為供給線拉得過長，而且還不斷遭到敵機的轟炸，士兵們普遍吃不飽。在有些連隊裡，六分之一的士兵因營養不良得了夜盲症。疾病開始流行，痢疾變得很常見，因為缺少藥物，只能用鴉片來治療。最初幾個星期的興奮過去之後，士兵們的體力消耗殆盡，士氣開始變得低沉。有些人實在不堪忍受，最終選擇了自殺。[11]

沒過多久，中國的士兵就失去了活力。一九五一年初的幾個月裡，他們只能靠敵人撤退後留下的武器和補給生存，大家開始學會吃美國士兵的罐頭口糧。李修是一名宣傳幹事，他回憶說士兵們很快就喜歡上了美國的餅乾。「要不是從美國人那裡奪來的睡袋和大衣，我不知道自己是不是還能活下來。」[12]

局勢很快便發生了逆轉。一九五〇年十二月二十六日，李奇微（Matthew B. Ridgway）將軍抵達朝鮮，協助麥克阿瑟指揮美軍。一九五一年初的幾個星期裡，他重組了聯合國軍隊，並開始發動反攻。在試探了對手的實力後，李奇微精心部署，發動了幾次強有力的反擊，在戰場上用強大的火力壓制住對手。他將自己的戰術稱作「絞肉機」，意思是用大炮和坦克一步一步向前推進，一遍遍地蹂躪敵人。可是毛並不肯後退，他向前線發出電報，命令他的部隊進行反擊。結果，僅在二月分的頭兩個星期裡，即有大約八萬名中國士兵傷亡。[13]

一九五一年二月，彭德懷趕回北京，在玉泉山的地堡裡見到毛，就志願軍傷亡巨大的問題當面爭論起來。毛聽取了彭的意見，但因為太沉迷於戰勝資本主義陣營的幻想，他告訴彭要堅守陣地，爭取打持久戰。三月一日，毛發電報給史達林，告訴他自己有決心打一場持久戰，把美國拖垮。他說：「在最近的四次戰役中，人民志願軍傷亡十萬人，其中包括戰鬥人員和非戰鬥人員，我們將再補充十二萬兵力。我們準備在未來兩年內再傷亡三十萬，但會再補充三十萬人。」[14]

就在此時，麥克阿瑟輕率地提出使用核武器，甚至一度打算入侵中國。但是一九五一年四月，杜魯門總統將他解職，由李奇微取代他全權指揮朝鮮的聯合國軍。李奇微的態度很明確：堅決不越過三八線。

一九五一年夏，戰爭進入相持階段。七月中旬，雙方開始停戰談判，但後來被共產黨方面中斷。史達林不想讓戰爭結束得太快，因為和平不能帶給他任何好處，所以決定放慢談判的進度。他希望看到更多的美軍在朝鮮被消滅，而且將這麼一個潛在的對手拖入一場代價巨大的戰爭中，這應該是他喜聞樂見的。不過，毛本人也反覆數次拒絕和談。就像他在相持階段出現之前就已向史達林表態的那樣，他準備打一場持久戰。戰爭拖得越久，他就可以向史達林索取更多的彈藥、坦克和飛機。毛想利用這場戰爭尋求蘇聯的幫助，來擴充他的軍隊，並建立一流的軍事工業。[15]

毛拒絕和談的藉口是，美國人手裡有兩萬一千名中國戰俘，而且大多數人拒絕返回中國。這些人被關在南韓的集中營裡，為了防止被迫遣返，有人在身上刺上反共的口號，有人則寫下血書。一名紅十字會的代表報告說：「戰俘刺破指尖，把自己的手指當作自來水筆。我看到許多這樣的信，令人深感震驚。」但是毛堅決要求所有戰俘必須全部返回中國，這一強硬立場得到了史達林的支持。[16]於是戰爭又打了兩年。戰線其實並未發生什麼變化，但是傷亡卻越來越多。戰壕戰迫使許多士兵不得不待在散兵坑、地道和掩體裡長達數週，只有在夜裡才能出來。戰壕裡到處是屍體、彈殼和垃圾，幾乎找不到食物和水。有時，士兵們只能靠舔石頭上滲出的水珠解渴。鄭言曼在回憶一九五二年十月的一次進攻時說：「地道裡大約有一百名士兵，包括六個連隊的剩餘兵力，其中最小的十六歲，最大的五十二歲。大約有五十個人已經負傷，他們得不到任何藥物和醫療救助，就那麼躺在地上，有些人已經奄奄一息，可是大家似乎都不在乎。有一個掩護洞裡就堆著二十多具屍體。」若有人逃跑，便會被當場擊斃。[17]

許多士兵之前曾參加過國民黨的軍隊，在內戰中投降了共產黨。毛毫不猶豫地將他們派往朝鮮送死。就在三年前，他們當中有些人曾在徐州與共產黨打過仗，共產黨強迫村民當人體盾牌，逼得國民黨士兵不得不向手無寸鐵的平民開槍。如今，這些國民黨老兵被一波一波地用來消耗敵人的子彈，以血肉之軀抵抗著現代化的武器。一名美軍機槍手這樣描述一大群中國士兵發動夜間攻勢的情景：「我們看著他們就像保齡球的瓶子一樣一個個倒下，只要信號彈的光亮著，我們就可以毫不費力地發現目標。」[18]

一九五三年五月，史達林死了，雙方這才迅速達成停戰協定，但是相持階段已經造成了巨大損失。從一九五一年七月至一九五三年七月二十七日停火為止，有數百萬士兵和平民死亡。中國派出了三百萬人開赴前線，其中陣亡四十萬。儘管人員傷亡巨大，對毛個人來說，韓戰卻是一次勝利。當他的同事們動搖不定的時候，是他堅決主張參戰。如今，他的放手一搏得到了回報：中國同世界上的頭號強國打了個平手——中國已經站起來了。[19]

＊＊＊

這場戰爭在中國國內產生了深遠的影響。在中國政府的官方宣傳中，一九五〇年六月韓戰之所以爆發，是因為南韓受了美帝國主義的唆使，公然入侵愛好和平的北韓。中國民眾對這一說法不僅無法相信和理解，甚至感到害怕和恐慌。許多人不禁要問，為什麼北方對南方的進攻顯得如此有計畫、有效率？在上海的大學裡，師生們公開討論朝鮮到底發生了什麼，而最令大家擔憂的，則是中美之間有可能爆發衝突。各種小道消息迅速流傳開來。在接近朝鮮邊境的瀋陽，許多人都在談論爆發第三次世界大戰的可能：「美國已經參戰，大戰開始了！」在南京，有些人非常擔心，於是打電話給《人民日報》，詢問新的世界大戰是不是爆發了。大家對戰爭充滿了憂慮，都希望恢復原來的秩序。在東北有小道消息說：「蘇聯已無條件投降了，還要抓戰犯毛澤東呢！」還有人斷言新政權就要崩潰了：「美國已與蔣介石收復海南島，林彪犧牲啦！」[20]

大家對可能爆發的核武戰爭充滿了焦慮，很少有人再相信官方媒體關於帝國主義即將崩潰的宣傳。毛澤東曾說美帝國主義是紙老虎，但是一九五〇年十月，當聯合國軍迫近鴨綠江時，上海有許多人卻在嘲笑這一言論。有人諷刺說，如果美國是紙老虎，那中國連隻貓都不如。[21]

民眾對戰爭極為恐懼，大家都害怕美國會轟炸中國的城市，甚至入侵東北。瀋陽有數千人開始逃亡，五一工廠有一千兩百多名工人放棄了工作，市工具廠有五分之一的工人逃走。許多教師、醫生、學生，甚至黨員，都相信末日即將來臨，因此爭相登上南下的火車。留下來的人也開始囤積食物、衣服和水。學校、工廠、機關、醫院和宿舍裡都發現了反黨標語，有些是草草地寫在牆上，有些則刻在傢俱上，甚至刻在食堂的水壺上。有的標語內容很簡短：「打敗蘇聯！」有些則是對共產主義的長篇聲討。[22]

針對這些情況，黨使用嚴厲的手段予以鎮壓。與此同時，從一九五〇年十一月開始，黨發動了「抗美援朝、保家衛國」運動，試圖以此來贏得民眾的支持。每間學校和工廠都召開了群眾大會，報紙、雜誌和廣播也以密集的宣傳來激發大家對敵人的仇恨。《人民日報》和所有官方出版物每天都在譴責美國。例如，《南方日報》是這麼表達對美國的蔑視的：

這個國家無比反動、無比黑暗、無比腐敗、無比殘忍。那裡是少數百萬富翁的天堂，卻是無數窮人的地獄。那裡是黑社會、騙子、流氓、特務、法西斯細菌、投機家、放蕩者以及所有人渣的天堂。那裡是全世界各種罪惡的淵藪，向世人展示著人類所能犯的全部罪惡，諸如反動、陰暗、凶殘、墮落、腐敗、放蕩、人壓迫人、人吃人等。那裡是人間地獄，比任何作家描繪的還要血腥十倍、百倍，甚至千倍。（此處據英文譯出）[23]

為這些宣傳定下基調的正是周恩來，他以口才出眾成為仇美運動的發言人，不厭其煩地譴責美國企圖奴役全人類的陰謀。文化部長茅盾是一位著名作家，他宣稱「美國人是真正的魔鬼和吃人者」。從美國回國的留學生也被迫發表聲明，譴責美國人的獸性和墮落。各種漫畫和宣傳畫中，杜魯門總統和麥克阿瑟將軍被描繪成強姦犯、嗜血的殺人犯和凶殘的野獸。大喇叭裡一天到晚播送著同樣的內容，呼喊著同樣的口號。一位北京居民說：「就算在室內，把所有窗戶都關上，還是能聽到那些反覆播放的音樂和發言，要是打開窗戶，耳朵都快震聾了。」這些長篇累牘的謾罵，很難分清哪些是真的出於憤怒，哪些只是做做樣子，但它們都清楚地表明，大家必須仇恨、咒罵和貶低帝國主義分子。[24] 其實，所有這些都是上面精心策劃的。一九五〇年十二月十九日，中央特別指示，要把民眾「親美」、「愛美」、「恐美」的情緒變成對美國的「仇視」、「鄙視」和「蔑視」。[25]

為了達到這個目的，除了不停地進行宣傳，當局還充分利用了學習小組和群眾大會的動員方式。一九五〇年冬天的某一天，上海的一所大學要求所有師生在十分鐘內穿戴整齊，到操場上集合。學校將印好的標語分發到各人手中，上面寫著諸如「打倒口蜜腹劍的美帝國主義」和「抗議奧斯丁的無恥謊言」之類的口號。羅回憶說：「大家都在問發生了什麼事，但好像沒有人知道。學校要求我們照標語上印的口號喊，於是我們在上海的馬路上就這麼遊行了五個小時。」回到學校後，大家被要求去聽黨委書記言辭激烈的報告。直到那時，他們才明白自己剛剛參加了一場「自發」的示威遊街，以抗議美國駐聯合國安理會代表沃倫・奧斯丁的發言。此後，師生們經常被組織起來抗議帝國主義的謊言。「我們根本不知道發生了什麼事，直到從報紙上讀到『自發遊行』才明白過來。」[26]

除了大學生，那些曾親歷過鎮壓「反革命」、「土豪劣紳」和「地主」等激烈運動的老百姓，也覺得這場仇美運動令人費解。一九五一年初春，蘭州各地幾乎每週都要舉行聲援戰爭的群眾大會，雖然有許多傳單、演講和宣傳片，有些人仍搞不懂到底怎麼回事。要是不參加這些大會，就會被罰款，或者被當作祕密組織的成員。雖然如此，許多人還是不敢去開會，因為有傳言說，參加運動的婦女會被送到朝鮮為部隊做飯。廣州舉行了五十萬人參加的愛國遊行，但許多人仍搞不清狀況。當地的宣傳部門曾對一家電廠的工人進行了測試，結果一百多名工人當中，有六分之一不知道中國跟誰站在一邊，超過四分之一的人從來沒聽說過金日成這個人。在農村，宣傳達不到的地方就更多了。例如：在始興縣一個村子裡，參加掃盲班的六十名婦女中，沒有人知道「朝鮮」到底是地名還是人名。[27]

「自發遊行」之後便是「自發捐款」。一九五一年夏，當戰爭進入相持階段後，政府需要大量資金來購買戰略物資。史達林終於派來了承諾已久的飛機，但他要中國為所有用於韓戰的蘇軍裝備付費。此外，政府宣稱中國軍隊還需要更多的軍裝、藥品、槍枝、坦克和飛機。在官方文件中，對每個人應該捐款的數額都列出了詳細的表格，「有錢人」則被要求捐出黃金、珠寶、美元或其他外幣。羅很快就明白了政府對捐款的要求。「他們第一次來找我時，我主動提出捐半個月的工資。但很快我就發現，他們嫌我捐得太少。最後，直到我答應捐出三個月的工資，他們才肯甘休。我發現其他教授也捐了同樣的數額，但是募捐的人總是說我們這麼做是自願的。」[28]

工人們也被要求加班加點提高產量，卻沒有任何加班費。不過，農民才是這次募捐的重點對象。與之前的運動一樣，為了證明執行上級指示的堅定態度，各級領導都給募捐定下了指標，唯恐落在人後。東北局驕傲地宣布，至一九五一年十月已經募捐了九百三十萬元。當時執掌西南地區的鄧小平也不甘落後，於一九五一年十一月宣布，為「抗美援朝」募捐是一項革命任務，具有重大的政治意義，不允許有任何懈怠。大炮、坦克和飛機對戰爭的勝利具有決定性作用，因此每個人都得捐出相當於二點五至四公斤的糧食。[29]

在此之前，老百姓的賦稅已經很重，如今又要捐出巨額款項，可是誰都無法抗拒。在四川的某些地方，有些機關幹部被迫捐出每月三分之一的工資，直到戰爭結束為止。在其他一些地方，捐三個月工資的情況也很普遍——儘管有人納的稅已經等於其半年工資。不僅如此，許多地方的學生也被捲入運動之中，為了捐款只好偷父母的錢。有些孩子為了換一點錢，不惜賣掉鞋子和衣服，還有人翻出家裡的剪刀和鐵鍋，當作廢鐵拿去賣錢。[30]

農民們對捐款的命令沒有任何能力反抗，特別是在土改之後，他們的生活只能完全依靠黨。當城市居民捐出三分之一的工資時，農民則被迫上繳三分之一的收成。在華容縣的一個村子裡，三分之一的小米被政府收走當作戰爭捐款，另外三分之一則作為稅收上繳國家。但許多人實在太窮，什麼都捐不出來。在四川的一個村子裡，幾十名農民在群眾大會上被扒光衣服，因為他們沒有錢繳納捐款，唯一能捐出來的就是身上的衣服了。在四川的其他地方，甚至有些婦女被強迫剃掉頭髮、充當捐款。[31]

有些人因此被逼到死亡的邊緣。在湖南的望城，一名叫戴鳳基的貧農被迫要上繳十四公斤小米。他哀求道：「我一個人勞動，八個人吃飯，老婆病了要吃藥，小孩子無人帶，我哪裡出得起呢？」農協主任的回答很簡單：「死活都要出。」結果戴鳳基全家被逼得跳水塘自殺。沒有人知道到底有多少人受到死亡的威脅，僅在湖北隨縣，就有五個人因不堪忍受捐糧的壓力而自殺。[32]

這場狂熱的運動造成一種恐怖的氣氛，無論是誰，只要對運動流露出一絲不滿就會招致被打成「反革命」的危險。儘管如此，還是有人拒絕捐款。遇到這種情況，政府會先派人跟他們談話，要是談過幾次後還是不肯捐，就會對他們罰款，罰款的數額等同於要他們捐出來的錢。其實，這樣的處罰算是輕的了。在新疆的某些地方，有人被迫光著身子在烈日下站上好幾個小時。在南京，有些積極分子到處在人家門上張貼通告，寫明必須捐款的數額。有一名對捐款態度冷淡的男子，甚至被拉到臺上接受批鬥，從早上八點一直鬥到半夜。他最終答應每個月捐十元，一連捐六個月，但第二天他又受到批鬥的威脅，只好將捐款的總額增加到三百元。[33]

然而，光靠捐款是不足以贏得戰爭的，部隊還需要補充兵源。每一次群眾大會上，總有一批熱情的志願者報名參軍，其中大多數是生活在城市裡的充滿理想主義的學生。在廣州，有一萬三千人表示願意奔赴前線殺敵，其中許多是高中生。雖然也有少數人像羅一樣，對官方的宣傳心存懷疑，但更多的人卻對戰爭非常積極，李志綏便是其中之一。李當時是一名專門為國家領導人服務的醫生，他對中國打敗美國感到很興奮：「雖然朝鮮戰爭仍然勝負未定，但我為身為中國人感到驕傲。」畢竟，這是「一個多世紀以來，中國第一次在對外戰爭中沒有丟臉。」李醫生這麼說。這種觀點在許多相信愛國主義宣傳的知識分子當中很普遍。李曾想加入軍隊，但他的領導不許他去。[34]

農民對戰爭就沒有這麼高的熱情了，特別在那些曾飽受徵兵之苦的地區，大家對戰爭早就厭倦了。在與朝鮮接壤的東北，就有許多年輕男子試圖逃避徵兵。在德惠縣，有數千人隱姓埋名逃往城市，甚至收割季節也不敢回家幫忙，因為害怕被抓住送到前線。在山東文登縣，當大家聽說要徵兵時，一個個「大有談虎色變的感覺」，小夥子們都躲到了山上，甚至有幾個為了逃避徵兵，剁掉了自己的手指。在山西代縣，有些村子裡的年輕男性跑掉了三分之一。[35]

於是，為了完成徵兵的指標，各地想出了各種辦法。在山西高平縣，徵兵的人謊稱開村民大會，等人到齊後，突然襲擊徵兵對象。被抓的壯丁夜裡都被關起來，但仍有一百多人設法潛逃。最後，縣領導決定只留下真正自願參軍的，結果在被抓的五百人當中，只有十幾個留了下來。有時候，當局把年輕男性的家人抓去扣為人質，或者關起來，以引誘他們自投羅網。在湖南岳陽，一名婦女堅持認為徵兵應該遵循自願原則，結果她被綁起來，當著村民的面被吊在房梁上，以警示眾人。[36]

在河南、河北和山東的交界地區，有十個縣報告說，當地發生了年輕男子為逃避徵兵而跳井的事情，此外還有人選擇了上吊，有兩個跳下鐵軌被火車撞死。這些絕望的行動看似極端，但在當時那種恐怖的氣氛下卻並不難理解。正如一名叫周昌吾的湖南農民所說：「國民黨抽壯丁往山裡躲，現在往山裡躲便說是特務，真是上天無路、入地無門。」[37]

＊＊＊

這場戰爭造成的經濟損失也是巨大的。一九五一年，中國的軍費開支占了財政總支出的百分之五十五。由於韓戰，一九五一年的預算比一九五〇年多出了百分之七十五。[38]政府預算主要倚賴農民上繳的糧食。韓戰爆發後，東北變成了戰爭的大後方和部隊的中轉地，蘇聯控制下的南滿鐵路和中東鐵路運輸了數十萬部隊。這裡是中國的糧倉，就算其他地方發生饑荒，東北照樣可以豐收。由瀋陽、鞍山和撫順構成的三角地區是中國的工業中心，出產全國一半的煤和大部分的生鐵、鋼鐵及電力。入朝參戰的軍隊將彈藥庫和補給點都設在東北。此後，在鴨綠江上空出現的數百架蘇聯飛機也以東北作為據點。

東北的農民面臨著巨大的壓力，要為戰爭捐獻糧食、棉花和肉。一九五〇年底，全國人大注意到，在東北的許多地區，因為軍隊的需求巨大，各地在徵糧時已經突破了當初設定的底線，從而使老百姓面臨著饑荒的危險。至一九五〇年底，東北有三分之一地區陷入了困境，農民缺少耕牛、食物、飼料和工具，有些連來年春耕的種子也沒有。[39]

在接下來的兩年裡，徵糧的巨大負擔不但沒有減輕，反而變成了常態。有些地方的幹部召集村民來開會，結果卻把他們鎖起來，不同意上繳更多的糧食就不許走。有些地方幹部乾脆關掉當地的磨坊，闖到農民家裡，搬走傢俱，檢查碗櫥，撬開地板，搜查藏匿的糧食，甚至派民兵把整個村子封起來，不准帶任何食物進出，直到完成徵糧的指標為止。這樣做的結果是，東北全境有三分之一的村民吃不飽肚子。在懷德縣，村民只能吃野菜和豆餅，而這些通常都是用來餵牛和家禽的。馬也餓得倒地不起，最後被人吃掉——自內戰以來，還從未出現過食物如此匱乏的狀態。在長春附近，村民們為了完成納稅指標，不得不賣掉包括衣服在內的全部家當，有人甚至賣掉小孩。對此現象，吉林省委的看法是，蔓延全省的饑荒與自然災害無關，導致饑荒的直接原因是農民被迫繳納了更多的公糧。[40]

南方的四川也是眾所周知的糧倉。鄧小平曾驕傲地宣稱，他決定讓每個人都上繳四公斤糧食支援戰爭，結果僅雅安一縣即有數萬饑民只能以草根維生。同樣在鄧小平掌管下的雲南省，有一百多萬人挨餓，許多人只能吃樹皮或泥土——土雖然可以填飽肚子，但會在腸子裡乾結，把人活活痛死。儘管如此，政府並沒有減輕徵糧的力度。一九五一年十一月，鄧小平甚至宣布，在正常的徵糧任務外，西南地區的農民還必須額外上繳四十萬噸糧食。六個月後，這個地區有兩百萬人挨餓，有地方甚至報告出現了吃人的現象。[41]

戰爭對城市的經濟發展也毫無益處。本書的第三章表明，一九五〇年全國經濟的衰退，已經對昔日繁華的商業和工業中心（如上海、武漢和廣州等）造成了巨大的破壞。不過，作為北方商業中心的天津，情況要比其他城市好些。當上海被國民黨封鎖後，中國的出口貿易大部分只能透過天津，因為臺灣的勢力達不到那裡。但是韓戰爆發後，美國對中國實施禁運，涉及一千一百多種商品，極大地打擊了私營企業的進出口。國際社會對中國的全面經濟制裁從一九五〇年開始，至一九五一年上半年，中國的外貿總額下降了百分之三十。韓戰期間，政府為了利用天津港運輸戰略物資，新成立了一批國有公司。這些公司因為戰爭而生意興隆，但與此同時，私營企業卻迅速走向毀滅。[42]

＊＊＊

一九五二年四月，北京向全國發出警報，控訴美國人於一月底祕密發動了細菌戰。據說敵人在北朝鮮和東北境內投放了帶有病菌的蒼蠅、蚊子、蜘蛛、螞蟻、臭蟲、蝨子、跳蚤、蜻蜓和蜈蚣，用來傳播各種傳染病，此外還發現了攜帶病毒的老鼠、青蛙、死狐狸、豬肉和魚，甚至連棉花也可能傳播瘟疫和霍亂。據說敵人的飛機已經投下數千種生化武器，大多數都在東北，但也有些投放到青島這麼遠的地方。[43]

北京最早指控美國進行細菌戰是在一九五二年二月，這一消息立即吸引了世界各國的關注。有幾名被俘的美國飛行員承認說，他們曾向朝鮮和中國境內投下帶有病菌的昆蟲，這一指控因此變得更為可信了。更加有力的證據則是，由劍橋大學的生物學家李約瑟率領的一個國際委員會在對東北實地調查後，發現了一隻帶有病毒的田鼠。他們隨後發表了一份長篇報告，支持中國政府的指控。[44]

中國政府的宣傳機器開足馬力，再次掀起了反美運動的高潮。報紙上連篇累牘地刊登文章，談論帶有炭疽病毒的雞和裝有狼蛛的炸彈，並配有圖片展示成群的死蒼蠅和染病的昆蟲，還登載了顯微鏡下拍到的病毒照片。據說北京還發現了帶有病毒的豬肉、死魚（其中有四十七條是在一座山頂發現的）、玉米稈、醫療用品和糖果。[45]

全國各大城市還舉辦了細菌戰的巡迴展覽。在北京，展品陳列了三個大廳，內容包括空投下來的圓筒，據說裡面裝滿了帶著細菌的昆蟲，還有一張地圖，上面標注著美軍先後八百零四次投放生化武器的七十個地點。在其中一個展問的角落裡，裝了一支大喇叭，反覆播放著兩名被俘的美軍飛行員的供詞，他們的供認狀則放在玻璃櫃裡供人參觀。展廳裡還擺了一些顯微鏡，向參觀者展示據說是從被感染的昆蟲身上培殖出來的病菌。照片中有一張拍的是三名瘟疫病人，據說都是被敵機投下的蒼蠅感染的。[46]

這場運動在全國引起了強烈共鳴，因為二戰期間日本人曾在中國進行過細菌戰的實驗，現在日本成了美國的盟友，所以很容易讓人聯想到美國人也在朝鮮進行著同樣的實驗。北京在宣傳中特別強調一點，即惡名昭彰的七三一部隊在二戰後被赦無罪，因為他們答應與美國人交換有關細菌戰的研究成果——美國當時否認這一點，直到幾十年後才公開了與日本科學家合作的內容。當時，麥克阿瑟將軍曾輕率地建議使用核武器打擊中國，因此對中國人來說，大規模殺傷性武器的威脅正變得越來越現實，所以大家都傾向於相信美國真的可能使用了祕密的生化武器。就整個亞洲來說，正如《印度時報》的編輯弗蘭克・莫賴斯（Frank Moraes）注意到的，公眾對這個話題很敏感，擔心美國人將亞洲人當作小白鼠，進行另一種大規模殺傷性武器的試驗。中國的許多知識分子也相信美國人確實在朝鮮使用了細菌武器，為黨的領導人服務的李志綏醫生就是其中之一。[47]

但也有人對此持懷疑態度。四月六日出版的《紐約時報》發表了一篇文章，證明《人民日報》刊登的與細菌武器有關的照片是偽造的。一名科學家研究了這些照片後指出，感染後的蝨子和跳蚤根本不可能在朝鮮那麼寒冷的氣溫下存活。其實，幾個星期前，在天津就有人提出了同樣的疑問：「朝鮮氣候很冷，為什麼蒼蠅凍不死呢？」還有人公開質疑這些所謂細菌的危害是假的。曾為國民黨工作過、因此被當局打成「反革命」的李善棠大膽宣稱：「這是共產黨擴大宣傳，要讓全世界都恨老美，別聽這個胡扯蛋！」在東北，農民們也不以為然地說，冬天快結束的時候總會有昆蟲出現，沒什麼大不了的。[48]

另外有些人則感到很害怕。韓戰的爆發本來就已經引發了大家對第三次世界大戰的擔憂，現在戰爭已經持續了兩年，又出現了細菌武器的危險，而且這些看不見的敵人可能潛伏在各種有機體內，這讓許多人整天活得提心吊膽。在瀋陽，有幾個人被蟲子咬了，便趕忙跑到醫院要求治療。醫院裡擠滿了僅僅因為看到蟲子就突然覺得心理難受、生理疼痛、甚至局部感到麻痹的人。因為害怕災難降臨，少數人開始儲備食物。有人認為末日即將到來，索性花光積蓄，喝酒吃肉，整日狂歡，甚至遠在重慶的人們也把小孩鎖在室內，以防感染病菌。在河南，有些村子被完全封鎖起來，因為傳言說有特務往井裡投毒。更多人則擔心政權維持不了多久了，因為大家普遍相信天災預示著朝代更替。有傳言說，政府即將垮臺，國民黨就要打回來了。在大連，有人感歎道：「不得了，變天了！」在河南臨潁縣，據說有農民褻瀆毛像，不僅燒掉毛的眼睛，而且用手撕、用斧頭剁。[49]

全國各地貧苦的農民為了治病，紛紛開始祈求神靈賜給自己帶有魔力的聖水。位於河南北部的許昌是個盛產菸草的地方，當地有數千農民聚集到「聖地」喝「聖水」，據說這些水可以殺菌。在東北德惠的一個村子裡，每天都有大約一千名信眾聚集在一口古井邊，這些人大都是已經被沉重的賦稅逼得吃不飽飯的農民，也有些是剛從朝鮮戰場復員的軍人，他們是特地坐長途汽車從鄰省趕來的。當局斥責這些行為是迷信活動，但其實當地的幹部也缺乏安全感。在舞陽縣，所有的縣領導都將自己關在衛生局裡喝雄黃酒，據說古代的術士常用這種酒來袪病，他們還在身上塗滿一種特效藥膏。[50]

儘管大家對所謂的細菌戰反應不一，全國各地都開始動員民眾蒐集細菌戰的證據。在東北，那些懷疑感染了病毒的人被要求喝DDT來殺毒。在靠近邊境的安東，有五千人戴著紗布口罩和手套，拿著布口袋，在附近的山裡日夜不停地尋找可疑的蟲子。在瀋陽，當局部署了兩萬人清洗路面、打掃街道和倒垃圾，人行道的每一塊磚都進行了消毒。下面一段話則描述了天津應對生物汙染的措施：

案例四：一九五二年六月九日。一開始是中午十二點，在塘沽工會大廈附近的碼頭上發現了蟲子。十二點四十分在新港工程部、一點三十分在北塘鎮都發現了蟲子。蟲子分布在二〇〇二四〇〇平方公尺的新港地區，沿北塘海岸超過二十里（約十公里）範圍。在天津市消毒小組的指揮下，全市展開了滅蟲行動。群眾被組織起來協助捕捉蟲子，其中包括一千五百八十六名城鎮居民，三百名士兵和三千一百五十名工人。蟲子被捉住後即被焚毀、煮熟或掩埋。蟲子的種類包括尺蠖、螟蛾、黃蜂、蚜蟲、蝴蝶、巨蚊等。昆蟲樣本已經送到北京的中央實驗室，結果發現牠們感染有傷寒、痢疾和副傷寒等病菌。[51]

整個過程就像軍事行動一樣。這種全國範圍的大掃除很快便導致一大批人被隔離。在北京，每個人都注射了瘟疫、斑疹傷寒和傷寒疫苗，而且不管願不願意，還得注射一大堆其他疫苗。對農民的強制防疫則是透過另一種方式進行。在山東的有些地方，通常由民兵把守市場的進出口，將全體村民關在裡面，直到每個人都注射了疫苗才放出去。在齊河縣的一個村子裡，部隊封鎖了全村，然後將大家集中起來，由士兵為每個人注射。有些年輕人以為會被抓去當兵，於是跳牆逃跑，婦女們則帶著小孩躲在山溝裡不敢回家。全國各地都在強迫接種疫苗，有些人拒絕服從，結果被當作帝國主義的間諜。陝西就有地方幹部認為普通農民中潛伏著許多敵人，有些幹部甚至宣稱：「誰不打蒼蠅，誰就是細菌戰犯。」那些沒有遵行規定的家庭，門口會被掛上黑旗。有些地方以防止細菌戰為名，強迫登記結婚的婦女在領證之前接受羞辱性的身體檢查。[52]

這場恐慌產生的一個好的結果，就是讓幾個主要的大城市變得乾淨了。在北京，人行道全被沖刷了一遍，路上的坑也填了起來，家家戶戶都被要求把牆刷上一公尺高的消毒白粉，樹木也刷上一圈消毒粉，以防止昆蟲的侵害。在像天津這樣有很多溼地的城市，本來就很容易滋生蚊蟲，在這次運動中，市政府將全市居民組織起來，給每人發了鋤頭、鏟子和木棍，用土填埋了數百個化糞池。[53]

然而，城市裡的大掃除也對自然環境造成了破壞。為了讓害蟲沒有藏身之處，灌木、樹叢和植被都被剷除殆盡，人們還將大片大片的叢林點燃，用來熏趕蒼蠅和蚊子。房屋、樹幹、灌木叢和草地全都刷上了白色的石灰粉，結果卻把植物殺死了。村莊和城市變得一片灰暗，到處可見白色的石灰，間或散布著點點紅色。DDT和其他殺蟲劑對大自然的破壞是永久性的，城市也因此失去了綠色，變得光禿禿的。[54]

這場運動還造成一個現象：從交通警察、食品加工人員到環衛工人，許多人都開始配戴棉質口罩，這讓外國遊客感到很驚訝。用威廉・金蒙德（William Kinmond）的話說，「那些姑娘和小夥子，一個個看上去就像剛從手術室裡出來的一樣」。[55]中國人的這個習慣此後一直延續了數十年。

此外，全國上下都展開了除「五害」的運動，即消滅蒼蠅、蚊子、跳蚤、臭蟲和老鼠。在北京，每個人每週都得上繳一根老鼠尾巴。那些遠遠超額完成任務的，可以在家門口掛一面紅旗，要是不能完成任務，則得掛一面黑旗。於是，很快便出現了買賣老鼠尾巴的黑市。在廣東，滅鼠運動下達了嚴格的指標。一九五二年七月，每個區都接到命令，必須殺死至少五萬隻老鼠，並須砍下尾巴上繳政府，然後保存在乙醇溶液裡。結果許多人迫於壓力，不得不到黑市上去買老鼠尾巴，致使有些地方老鼠尾巴的價格一路上漲，兩毛錢都買不到一根。在上海，老鼠尾巴的需求並沒有這麼高，但市民被要求上交成噸成噸的昆蟲幼體，達不到要求的就不能享受單位的各種福利。結果，有人甚至坐火車到農村去蒐集蟲子，還有人透過走後門才過關。[56]

雖然這場運動極大地普及了關於某些疾病的防範意識，卻無助於改善基本的醫療狀況。一九五三年一月，在一次全國性的會議上公布的一份衛生學報告表明，全國胃腸疾病的發病率比上一年有所增加。在山西，數百噸的糖製品裡面發現了蒼蠅和蜜蜂；在上海，死老鼠出現在月餅裡；而在濟南，綠豆糕裡發現了蠕動著的活蛆。從肺結核到肝炎，患病人口的比例高得出奇。在部分礦區，因為過分追求高產量，以致忽視了改善最基本的工作條件，致使大約一半的礦工生病。這次會議後九個月，衛生部在對毛澤東做的自我批評中承認，一九五二年的衛生運動基本上都是強迫的，而且浪費了許多資源，「甚至妨礙群眾的生產，引起了群眾的不滿」。更多詳細的調查則顯示了這場運動造成的損失有多大。例如在陝西，因為當地幹部只追求面子上的效果，而不是將有限的資源用來改善群眾的健康，結果僅僅六個月，全省就把足夠一年使用的藥品揮霍一空。[57]

＊＊＊

雖然狗並沒有算在「五害」之列，但它們在運動中也成了被消滅的對象。全中國無論哪裡，只要狗能生存的地方，就必然會看到成群的流浪狗在街上亂逛，有的跛著腿，有的滿身骯髒，牠們每天在垃圾堆裡覓食，常常為了一口吃的互相爭鬥。在城市裡，有些家庭將狗當作寵物；在農村，狗則普遍用來看家護院、協助放牧，或者成為人的食物。內戰期間，在共產黨占領的地區經常發起打狗運動。解放後，同其他許多東西一樣，狗也成了被消滅的對象。在北京的一次突擊行動中，警察帶著綁有鐵圈的套狗竿，在群眾的協助下，從大街上清理了幾千隻野狗。一九四九年九月，政府規定所有寵物必須進行登記，而且只能養在家裡。可是過了一年，已經登記過的狗也成了被消滅的對象。有人主動將牠們上交政府，但也有人拒絕執行。有時候，憤怒的狗主人在群眾的支持下，不惜與警察對抗。為了完成任務，警察便趁狗主人外出時闖進屋子，結果等主人回來後，房門開著，寵物早已不知去向。[58]

在防禦細菌戰的過程，一支支打狗隊出現在了大街上，挨家挨戶地進行搜查。大多數狗都被送到城外的一處聚集地。一位北京居民目睹了這一過程：「牠們被帶走，裝在垃圾車裡，裡面塞得滿滿的，門關得很嚴實。如果你從旁邊經過，可以聽到裡面不停傳出敲打的聲音，小車旁邊還能看到血跡。」在城外的聚集地，數百條狗被關在籠子裡。因為沒有食物，牠們就互相攻擊，最後強壯的會吃掉弱小的。有時候，警察用鐵圈套住看上去比較健康的狗，然後不停地擺動竹竿，直到把牠們勒死。死狗的皮會被剝下來，熱呼呼地攤在籠子上晾乾，而籠子裡的狗則被嚇得渾身戰慄。59

周瑛在宿舍裡養了一隻小母狗，但她的室友並不喜歡動物。小狗剛出生不久，周瑛就開始照料牠了。她把自己的食物分給牠吃，並給牠取了個名字叫「小米」。打狗運動開始後，她的一個同事因為不喜歡狗，所以故意打開門，把狗放了出去，結果小米很快就被抓住帶走了。後來，在一位高級幹部的幫助下，周瑛設法找到了集中關狗的地方。她回憶當時的情形說：「地上都是一堆堆已經死了或者奄奄一息的狗，我磕磕絆絆地一邊走一邊喊小米的名字。那裡有幾百條狗在吠叫和哀號，所以我的聲音必須壓過牠們。後來我終於找到牠了。牠跟其他幾條狗一起關在一個籠子裡。牠一看到我就跳起來想舔我的臉。不知道是因為害怕還是激動，牠渾身都在發抖。牠肯定希望我把牠帶回家，可是我只能坐在那兒，輕輕撫摸牠。」之後周瑛定期回到關押點看小米，有一次她還特意帶了一把剪刀把狗的毛剪掉，希望這樣一來，就不會有人因為想要狗皮而殺死小米。後來，她獲准可以給小米餵幾片罐頭裝的肉。小米吃東西時，渾身亂糟糟的毛都在發抖。最終，在一個富有同情心的幹部的幫助下，周瑛弄到一把手槍。她打開保險栓，將槍口對準小米的耳朵，對著牠的頭開了一槍。60

當局指責狗妨礙公共衛生，而且在食物匱乏的情況下，養狗是資產階級腐化的標誌。於是，狗很快就從城市裡消失了，只有個別享有特權的外交官和高級幹部才可以養。但在某些農村地區，打狗運動卻遭到農民的長期抵制。例如在廣東，一九五二年的打狗運動激起村民的憤怒，大家開始公開反抗政府。對他們來說，如果政府一定要殺地主，那也沒有辦法，但是想殺他們的狗則堅決不行，因為這些狗擔負著看守家園、莊稼和牲口的任務。在山東，幾乎每家每戶都養狗，所以打狗運動發動了幾次都以失敗告終。不過到最後，農民們還是不得不向政府認輸。[61]

＊＊＊

一九五三年三月，史達林死了。幾個月之內，莫斯科的新領導人便迅速採取行動，開始加快與美國人進行朝鮮和談的進程，並最終於一九五三年七月二十七日簽署了停戰協定。對細菌戰的指控也就此戛然而止，因為莫斯科發覺了其中的不實之處。很明顯，這個指控一開始來自戰場上的指揮員。毛澤東和周恩來下令進行實驗室調查，以蒐集證據，並派出傳染病預防專家到朝鮮。但在實驗還沒有做完的情況下，中國政府就開始公開譴責美國發動細菌戰。後來，雖然實驗報告證明這項指控是不準確的，毛卻不願意放棄反美宣傳所帶來的好處。蘇聯的情報頭子貝利亞曾收到一份報告，概述了這次事件的由來：「所謂某些地區出現瘟疫其實是人為製造的假象，政府事先組織人將死者埋起來，然後再公開揭露此事，並採取措施製造出瘟疫和霍亂。」一九五三年五月二日，蘇維埃部長聯席會議主席團做出一項祕密決定，撤銷了所有細菌戰的指控：「蘇聯政府和蘇聯共產黨中央委員會受到了誤導。媒體上傳播的關於美國在朝鮮使用細菌生化武器的消息，其資訊來源是錯的。針對美國人的指控是憑空想像出來的。」事後，蘇聯向北京派出一名高級特使，傳遞了一項嚴厲的指令：立即停止所有指控。於是，就像當初突然出現一樣，對細菌戰的指控突然就停止了。[62]

第三部

嚴密控制（一九五二—一九五六）

第八章　政治整肅

一九五二年二月的一天，天氣寒冷，還颳著風，河北省省會保定市的體育場裡聚集了兩萬一千人。主席臺上坐著幾名法官。兩名被告面朝群眾站著，雙手綁在身後，眼睛望著地面，兩名荷槍實彈的士兵穿著厚厚的棉衣，站在他們身後。他們的脖子上各掛著一塊長長的牌子，從肩部一直垂到腰間，上面寫著「大貪汙犯」和兩人各自的名字。河北省節約檢查委員會主任張慶春宣布了他們所犯罪行的細節。他的長篇大論結束後，會場裡一片寂靜。隨後，法官起身，宣判兩人死刑。這兩個人低著頭，自始至終沒有朝人群和控訴他們的人看一眼。他們立即被拉到保定的刑場執行死刑。為了表示仁慈，行刑者並沒有瞄準他們的頭部，而是直接射向心臟。[1]

當時，以人民的名義舉行的公審大會司空見慣。但這一次卻不同，兩名被告——劉青山和張子善——都是地方上的高級幹部，其中一個曾任天津地委書記，另一個是天津地區專員。兩人於一九五一年十一月被捕，被控濫用職權、轉移資金和從事非法的經濟活動。他們利用職權建立了一個小帝國，攫取了大量利益，貪汙了大筆錢財，並且揮霍殆盡。

這次審判在黨內引起了極大震動。儘管有天津市長黃敬求情，毛還是批准了死刑。他認為：「只有處決他們，才可能挽救二十個、兩百個、兩千個、兩萬個犯有各種不同程度錯誤的幹部。」劉青山和張子善都是老黨員，但革命的資歷並未能挽救他們的性命。他們的死對其他黨員是一個警告。[2]

三年前，毛不無擔憂地來到北京，開玩笑地說他是進京趕考的。周恩來安慰他說：「我們應當都能考試及格，不會被退回來。」毛說：「退回來就失敗了。我們絕不當李自成，我們都希望考個好成績。」[3]

李自成是十七世紀的一位草莽英雄，曾率領起義軍同明朝政府作戰。他向大家承諾要建設一個和平繁榮的新社會，因此贏得了眾人的支持。數十萬農民響應他的號召，希望重新分配土地和廢除過高的賦稅。一六四四年，他的起義軍打進了北京城。陷入絕望的崇禎皇帝先是殺死自己的女兒和妻妾，以免她們落入起義軍之手，然後爬上紫禁城後面的小山，散開長髮遮住臉面，在一個亭子的橫梁上吊自盡。李自成宣布建立大順朝，自己當上了新皇帝。但好景不長，短短幾個月後，滿人在山海關打敗了他的軍隊，建立了清朝。

三百年後的一九四四年，在一篇紀念明朝滅亡的長文中，詩人郭沫若警告說，李自成之所以只在北京城待了幾個星期，主要是因為他的軍隊貪婪成性、腐敗橫行。郭在文章中詳細比較了明朝的叛軍與共產黨造反者之間的相似之處，並由此提出警告：在內戰中，中國需要執行嚴格的意識型態紀律來控制全國。毛很欣賞這篇文章，寫信給郭說：「小勝即驕傲，大勝更驕傲，一次又一次吃虧，如何避免此種毛病，實在值得注意。」這篇文章因此得以在延安發表。[4]

毛澤東當時在遠離抗日前線的延安，他運用政治手腕，鞏固了自己在黨內的領袖地位，並確保將馬克思列寧主義和毛澤東思想寫入黨章——所謂「毛澤東思想」，就是從他正式發表過的文字中總結出來的政治理論。為了對付他的敵人，毛於一九四二年發動了一場重要的政治運動，將對手一一消滅——這場運動被稱為「整風運動」。高華是研究延安整風運動的頂尖學者。他指出，這場運動的目的是「以暴力震懾全黨，造成黨內的肅殺氣氛，以徹底根絕一切個性化的獨立思想，使全黨完全臣服於唯一的、至高無上的權威之下——毛澤東的威權之下。」毛在這場運動中統管一切，連枝微末節也不放過，但在臺前唱主角的卻是追隨毛的康生。當時，負責調查每個黨員背景的是中央總學委，其成員主要有彭真、李富春和高崗，後來又加上劉少奇。總學委負責運動的一切事宜，不受任何黨章約束，最終實現了毛個人對全黨的獨裁。其他高級領導人如周恩來、彭德懷、陳毅和劉伯承都被迫做了自我批評，並寫下檢討書，承認過去所犯的錯誤。每個人都承受了巨大的壓力，間諜的指控滿天飛，各級黨員都必須互相批評，否則就會遭到誣陷。政治審查沒完沒了，數千人被懷疑是特務而遭到關押、調查、折磨，最終被整肅，少數人則被處死。有些人在審訊過程中被逼瘋，一到晚上，大家可以聽到他們從被關押的窯洞裡發出可怕的號叫聲。

至一九四四年，已有一萬五千多人被指控為特務和間諜。毛默許暴力橫行，他自己卻似乎置身事外，維持著一副仁慈領袖的形象。運動後期他開始介入，提出不要使用暴力，而且將所有責任推給康生。那些在恐怖的運動中倖存下來的人因此將他視為大救星。從此以後，延安的整風運動成了中國歷次政治運動的樣板。[5]

郭沫若那篇討論明朝滅亡的文章，正是在恐怖的整風運動達到高潮時發表的。毛下令將文章複印了許多份，在延安廣為傳播，以告誡那些意志薄弱的幹部，不要沒有被敵人的子彈打死，卻陣亡在資產階級的糖衣炮彈之下。至一九五一年底，建國已近三年，共產黨似乎的確正被卑劣的資產階級逐步瓦解。權力的突然擴張，黨員人數的增長，都使意識型態的純潔性大打折扣，並滋生了自滿情緒。上至高級領導，下至地方幹部，大家都開始追求舒適的生活條件。他們認為，自己辛辛苦苦幹了這麼多年革命，現在是該舒舒服服地享受鬥爭果實的時候了。基層幹部普遍地「鋪張浪費，大吃大喝」，玷汙了黨的形象。

與此同時，官僚主義也阻礙了經濟發展，影響了中國在朝鮮的作戰能力。隨著預算的成倍增加，許多腐敗的幹部大肆貪汙，將軍費挪作私用。雖然抓了張子善和劉青山，但毛認為這只是冰山一角，還有許多貪婪的手正伸向國庫。毛警告說：「（我們）必須嚴正地注意幹部被資產階級腐蝕、發生嚴重貪汙行為這一事實，注意發現、揭露和懲處，並須當作一場大鬥爭來處理。」[6]

如今，是對黨進行內部整頓的時候了。時任財政部長薄一波奉命主管此事，但整個過程都在毛的掌控之下。他發布了數十道指示給其他高層領導人，卻很少徵詢其他人的意見，所有人都必須直接向他彙報，就連周恩來在他眼裡也似乎只是個可以任意支使的祕書。十二月底，毛要求每個月所有縣以上的報告都必須直接上報北京，以便隨時掌控各地幹部的表現。[7]

毛為一場新的運動定下了基調，並利用其控制的中央機構向下層層施壓。同往常一樣，他的指示很模糊，下面只能揣摩他的真實意圖。從毛的指示來看，似乎從手握大權的部長到地方上的幹部，每個人都可能成為鬥爭的對象。法律並沒有對「腐敗」做出明確的定義，更不要說「浪費」了，這個詞的含義之廣，幾乎包羅了一切行為，既可指故意侵占國家財產的嚴重罪行，也可指瀆職等較輕的錯誤。毛的態度則很堅決：「浪費和貪汙在性質上雖有若干不同，但浪費的損失大於貪汙，其結果與侵吞、盜竊和騙取國家財物或收受他人賄賂的行為相接近，嚴懲浪費必須與嚴懲貪汙同時進行，不能顧此失彼。」毛所給的唯一指導原則是對小案和大案要區別對待，前者被稱為「蒼蠅」，後者被稱為「老虎」。貪汙超過一萬元的被稱為「大老虎」，貪汙一千元以上的被稱為「小老虎」。[8]

很快地，各地都成立了「打虎隊」，毛鼓勵他們互相競賽，多抓一些腐敗分子。於是，各個單位展開了互查，縣與縣、省與省之間也展開了打虎競賽。一九五二年一月九日，毛主席表揚甘肅打虎的態度堅決。他擔心其他省分的腐敗比甘肅更嚴重，但鬥爭目標可能設定得太低。一九五二年二月二日，浙江報告說全省大概有一千隻老虎。毛嘲笑道，像浙江那樣規模的省分，至少應該搞出三千個案子。五天後，浙江宣布發現了三千七百隻老虎。毛轉發了浙江的報告，並督促其他省分也將打虎的目標上調。不久，薄一波熱情高漲地報告說，全華東範圍內已經發現了十萬隻老虎。[9]

在運動過程中，大家都爭相完成分配下來的打虎指標，甚至連放寒假的學生也被拉進了打虎隊。吳介琴當時二十四歲，還是個大學生，他同其他六名同學一起被派往浙江美術學院下轄的美術用品商店。他回憶說：「我在那兒的三反運動辦公室工作。全部職員和工人都被組織起來學習黨關於這次運動的政策。職工們隨後被叫來坦白自己的罪行，並揭發他人。這些罪行包括貪汙、造假、偷竊、受賄和其他各種形式的腐敗。有些嫌疑人被單獨關在辦公室的房間裡。被關起來的大都是各部門的負責人，有些甚至是延安時期入黨的老黨員。對這些『罪犯』，我們從來都不客氣。」美術用品商店的打虎運動持續了三個月，雖然聲勢很大，但最後吳介琴所在的工作隊僅發現了一例占用公家相機和一百多塊錢的案子。[10]

丹棱是北京的一名學生。一九四九年十月，他曾在天安門廣場上站了十個小時觀看遊行，回家後就開始拉肚子。一九五二年他在第一汽車製造廠工作，並加入了共青團，因此也被招進了打虎隊。隊員們很快便鎖定了一名經理，懷疑他偷了一個昂貴的零件。此人以前曾加入過國民黨，但因為具有專業技術，因此被廠裡留用。丹棱奉命召開了一次會議，對這名經理進行質問。開會前，他得到一份文件，上面羅列著這名經理所犯的罪行。會場上，工人們對經理大喊大叫，要他「認罪」，但僅僅認罪還不夠，大家又強迫他交代更多的罪行並檢舉他人。

接下來是召集群眾大會。重工業部在中山公園組織了一場聲勢浩大的遊行，把所有被懷疑的人都拖出來，強迫他們接受群眾聲討，政府還對一些大案進行了廣泛宣傳。例如：北京發現的最大的老虎是一名公安部的官員，名叫宋德貴。他的罪名幾乎涉及所有腐敗行為：貪汙鉅款，同一名前資本家的妻子發生婚外情，甚至跟這個女人的女兒上床，另外還吸毒。對丹棱所在的打虎隊來說，宋德貴是一個再合適不過的鬥爭對象，他們研究了這個案例，將其作為調查工作的範例。[11]

「每個單位都是一個戰場，需要進行無情的鬥爭。」對待像宋德貴這樣的重要案犯，先是要他們承認自己的腐敗行為，此外還得揭發其他人，以減輕自己的罪名。審訊者常讓嫌疑人彼此互相揭發，這種做法叫做「虎咬虎」。情節較輕的會被暫時停職並軟禁起來，好讓他們「反省」。就連那些沒有受到懷疑的人也得寫報告，彙報過去的所作所為，並得冒著被批判的風險做自我批評。[12]

很快地，各個政府部門都收到了大量「檢討書」。腐敗似乎無處不在。除了宋德貴，另有一百三十三名公安部的幹部也被發現有腐敗行為。在財政部，有些官員與私營老闆合謀，貪汙了價值數百萬元的國家財產。據薄一波說，在這些上級權力部門中，總共發現了一萬名腐敗分子，其中包括十八個貪汙超過一萬元的「大老虎」。[13]

基層幹部的情況甚至更糟，主要表現在地方幹部在跟商人和企業主的交往中收受賄賂。整個西北地方發現了三十四萬件貪汙案，但習仲勳認為，真正的數字可能是公開報告的三倍。在甘肅天水，稅務幹部中竟有三分之一中飽私囊。其他地區也好不到哪兒去。在濟南，幾乎每個政府部門的負責人都同私營企業主喝酒吃飯。公安局從局長到普通民警，普遍存在受賄行為。有一名副市長，一年不到就花了三千元招待費——這在當時是一名紗廠工人半年的工資。工業局收受了七萬元的回扣。敵人的糖衣炮彈似乎無處不在，致使腐敗叢生，幹部們墮落得像以前國民黨的官員一樣壞。[14]

這場運動得到不少人的支持，它表明了共產黨剷除腐敗的決心，甚至不惜槍斃自己的幹部。當時在上海一家棉紡廠工作的羅說：「總的來說，大家都相信這個政府是真的想保持廉潔。我也這麼認為，因此對這場運動是贊成的。」其他人——如共產黨控制下的民主聯盟的領導人周鯨文，瞭解一些鋪張浪費和腐敗的內幕，因此也認為這場運動是必要的。但也有人表示懷疑，如李志綏醫生。他對黨的事業一向熱情，當他未能赴朝鮮參戰時，曾感到非常沮喪。三年前，他在親兄弟和表兄弟的介紹下入黨，如今他們兩人卻受到了攻擊。儘管李知道他們是無辜的，但因為害怕，不敢為他們講話，「要是我出面為他們辯護，我自己也會受到攻擊」。[15]

在這場精心策劃的運動中，為了尋找鬥爭目標，各級組織在巨大的壓力下，普遍出現濫用權力的現象。在河北，有些嫌疑人受到辱罵、毆打，並在寒冷的天氣裡被迫光著身子罰站。鬥爭大會通常會持續好幾天，被鬥者要經受「不停的追問，直至說出合乎『要求』的數字（或侵占的資金）」。在武安縣，審訊者拽著嫌疑人的頭髮把他們的頭摁到馬桶裡。透過這種方式，當地發現了一百多隻老虎，但事實上，所有的案子都缺乏確鑿的證據。在石家莊，有些嫌疑人被埋在雪裡，有些被迫跪在燙灰上，有些甚至受到槍斃的威脅，還有人戴著高帽子遊街，逗得圍觀的小孩們很開心。[16]

要是找不出老虎，幹部就會將鬥爭的矛頭轉向工人。在石家莊火車廠，幾百名工人成了鬥爭大會的目標，結果有一人因為無法忍受殘酷的鬥爭，喝下石油自盡身亡。在甘肅蘭州的西北師範學院，官方是這樣支持暴力鬥爭的：

> 不管有沒有腐敗的證據，每個被鬥的人在批判大會上都要挨打，甚至連他們的妻子也受到毆打和批判。有些學校外面的商人也被拉進學校裡遭到毆打。嫌疑人在被毆打後，還得經受各種折磨。例如：他們被迫蹲在那裡，頭上頂著一只盛有開水的水壺，還有人被剝光衣服用繩子抽打，一直抽到他們暈過去，有幾個人幾乎被打死。[17]

然而，由於運動得到不少群眾的支持，再加上當局對幾件大案進行了廣泛宣傳，因此運動中出現的許多極端現象都被掩蓋了。很多政府官員未經審判便遭到清算，而且相關消息從未予以公開，以致「消失」變成了常態。這一點恰恰揭示了這場運動的另一個目的：對一大批特定人群進行清算。當共產黨於一九四九年初掌政權時，他們曾鼓勵之前的政府工作人員留下來，並反覆強調新政府會保護他們、感謝他們。結果這些人留了下來，使各級政府機關得以繼續履行各項重要職能。正是因為有了這些人，政權才實現了平穩過渡。可是，到了一九五一年下半年，共產黨已經訓練了足夠的幹部來接管行政管理工作，之前的雇員再也沒有用了，許多人因此遭到整肅。[18]

在這場運動中，有近四百萬政府職員受到處罰，有些人慘遭刑訊，最終選擇了自殺。一九五二年，在運動結束時的一份總結報告中，安子文曾祕密彙報說，發現了一百二十萬腐敗分子，貪汙總額達到六萬億元（舊人民幣，等於新幣制的六億元）。這些人當中，只有不到二十萬是共產黨員，因此大多數被整肅的是前國民黨政府的留用人員。這份報告同時也承認，至少有百分之十的案件屬於錯案，或者是被逼供的。但作者認為，只要能清除掉政府內部的不可靠分子，即使冤枉了這麼多人也無關緊要。結果，數萬人因此被送往勞改營。[19]

雖然也有個別高級領導被公開處決，但黨內高層的腐敗並未因此得到遏止。周鯨文一開始對運動表示歡迎，但很快就改變了態度。他注意到：「有些人雖然腐敗但忠於毛，因此得以逃脫懲罰，只是錢財被沒收，或受到輕微的處罰，而那些被殺掉的都對毛不那麼支持。」就在張子善和劉青山被捕後，辦案人員對天津市的高層領導展開了廣泛調查，結果發現許多黨的高級幹部都捲入了腐敗網路中，但這些人大都只受到溫和的申斥。正如周鯨文所說：「要是懲罰所有人，就會敗壞政府的聲譽，甚至會威脅到它的穩定。」[20]

* * *

很快地，這場運動超越了政府官員的界限，因為在黨的領袖看來，越來越多的證據表明，邪惡的外部勢力正在腐蝕公眾的道德品質。一九五一年十一月三十日，就在毛準備發動反腐運動之際，他告訴黨內領導層：「我們的幹部已經被資產階級腐化了。」接下來的幾週，全國各地紛紛向中央報告，都說發現了有政府官員與犯有行賄、偷竊和逃稅罪行的商人及企業主有連繫。一九五二年一月五日，毛宣布資產階級正對黨發動一場「猖狂進攻」，「這種進攻比戰爭還要危險和嚴重」。因此，中央需要立即做出決定，在幾個月內予以堅決反擊。用歷史學家盛慕真的話說：「毛現在對資產階級宣戰了。」[21]

表面看來，這場戰爭是為了打擊資產階級的五種罪行：行賄、偷稅漏稅、盜騙國家財產、偷工減料和盜竊經濟情報。但這些詞語的含義之廣，幾乎可以囊括各種行為。幹部們正好利用這個機會，將本來對準他們的矛頭引向私營經濟，以此作為報復。

建國三年來，私營經濟在共產主義風潮中已經舉步為艱。一九四九年後，並非所有商人都選擇留下來與新政權共命運。在共產黨占領滿洲之前，就有許多企業家和工商業主逃到了國外。二戰後，中國的貿易和經濟曾一度出現過短暫的繁榮，遭受戰爭重創的工廠恢復了生產，有些商人甚至打算擴大經營規模。但是，國民黨很快便開始干涉市場，以國家權力對私營企業橫加干預，似乎是一九四九年後種種情形的預演。結果，一九四五年全國尚有兩百多家銀行，但到了一九四八年，中國銀行已經形成事實上的行業壟斷，其他競爭對手要麼被迫歇業，要麼被政府接管。而中央銀行則開始控制外匯的進出口，並規定個人出國旅行，最多只能隨身攜帶兩百美元。蔣介石任命自己的兒子蔣經國對付通貨膨脹，他以反腐敗為名在上海抓了數千名企業主，但國民黨試圖以國家權力統管經濟的計畫還是在一九四八年十月以失敗告終。[22]

在二戰結束後的幾年裡，因為受到國民黨的壓榨，許多企業被迫關閉，企業主和他們的家人開始成群地離開中國，其中不少人去了南美洲。巴拉圭因為可以落地簽證，成為許多人的目的地。一九四四年六月宋美齡訪問巴西後，巴西也成了一個熱門的選擇，有些企業主將整個工廠都用船運到了南美洲。其他人則分布在南美各地，從巴西的聖保羅，到委內瑞拉的卡拉卡斯以及阿根廷的布宜諾斯艾利斯，他們在那裡購置房產，投資銀行、石油和貨運，或者種植咖啡和可可。

這些人之所以早在一九四九年前就移民海外，除了極少數富有遠見者外，大多數純屬偶然。除了南美洲，另一個受到眾多移民喜歡的地方是香港。從一九三七年日本人占領中國開始，就有許多企業家準備移民到香港，因為這個地方遠離大陸，可以作為避風港。不過，當時大家都以為到香港只是暫時性的，因此只隨身帶了些細軟，還有人在香港和內地之間兩頭跑，希望戰爭結束後能重新找個地方定居。吳中豪全家於一九四八年來到香港，待了一陣子後又決定回去。他回憶說：「我們第一次來香港是坐船，過了三個月，我們又返回上海。但當時上海的情況非常糟糕，於是父親又帶我和弟弟出來。那一年我才八歲。當時已經沒有民航客機了，所以我們坐的是軍機。我們剛出來，共產黨就開進上海了。」還有不少大戶人家試圖多方下注以免全軍覆沒，因此讓部分家庭成員移民到南美，部分移民到香港，而將年紀較輕的孩子送往美國留學。[23]

有些家族留下一個或幾個成員待在國內，以保護家族的產業。例如：當時中國最富有家族之一的榮氏家族，早在一九四九年前就將大部分財產予以清理或抵押，一九四九年後，他們只留下七個兒子當中的一個，作為向銀行出具的非正式擔保。留下來的榮毅仁當時三十三歲，他畢業於上海的聖約翰大學，負責照看大約二十家紡織廠和麵粉廠以及八萬名雇員。

建國初，共產黨對榮毅仁表示歡迎，其他還有許多別無選擇的店主、銀行家、商人和企業家也留了下來，他們同樣也受到共產黨的歡迎。當時官方的口號叫「新民主主義」，黨保證說「民族資產階級」可以繼續從事自己的生意。但事實上，就像東歐國家的情況一樣，新民主主義不過是建國初期黨還不能完全控制局面時採取的權宜之計。當共產黨於一九四九年奪取政權時，苦於人手不足，只好在商業和工業上倚重私營經濟。他們需要這些商人和企業主繼續從事各自的工作，就像那些留用的前國民黨政府職員一樣，為新政權提供服務。[24]

但毛的真實想法卻是必須消滅資本主義。一九四九年五月，當黨的領袖們來到北京城外準備接管全國時，毛與黃克誠一起吃了頓飯。毛主席問他，勝利在望，現在黨的第一要務是什麼？鑑於長年戰爭造成的破壞，黃認為首要任務是發展生產。毛嚴肅地搖了搖頭說：「不對！主要任務還是階級鬥爭，要解決資產階級的問題。」幾個月前，他就曾罵那些認為黨應該倚靠資產階級的人是糊塗蟲。[25]

不管黨的長期戰略是什麼，總之私營經濟很快就陷入了困境。解放後的頭一年裡，許多企業不得不按要求漲工資，結果極大地提高了生產成本。此外，它們還得繳納懲罰性的賦稅——有些稅種甚至具有追溯力，因此與企業當前的實際利潤並無關係。與此同時，企業還被迫購買「人民勝利折實公債券」，從而進一步消耗了僅剩的資產。讓問題變得更為嚴重的是，許多負責管理工商業的共產黨幹部對商業和貿易一竅不通，而且這些人過分謹慎、疑心很重，對每一筆交易都要反覆檢查。這一時期，國民黨對中國大陸實施貿易封鎖，極大地打擊了中國的對外貿易。一九五〇年初毛從莫斯科回國後，蘇聯開始成為中國外貿的主要對象。然而，就像第三章所描述的那樣，許多曾經繁華一時的商業城市到了一九五〇年夏已經迅速衰敗了。

現實讓財政部長薄一波意識到，繁重的賦稅只會造成殺雞取卵的後果。於是，一九五〇年六月他提出進行稅制改革。各種激進的做法被叫停，政府開始向規模較大的企業大量訂貨，以避免其倒閉。中國人民銀行也開始選擇性地發放「緊急貸款」，以拯救私營企業，同時使它們更依賴於政府的資助。與此同時，透過控制關稅和匯率，政府掌握了私營經濟的命脈。慢慢地，企業與政府之間的緩衝地帶也一個個消失了。首先是法治的中止，獨立的法院被人民法庭所取代。此外，一九五〇年六月，由共產黨控制的全國總工會及其各地分會取代了獨立的工會。從一九五一年開始，各地的商會也被黨控制下的中華全國工商業聯合會及其分會取代。為了維持表面上的新民主，個別工商界領袖如榮毅仁應邀成為工商業聯合會的董事。另外，黨還成立了一個強制性的管理委員會，表面說是協調工人與老闆的關係，實際上則控制了勞動力資本。[26]

韓戰對私營企業造成了進一步打擊。認購愛國債券結束後，政府又發起認捐運動，從製造商、企業主和商人那裡攫取了大量黃金、珠寶、美元和其他外匯，用來資助戰爭。不過，最嚴厲的打擊還是一九五〇年十月開始的鎮反運動，它讓所有反對新政權的人全都閉上了嘴。眼看數十萬「敵人」——不管是真的還是假想出來的——被當眾處死，企業家們感到無比恐懼，深怕哪天自己也被抓去當作「透過剝奪工人階級的合法利益而致富的買辦階級」或「為國民黨政府工作的特務」而受到懲罰。當外國人大都被趕走後，資產階級陷入孤立無援的境地，他們內心充滿恐懼，面對強大的政府，毫無還手之力。

在一九五二年一月毛發起的反資產階級運動中，幹部們運用了各種鬥爭技巧——他們早已在土改運動中熟練掌握了這些技巧。例如：他們經常召開批鬥大會，發動工人反對工廠的管理者。工會則成立了工人大隊，每個隊員都發誓對黨效忠，一定要「立場堅定」地把運動進行到底。在幹部的鼓動下，工人們開始「訴苦」，把過去對工廠的所有不滿，事無鉅細全都翻了出來。工人與企業主長期形成的關係開始逐漸惡化，工人如今成了工廠的主人。在黨的積極分子領導下，工人們開始四處蒐集企業主的罪證。「在工會的指揮下，職員和工人們打開保險櫃，對所有帳目進行審計，還監聽工廠的電話，瘋狂地蒐集控訴的證據。」許多城市都出現了一幅戰時景象：只見一輛輛卡車從商業區駛過，在各家商店門口停下，然後用大喇叭高喊：「喂，老闆！你的所有罪證我們都已經掌握了。認罪吧！」成群的示威者堵住商店的大門，並將窗戶糊上各種海報和標語。當局還設置了紅色的檢舉箱供大家揭發別人的罪狀。鬧市區到處可見「嚴懲腐敗分子」之類的標語。[27]

受到驚嚇的商人和銀行家們，被紛紛拉到群眾大會上接受控訴者的當面斥責。羅當時在榮毅仁開的一家紡織廠裡擔任管理工作。在他辦公桌前的牆上被貼上了大字報，上面寫著「粉碎資產階級的惡毒進攻」、「醜惡的資本家，投降吧」、「只有完全認罪才有出路，否則只有滅亡」之類的口號，他本人則被關在辦公室裡寫認罪書。辦公室的窗戶上裝了一只高音喇叭，它通常會先發出一陣雜音，然後突然迸發出一聲尖銳的巨響，隨後便開始直播正在食堂裡舉行的群眾大會。在黨的積極分子鼓動下，參加大會的工人們群情激憤，對資本主義大肆批判。最後，主持大會的幹部拿起麥克風，直接向羅喊話，用各種帶有攻擊性、侮辱性和威脅性的語言，逼迫他低頭認罪。這樣的大會一開就是一下午。到了晚上，廚師會在地上扔一條毯子給他睡覺用，然後不情願地把一碗麵條擱在他的辦公桌上。衛兵時時刻刻看著他，甚至陪他上廁所。當他睡覺時，他們仍神情嚴肅地坐在他面前，不肯把燈關上。

這種狀況持續了兩天。第三天早上，羅被押到黨委書記的辦公室。工人們嘲笑他，罵他是「資產階級的豬」和「瘋狗」，有人朝他吐唾沫，有幾個人還想打他。以前跟他關係最好的，現在卻對他態度最惡劣。「一開始，我感覺很難過，但後來我想明白了，正因為他們以前跟我關係好，所以現在承受的壓力就更大。為了自保，他們不得不表明對我這樣的資產階級罪犯充滿仇恨和鄙視。奇怪的是，這樣一想，我反而感覺好些了。」

領導幹部又對他提出幾次警告，隨後羅在看守的嚴密監視下又經受了兩天的折磨。他一邊聽著高音喇叭裡對他的控訴，一邊分析哪些罪名聽上去比較可以令人接受，並試圖找出補救的辦法。就這樣，他承認了一個又一個罪名。當他第七次表示認罪時，終於被接受了。最後一關便是在大會上「面對群眾」：

> 我的入場引起一陣騷動。憤怒的叫喊聲、刺耳的口號和辱罵聲，令人震耳欲聾。他們讓我站在臺上，謙卑地低著頭，共產黨幹部則站在桌子上。我瘦了十三磅，渾身髒兮兮的，滿臉鬍鬚，筋疲力盡。因為虛弱和害怕，我的膝蓋不停地顫抖。突然，我身後的叫喊聲停止了。黨委書記站起來，宣讀群眾對我的控訴。

當黨委書記讀完後，羅被迫向群眾鞠躬。隨後，工人團體的代表逐一上臺來批判他。[28]

最終，羅總算相對輕鬆地過了關，但其他人就沒有這麼幸運了。有些人受到死刑的威脅，然後被告知，他們的命運取決於各自的表現。為了自救，這些人只好揭發他人。在恐懼的驅使下，有時候受害者反而比幹部還要殘忍，因為他們對本行業的情況比外人更熟悉，所以他們可以提供更多的資訊逼迫他人認罪。有時候，甚至連妻子和子女也成了用來批判的工具。長沙有一個名叫李聲震的會計，就為十幾宗案件提供了相關情報，而這些案件的主犯正是他的父親和伯叔。他宣稱：「叔親不如國家親、階級親。」公安部長羅瑞卿得意地向毛主席彙報了這個人的情況。根據共產黨報紙的報導，當時小孩子們都被教育要揭發父母的罪行。有個小孩對他父親說：「就算你不坦白自己的腐敗行為，其他人也會揭發你的。你要是繼續這麼頑固下去，我就不認你這個爸爸了。」[29]

批鬥大會通常在單位內部舉行，但有時也會向群眾公開，批鬥的過程一般都很激烈。出席這些大會的時候，被批鬥者都會穿上最保暖的衣服，因為他們得時時刻刻準備著被送往東北的勞改營。有些大實業家如榮毅仁、劉鴻生、胡厥文等，被批鬥時站在臺上害怕地直抖，絕望之中忍不住互相指責。薄一波得意地向毛報告說，榮毅仁流著淚，公開宣稱對自己家族的剝削史感到羞愧，並坦白剝削所得兩千萬元——這個數字是他花了好幾個星期核對了堆積如山的帳目後得出的。[30]

土改中出現的各種折磨人和侮辱人的方法，現在得到了廣泛使用。在城市裡，有些受害者被綁起來，被迫跪在小凳子上，或者彎著腰好幾個小時，而且普遍不准睡覺。農村裡的鬥爭就更殘酷了。在四川各地，被斥為「資本家」的人受盡辱罵和毆打，有人衣服被剝掉，有人則被吊起來鞭撻。工作隊經常同時扮演法官、陪審員和行刑者的角色。他們可以任意做出加倍罰款的決定，要是被罰的人未能即時付錢或者四次沒有付清罰款，他們就會將其槍斃。

在廣東的一些城市裡，稽稅員把工廠主拉去觀看公開處決犯人，警告他們要是不聽話，就是同樣的下場。在江門，有些工人向工廠主出示「剝削帳」，並對其毆打，在批鬥大會上逼他們跪在地上，將他們關在廁所裡。其他各種形式的肉刑也「非常普遍」。在瀋陽，工人們不顧嚴寒，將商人的衣服剝光，強迫其一站就是幾個小時。[31]

雖然打死人的情況並不多，但許多人最終選擇了自殺。羅回憶說：「經常可以看到有人從窗戶跳下去。」他平時很少出門，但仍親眼目睹過兩回。「棺材變得供不應求。殯儀館也忙起來，一間屋子要同時舉行幾個葬禮。警察在公園裡巡邏，以防止有人在樹上上吊。」在北京，當春天來臨，昆明湖的水開始解凍時，在湖面的一個角落裡就發現了十多具屍體。[32]

其實，自殺也並非易事，因為被批鬥者始終處於監視之下。然而，因絕望而產生的創造力卻是任何力量都阻擋不住的。那些與醫藥行業有關的企業家，會設法弄到含有氰化物的藥片，然後在被拉去參加批鬥大會時吞下。有人在衣櫃裡用藏起來的繩子自縊，還有人假裝睡在辦公室的地上，其實用裹在毯子裡的手錶玻璃割腕自盡，但大多數都是從窗戶跳下去的。這方面並沒有完整的統計數字，但僅在上海這個鬥爭激烈的地方，根據共產黨自己的統計，兩個月內即有六百四十四人自殺，平均每天超過十人。[33]

在這場大肆構陷、任意批判的運動中，很少有人能置身事外。到了二月分，北京的五萬名「資本家」中，只有不到一萬人被認為是誠實的。其他地方的數字也差不多。可是，要懲罰這麼多「資本家」，必然會有損於經濟。毛為此想出了一個辦法，他定下一個比例，下令只槍斃少數人，並劃出百分之五最為「反動」者，對其施以嚴懲，以儆效尤。結果，在大多數城市裡，據推測大約有百分之一的被鬥者最終遭到處決，另有百分之一被送往勞改營接受終身改造，還有百分之二至三的人獲刑十年或十年以上。[34]

絕大多數人被歸入「基本守法」和「半守法」的類型，對他們的處罰是罰款，罰金則用來資助韓戰。在上海的人民銀行外面，排隊交罰款的隊伍長達一點五公里，小店主們都焦急地想賣掉手頭僅有的金子，以支付巨額的罰款。長長的隊伍裡，人群十分焦躁，有些人得等上好幾天。最終，政府同意收下他們的金子，作為支付罰款的定金，並從接受定金的當天開始計算還款日期，但條件是不許反悔。過了不久，這些商人便花光了所有積蓄，許多人變成了窮人，而整個國家的經濟結構也遭到進一步的破壞。[35]

一九五二年春，反資產階級的運動不聲不響地結束了。五一勞動節後，賦稅的負擔逐漸減輕了，政府還對個人的房產予以重新估價，運動期間開出的罰款也降低了，遭受損失的私營公司也得到了銀行的低息貸款。但這樣的幫助並非無條件的，也不是普遍的。哪些公司可以得到幫助，決定權完全在政府手裡，由此國家對私營經濟的控制得到了進一步強化。即使是有幸獲得貸款的公司和企業，還得遵守附加的條件，即必須向政府上繳百分之七十五的利潤，其他股息、獎金和管理人員的工資都只能從剩下的百分之二十五支出。[36]

然而，政府的救助來得太少、也太遲了。至一九五二年三月，因為忙於自我純化式的反腐敗運動，整個國家都陷入了停頓狀態。幹部們只忙著查找思想墮落的腐敗分子，其他事情則能推就推，沒人願意承擔責任。大家對工作普遍抱著冷漠的態度，拖延成了常態，每件事都推給上級領導。

與此同時，對資產階級的進攻導致了商業和工業的癱瘓。從管理者到工人，大家都被批判大會占用了大量的時間和精力。工業產量急劇下滑，貿易額停止不前。在上海，商品堆在戶外臨時搭起來的棚子裡無人過問，紡織廠的工人們都忙著參加批鬥廠長的大會，因此進口的棉花只好繼續放在船上。在天津，第一棉紡廠的工作量只有以前的三分之一，停工的現象隨處可見。與運動前相比，針織品的產量下降了一半，貨運下跌了百分之四十，在某些行業，工人的工資下降了三分之二。銀行的貸款業務被迫暫停，稅收也隨之面臨崩潰。[37]

全國各地的情形差不多都是如此。在貿易大省浙江，商人們損失了三分之一的資本，這對當地的經濟造成了致命打擊。在省會杭州，商人們不得不將上一年的利潤從銀行裡提出一半，用來補繳以反腐敗的名義加在他們身上的賦稅、欠款和罰款，這還不包括占營業額百分之二十三的營業稅，以及其他各種名義的捐助。在廣東，一九五二年的貿易總額比上一年下降了百分之七，其中僅佛山一市就暴跌了百分之二十八。造成此一現象的主要原因，正是因為國家對私營經濟施加了過多懲罰性的措施。[38]

小型企業再也無力僱傭員工了，失業率開始飆升。因反資產階級運動而直接造成失業的工人，在上海達到了八萬人，濟南一萬人，蘇州及周邊地區也達到了一萬人。大運河邊的揚州，歷史上曾因鹽業、大米和絲綢貿易而繁華了幾個世紀，如今卻被這場運動搞得一派亂象，工人們甚至開始彼此互相攻擊。武漢曾號稱「東方芝加哥」，如今卻有兩萬四千名工人失業，一九五二年的貿易額只達到上年一個季度的百分之三十，鐵路運輸和稅收也陷入了停頓，整個城市呈現出一副衰敗的景象。在四川重慶，有兩萬人因運動而失業，許多家庭的口糧每天不足半公斤，有些人餓得只好吃包穀皮，或者抓野狗殺了吃。許多工人因此心生不滿，甚至開始流傳要大家起來反抗的口號。[39]

農村同樣受到影響。當時的農產品仍可透過商人、小販和供應商輸往城市。但在南方，因為這場運動，如今再也無人收購油、茶和菸葉等生活必需品了，靠種植這些農產品為生的農民因此蒙受了巨大損失。在上海附近，農產品的價格驟降，農民再也無力從事春耕。就算他們有足夠的種子，但全國各地的幹部都不願領導生產，大家都在等黨內的整肅運動正式結束。東北的吉林也是如此。在高崗的領導下，運動展開得非常嚴厲，村幹部們害怕被批成「右派」，因此將所有時間都花在了開會上，致使田地荒蕪，無人耕種。在南方，許多地方的農業生產陷入了停頓。例如：在浙江江山縣，只有四分之一的村民仍在勞作，大多數人則什麼都不做，只知道等待上面的命令。而此時，韓戰正在如火如荼地進行。為了幫前線的士兵補充給養，國家對農民開徵巨額的賦稅，已經在東北和四川的大部分地區造成了人為的饑荒。[40]

第九章　思想改造

延安曾是中國共產革命的中心，如今經常可以見到一車車的遊客，像朝聖者一樣在黃土丘前徘徊。旅遊團的遊客們戴著同樣的帽子，身穿同樣顏色的襯衫，湧入毛澤東當年工作和住過的窯洞。大家懷著崇敬的心情，瞻仰著那間簡陋的臥室：牆上刷著白粉，房間裡只有一張床、一把椅子和一只臉盆，牆上掛著一幅毛的全家福，照片裡是毛和他的第四任妻子，以及他的一個孩子。窯洞開鑿在土質鬆軟的山坡上，遊客們紛紛在洞外擺出各種姿勢照相。[1]

七十多年前的延安，數萬年輕人來到這裡投奔共產黨，其中有學生、教師、藝術家、作家和記者，他們都對國民黨感到失望，並渴望將自己的生命奉獻給革命事業。經過長途跋涉後，許多人到達延安時倍感興奮，遠遠地看到延安的標誌性建築，禁不住會熱淚盈眶，還有人站在卡車的車斗裡歡呼，放聲高唱〈國際歌〉和蘇聯的〈祖國進行曲〉。這些充滿理想主義的年輕人，主張自由、平等、民主和其他自由主義的價值觀——這些觀念在辛亥革命後的中國得到了廣泛傳播。

然而，他們很快就感到失望了。他們發現延安並非一個平等的社會，而是存在著嚴格的等級制度。每個單位都有三個不同的食堂，只有高級幹部才能享用最好的食物。日常生活的各個方面，從糧食、糖、食用油、肉和水果的供應到醫療保健，乃至獲取資訊的管道等，全都取決於一個人在黨的等級系統中的地位高低，甚至不同等級的人使用的菸葉和信紙的品質也不相同。處於較低等級者很少得到醫療服務，而高級領導們則配有私人醫生，並可把子女送去莫斯科。全黨的最高領袖就是毛澤東，他坐著延安唯一一輛汽車到處跑，住所寬敞，而且為了提高舒適度，還特地裝上了暖氣。[2]

一九四二年二月，毛號召延安的年輕人批判「教條主義」及其奉行者——也就是他的對手王明和其他從蘇聯回國的領導人。很快地，這場批判運動就失去了控制。有些批評者脫離了毛的本意，轉而對延安的現狀表示不滿。例如：有一位名叫王實味的作家，當時在《解放日報》工作。他寫了一篇散文，指責「大人物」們高高在上，「作非常不必要不合理的『享受』」，而生病的人卻「喝不到一口麵湯」。[3]

兩個月後，毛改變了策略，憤怒地指責王實味是「托派分子」——王曾翻譯過恩格斯和托洛斯基的文章。支持王實味的人也遭到了批判，因為毛決心藉此機會徹底剷除年青人中的自由主義思想。很快地，延安展開了一場抓間諜和挖特務的運動，許多人受到調查，不得不在口號震天的群眾大會上接受質問，在沒完沒了的會議上認罪，並互相揭發以求自保。有些人被關在窯洞裡，有些人則被拉到刑場受到死刑的恫嚇。這樣的運動日復一日，延安的日常生活只剩下不斷的審問和集會，結果造成無盡的恐懼、懷疑和背叛。延安與國統區的所有連繫全部中斷，一切試圖與外界連繫的行為都會被當作從事間諜活動的罪證。有些人實在無法承受如此巨大的壓力，最終精神崩潰，發瘋或者自殺。在這場運動中，毛要求知識分子對他個人必須完全忠誠，必須透過不斷學習和討論他的文章來改造自己的思想。一九四五年，整風運動終於臨近尾聲，毛這才為大家所受的虐待道歉，並讓他的手下承擔過錯。受害者們因此將他視為大救星，認為自己在運動中經歷的種種磨難，是為了進入黨的核心層而必經的「純化」過程。經過這場運動，這些人終於認清了自己的使命：為了拯救中國，就必須效忠於黨。而王實味則於一九四七年遭到殺害，據說是用大刀砍死後扔到了井裡。[4]

＊＊＊

一九四九年八月，就在中華人民共和國成立兩個月前，毛澤東發表了一篇社論，題目是〈丟掉幻想，準備鬥爭〉。他譴責隨國民黨逃往南方的胡適、錢穆和傅斯年這三位著名的大學教授，稱他們是「帝國主義的走狗」。他對知識精英們說，「有些知識分子還在持觀望態度」，他們是「中間道路者」，仍抱有「民主個人主義」的幻想。毛主席敦促這些人與進步的革命者站在一起。[5]

解放後，數百萬被共產黨稱作「知識分子」的學生、老師、教授、科學家、作家，以及響應黨的號召從海外歸來的專家學者，都必須證明自己對新政權的忠心。每個人都得參加沒完沒了的學習班，透過閱讀各種小冊子、報紙和教科書，瞭解官方的最新意識型態。接下來就是寫自傳，坦白自己的歷史，向黨「交心」。新政權要求他們重新接受教育，變成為「新中國」服務的「新人」。

對於這些做法，許多人其實並不排斥。早在解放前的數年裡，他們對國民黨政府的墮落和腐敗已經習以為常，對現實也失去了信心和希望，而地下黨的宣傳則將共產黨塑造成唯一能改變中國的力量。「你知道，中共所宣言的理想，對於純潔的年輕人，是一個很大的誘惑。比如民主、平等，每個人都享有最充分的自由。對一個年輕人來說，還有比讓這個世界變得更好、更有意義的嗎？」程遠如此回憶說。他當時還是個學生，性格沉靜，但意志堅定。他來自重慶一個受人尊敬的知識分子家庭，兩個哥哥都是國民黨的高官，但他自己早已被中學裡的共產黨地下小組爭取了過去。解放時他是北京大學物理系的一名學生。他認為學習新知識很有必要，因此花了大量精力閱讀馬克思的經典著作，以積極爭取進步。[6]

還有人幾乎把黨當成了自己的家。劉小雨出生於一個貧窮而破裂的家庭，從小受到養父母的虐待和毆打。她曾就讀於南京的一所基督教大學——金陵女子文理學院，並在學校裡參加了共產黨的地下活動。解放後的頭一年，她參加了軍校，感覺從來沒有這麼開心過：「很多大學生都參加了，一起上課，學習歷史唯物主義、社會發展史。生活非常艱苦，但是心裡很高興，這是新的生活。」[7]

與劉小雨感受相同的還有許多人。例如：新政權建立幾個月後，即開始要求各層各級都必須學習馬列主義和毛澤東思想，但在政府提出號召之前，不少老教授便已自行組織起來開始學習。出生於一八九五年的哲學家及邏輯學家金岳霖，率先在清華大學開授了關於馬克思主義哲學的課程，並開始學習俄語。他發表文章，聲稱自己過去的著作都是資產階級的東西。畢業於哥倫比亞大學的著名哲學家馮友蘭，於一九四八年滿懷期待地回到祖國。他對新政權的成功充滿了信心，因此在離開美國前，毅然放棄了美國的終身簽證。他出身於地主家庭，回到北京後卻信仰了馬克思主義，並以極大的熱情投入到學習當中。一九四九年七月，他在北京特地召集了一次會議來「宣傳馬列主義和毛澤東思想」。他在與毛的通信中，宣布從此要進行自我改造，無私地為新社會服務。毛回信說：「像你這樣的人，過去犯過錯誤，現在準備改正錯誤，如果能實踐，那是好的。」一個月後，馮公開否定了自己過去幾十年來信奉的哲學思想。在以後的三十年裡，他不斷修改自己的著作，始終努力與官方保持一致。[8]

但是，毛對受過教育的人疑心很重，因此要他們證明自己接受改造的決心。這種證明不是紙上的，而必須是行動上的。毛主席曾說：「實踐出真知。」早在一九二七年，他就曾暗示，每個人都將在農民運動的風暴中經受考驗，而且只有三個選擇：「站在他們的前頭領導他們呢？還是站在他們的後頭指手畫腳地批評他們呢？還是站在他們的對面反對他們呢？」[9]

為了證明對新政權的支持，數十萬知識分子被送往農村參加土改工作隊。他們必須弄髒雙手，與窮苦的農民同吃同住同勞動長達數月，並幫助幹部對農村人口劃定階級成分。不僅如此，他們的雙手還得沾上血，也就是參加批鬥大會，把村裡原來有權有勢的人當作地主、叛徒和惡霸進行鬥爭。

對許多人來說，這就是一場火的洗禮。在此之前，他們對農村的情況一無所知，更不要說從事如此繁重的體力勞動了——在傳統觀念中，讀書人是不應當從事體力勞動的。劉玉芬當時剛滿二十歲，剛從黨校畢業。她回憶道：「那時候我走訪了村子裡最窮的一家，家裡沒有床，沒有被褥，只有一個老頭，一個人住在一個搖穀子的筐籮裡，蓋著破舊的棉花套子，破舊的棉花用線網住，都變成一條一條的。我被這種情形徹底地震動了。」這些農民的生活中找不到任何現代化的影子，他們住在狹小簡陋的屋子裡，人和牲畜擠在一起，天剛亮就得起床去拉糞或者下地幹活，這種生活的確讓許多知識分子深感震撼。但是他們很快就克服了困難，投入學習當中，每天還要評比各自的表現。對於這種改造，大家的心態頗為複雜，既感到無奈，也覺得害怕，甚至還有些臣服。[10]

然而，更大的挑戰是要用行動表現革命精神。例如：在分配土地時，要對受害者施以毆打、折磨、捆吊的刑罰，甚至將其槍斃，對這種赤裸裸的暴力，大多數人一時還不能接受。面對宣傳與現實的巨大反差，大家不得不變得堅強起來，即使看到肉體的折磨，也得保持沉默，不能質疑。他們只能反覆背誦階級鬥爭的說教來為暴力正名，並且相信這種邪惡的批鬥會和有組織的掠奪是為了創造一個人人富足的共產主義社會——他們必須對這個「新世界」抱有堅定的信念。有些人甚至被迫向受害者開槍。為了扣動扳機，他們不得不努力讓雙手不要顫抖。劉玉芬的一個朋友就曾被要求槍斃一名「反革命分子」，但因為手抖得太厲害，每一槍都打偏了，最後還是由行刑的士兵開槍，才算替他完成了任務。[11]

並不是所有人都能通過新政權的考驗，有些人就勇敢地站出來，批評土改中的暴力行徑。例如：

有幾個民盟成員譴責農村中濫用暴力和亂殺人的現象，提出應由法庭來審判犯有罪行的地主，還有人強調要用人道的方式對待包括土改的受害者在內的每個人，少數人對所有地主都罪大惡極的說法提出質疑，認為「農民中也有壞人，有些貧雇農好吃懶做，而有些地主終身勤儉，省吃省穿。」但能堅持這種「資產階級」和「人道主義」觀點的人並不多。樂黛雲早在解放前就在北京參加了地下黨，在土改中，她因為反對槍斃一個貧窮的老裁縫，被領導批評為階級立場不堅定、具有資產階級的溫情主義思想。與其他人不同，她並沒有透過自我欺騙來求得自保：「我試著以『階級』之名，企圖說服自己去原諒種種非人的暴行。但我所親眼見到的所謂階級劃分完全是人為的，既非道德標準，又不是價值標準。」裁縫被槍殺後，她感到非常痛苦，就像「把自己的一半從另一半撕裂的苦楚」。[12]

然而，大多數人還是選擇「站在（農民的）前頭領導他們」。不管是出於投機還是理想主義，或者僅僅是實用主義的目的，為了在新政權統治下謀得一份工作，他們別無選擇，只好順從。不過，也有些人卻樂在其中。例如：馮友蘭為了證明自己的革命性，正好利用這個機會與地主家庭的背景劃清了界限。他積極地幫助北京郊區的農民沒收地主的財產，並歡呼革命帶來的翻天覆地的變化。清華大學的社會學教授吳景超則在農村目睹了畢生難忘的情景：在一次群眾大會上，有一名貧農突然從人群中跳出來，扯掉衣服，拍著胸脯，然後抓住一名地主的衣領，用手指戳他的臉。吳之後在《光明日報》上發表文章，熱情洋溢地說：「解放後，我們也學習了階級觀點和群眾觀點，但我們學到的根本沒有一個月的實踐來得深刻。」毛對此表示贊同，並寫信給宣傳部長胡喬木：「寫得很好，請令《人民日報》予以轉載，並令新華社廣播各地。」吳景超的前途似乎一下子變得不可限量。[13]

許多人對舊秩序是真心地充滿仇恨。中國美學的創始人朱光潛當時已經有五十多歲了，他回憶說：「我曾聽到一個農民淚流滿面地控訴地主，當時感覺自己也變成了那個憤怒的農民。我很後悔，當時沒有上去把那個地主痛打一頓。」[14]

有些人的表現更為激烈。例如林昭，當時還是一個性格倔強、充滿理想主義的女青年。她在一九四八年參加共產黨的地下活動前，就寫過言辭激烈的文章，抨擊政府的腐敗。她曾告訴同學：「我對地主的恨就像我對國家的愛一樣強烈。」正如其所言，她曾下令把一個地主浸在冷水缸裡凍了一夜。聽到地主痛苦的哀號，她卻感到「無比開心」，因為她覺得從此村民們再也不用怕他了。林昭還協助召集過一次群眾大會，處決了十幾個人。面對一具具屍體，她的感受是：「看到他們這樣死掉，我感到很自豪，很高興，就像我自己也被他們欺壓過一樣。」說這話時，她還不滿二十歲。[15]

＊＊＊

一九四九年十月，馮友蘭宣布決定自我改造後，毛要他「不必急於求效，可以慢慢地改」。但僅僅過了兩年，留給馮改造的時間就不多了。正如上一章提到的，一九五一年秋，毛對機關工作人員發動了一場整肅運動，同時也開始打擊商人。他計畫將延安思想改造的模式推廣到全國。從此，不論是否自願，知識精英們都被政府收編，成為國家官僚體系的一部分，失去了自由創作和獨立生存的空間。

一九五一年十月，毛宣稱：「各種知識分子的思想改造，是我國在各方面徹底實現民主改革和逐步實現工業化的重要條件之一。」不久，身穿灰色毛料中山裝的周恩來，便召集了三千位知名的學者和教師，來到中南海懷仁堂聽他講話。總理對這些人提出警告，說他們深受「資產階級和小資產階級錯誤思想」的影響，必須努力「樹立工人階級的正確立場、觀點和方法」。這場報告講了足足七個小時。巫寧坤當時也在現場。他不顧在臺灣的哥哥和在香港的姊姊的反對，剛剛從美國回來不久。一開始，他還邊聽邊做紀錄，但聽了一個小時後，覺得沒必要再記了。「怎料到，這位以關心知識分子聞名的總理已經發出了對中國知識分子的思想和人格宣戰的檄文！」[16]

就在六個星期前，當巫寧坤即將登上美國的克里夫蘭總統號輪船回國前，曾問後來獲得諾貝爾物理學獎的李政道為什麼不一起回國，為建設新中國出力。李當時還是名研究生，他會意地一笑，回答說他不想被洗腦。如今，對巫寧坤和無數像他一樣的人來說，意識型態教育變成了常態，一次次地自我批評、認罪、坦白，日復一日，直到大家心力交瘁，最終放棄抵抗，服從集體的決定。就像十年前的延安整風一樣，每個人都要揭發自己的親朋好友，詳細交代各自的政治背景、個人歷史和思想狀況，毫無隱私可言。就連一閃而過的念頭也要交代，甚至要圍繞這些念頭大做文章，因為它們往往暴露了當事人內心隱藏的資產階級思想。這種思想改造產生了巨大的社會壓力，只要有任何把柄落入別人手裡，就會被窮追不捨，令人不堪忍受。[17]

當時在上海一所大學裡工作的羅回憶道：「有一天，我們突然發現學校黨委的權力變大了。新規定要求，吃飯時食堂的每張桌子旁都得坐一名黨員或團員，每間宿舍也必須配一名黨員或團員。這些黨員對每個學生的行為都要做紀錄，甚至連學生說的夢話也要記下來，認為有重要的政治意義。」在上海，除了無休無止的群眾集會外，還時常可以見到卡車停在被批判者的家門口，用高音喇叭播放惡毒的謾罵。[18]

受到批判的人很少能承受巨大的壓力，一般都會發瘋似地不停地寫檢討，希望能讓領導滿意。那些堅稱自己無辜的人，通常會被關在房間裡，受到幹部的輪番騷擾，直到寫出令他們滿意的檢討書為止。南京的中小學教師和大學教授們被趕到臺上接受批鬥，甚至有人遭到吊打，還有幾個人為此自殺。南京市委第一書記宣稱「要粉碎一切抵抗」，他的報告得到毛的讚賞，下令轉發。在承德，有一些教師甚至遭到逮捕和殺害。[19]

許多人試圖彌補以前犯過的錯誤——有些是真的錯誤，有些則是捏造出來的。金岳霖寫了十二遍檢討才過關，馮友蘭雖然很努力，但仍然過不了關。畢業於伊利諾大學的著名社會學家陳序經，站在嶺南大學的師生面前，痛哭流涕地懺悔了四個小時，最終仍未能讓當局滿意。[20]

有些本來很忠誠的知識分子因為被逼得太緊，反而對黨產生了反感。但是，黨這麼做其實是有目的的。羅對此深有體會，他一位姓龍的同事就遇上了這種事：

一開始，我覺得黨疏遠龍是愚蠢的。經過被共產黨出賣、控訴和侮辱，他無疑很恨他們，結果一個本來對黨有用的人卻變成了反黨分子。直到後來我才想明白，共產黨完全瞭解龍對黨的忠誠，他們也知道改造會讓他心生不滿。但是，他們成功地讓他對黨產生了畏懼感。從此以後，他的一切言行和想法都變得完全符合黨的要求了。只有這樣，黨才感到安全，對他才更放心。[21]

劉小雨對黨也很忠誠，甚至把黨當成了自己的家，儘管如此，她回憶思想改造時卻說：「大家都很恐懼，平常很熟悉的人，也漸漸彼此間互不說話，不敢跟別人說心裡話，很熟悉的人也不行，因為很有可能他也會揭發你。大家都揭發別人，也被人揭發，沒有人不生活在恐懼之中的。」最終，由於私生活受到前所未有的侵犯，劉小雨對黨的忠誠產生了動搖。她當時剛結婚不久，有人批評她跟丈夫在一起的時間太多，沒有完全投入到革命工作中。「有些人就在家門口轉悠，透過窗戶和門縫，看你們在家裡有什麼親暱的舉動，時時刻刻都監視著你，看到什麼，也會在公開場合說出來，讓人非常難堪。」不久，就有人指控她別有用心地為帝國主義服務。[22]

不過，並不是每個人都那麼聽話。高崇熙是清華大學的化學工程專家，他選擇了自殺。在上海的華東師範大學，李平心受到惡意攻擊後，試圖用斧頭砍頭自盡，最終因失血過多而死。張愛玲則是少數對新政權提出的愛國主張不買帳的人。她是中國最優秀的作家之一，卻於一九五二年用化名悄悄越過邊境，移民到了香港。[23]

思想改造並不局限於高校。在浙江，這一運動蔓延到了中學，有些年僅十二歲的學生也被捲入其中：他們不僅被迫清除「反動」思想，還要改造「極端自私自利」的錯誤。廣東的中學生也被動員起來，與潛藏在身邊的反革命分子鬥爭，僅羅定第一中學即有八十名學生遭到逮捕。在西北地方，甚至連小學生也被指責為具有資產階級思想。很快地，任何不順從當局的行為都被當成是危險的，必須在萌芽狀態就被消滅。江西省的學校在運動中普遍使用嚴厲的手段，以致「不斷有學生自殺」。例如：有個男孩被懷疑偷了十五元，結果被戴上腳鐐，受到竹竿鞭打，直到他承認為止。還有學生被單獨關禁閉，以致有些人精神錯亂。有個叫胡春芳的學生拒絕服從學校的安排撿柴，他說：「我是來學習技術，不是來砍柴的。」就因為這句不當言論，學校特地召開大會對他進行批判，以便「鬥倒一個，嚇倒一群」。[24]

至一九五二年底，幾乎每個學生和教師都已臣服於政府了。他們的食物配給取決於各人的政治表現。就像所有機關幹部一樣，他們必須接受黨分配的任何工作。國家需要數以百萬計的年輕人建設邊疆，如內蒙古、新疆和東北，還需要專家為農業生產提供技術服務。如今，經過思想改造，再也沒有誰敢抵制國家分配，前往艱苦的邊疆工作了。社會主義強調集體的重要性，個人的好惡必須服從國家的需要。與此同時，政治可靠的年輕人取代了留學歸國的教授們。許多世界著名大學的畢業生，如今被分派到鄉村圖書館當普通職員，或到地方銀行裡當出納員。羅說：「這些人不會分到任何真正體面的工作。」[25]

這場運動終於收到了預期的效果：摧毀了知識分子群體，打倒了他們的權威，貶低了他們的地位。與此同時，它還達到了另一個目的。一九五二年初，為了消滅全國的教會大學，當局藉口中國的高等教育制度需要進行「調整」，把各個高校的學院加以重組合併。例如：劉小雨幾年前就讀過的金陵女子文理學院，如今與金陵大學合併。一九一九年在司徒雷登領導下創立的燕京大學則被迫關閉。陳序經所在的嶺南大學併入了中山大學。幾年後，一批嶺南大學的前任職員逃到香港，在那裡建立了一所文理學院，也叫嶺南大學。經過這次調整，整個高校系統被改得面目全非，「曾經的學術聲譽蕩然無存，各個學校特有的精神與傳統也隨之消失了。」[26]

＊＊＊

運動結束之後，思想改造的壓力並未有所減弱。當局幾乎每年都會挑出一名行事高調的學者當作反革命分子，開動宣傳機器對其大肆批判。一九四九年八月，毛批判了胡適，師生們被迫與這名奉行自由主義的散文家、哲學家和外交官劃清界限。當年在湖南當學生時，毛曾在文章裡熱情地提到過胡適。一九一九年，毛在北京大學圖書館當助理管理員時，曾想去旁聽胡適的課，但遭到胡的拒絕：「你不是學生，給我滾！（大意）」如今，毛主席下令查禁了胡適的書，就連胡適的兒子也譴責自己的父親是為資產階級服務的「反革命分子」，「除非回到人民的懷抱，他將永遠是人民的敵人，也是我的敵人。」身在紐約的胡適回應道：「我們早知道，在共產主義國家裡，沒有言論的自由；現在我們更知道，連沉默的自由，那裡也沒有。」[27]

另一個毛主席討厭的人是梁漱溟。毛和梁都生於一八九三年，但梁是一名睿智的思想家，年僅二十四歲就受聘於北京大學哲學系，而毛那時還是個沒沒無聞的小學教員。一九一八年，兩人曾在北京毛的老師家中匆匆見過一面，但這個來自湖南的學生並未引起梁的注意。一九三八年梁訪問延安時，毛用平靜而禮貌的口吻回憶說：「很久以前，一九一八年，我們曾在北京大學見過一面，那時你是個大教授，而我只是個圖書館的低級職員。你可能已經忘了，當年你經常去楊教授家拜訪，而我每次就站在門口迎接你。」梁離開延安時，對這一細節印象尤深，不過他並不認為中國的問題能用階級理論加以解釋和解決。此後，他同毛一直保持著思想上的交流，並把自己的書送給他看。和其他人一樣，一九四九年時他也曾公開讚揚過毛，並表示支持新中國。梁的恭維讓毛很高興，一年之後，他親切地邀請梁參加政治協商會議。此後，兩人時常見面，相談甚歡，有時毛還會派自己的車去接他到中南海。一九五〇年九月，在毛的關照下，梁搬進了頤和園裡的一處小院子，距離當年慈禧修建的石畫舫很近。

然而，梁漱溟並不是一個老老實實聽話的人。一九五二年，在攻擊私營經濟的高潮中，他寫信給毛，說「奸商並不等於一切商人，而商人亦不等於資產階級」，甚至斷言他們不可能組織起來攻擊共產黨。毛在回信中批評這些觀點很「荒謬」，並讓黨內高層廣泛傳閱自己的看法。在此之後，梁與毛的關係開始變得疏遠。一年後，在一次政協會議上，周恩來鼓勵梁暢所欲言，梁因此表達了對農村貧窮現狀的難過心情。他說：「工人生活在九天之上，農民生活在九地之下。」過了幾天，周發表了一篇冗長的談話，氣憤地譴責梁是反動分子，毛也不時插話，發表了一些尖刻的評論。梁對此驚訝得無言以對。第二天，會議繼續進行，他決心要捍衛自己的立場，並聲稱要是不讓他發言，他就會對毛不再持有敬意。神色嚴峻的毛主席勸他從發言席上下來，但他不為所動，甚至直截了當地要求毛要有做自我批評的雅量。這時會場上早已群情激動，大家紛紛叫嚷「梁漱溟下臺！不要再讓他胡說八道了！」但他依然不肯讓步。毛顯得鎮定而嚴肅，給了他十分鐘，但梁認為不夠，於是決定現場表決，會場上再次騷動起來。梁在表決中輸掉了，這才結束了這次不尋常的對抗。之後，報紙上刊出了毛的長文〈批判梁漱溟的反動觀點〉，斥罵梁是「偽君子」和「陰謀家」。毛對他無情痛擊道：「殺人有兩種：一種是用槍桿子殺人，一種是用筆桿子殺人。偽裝得最巧妙，殺人不見血的，是用筆殺人。你就是這樣一個殺人犯。」而在背後支持梁漱溟的，正是用槍桿子殺人的蔣介石。梁的前途就此斷送了，不得不從頤和園搬了出去。[28]

這樣的批判並不只在高層發生。每批判一位知名學者，都會在教育系統掀起一股整肅敵對分子的風潮——不管是真的敵人還是臆造出來的。例如：一九五四年七月，身為作家和藝術理論家的胡風寫了一封長信給黨，把黨的愚民政策比作刺進作家頭腦的匕首。胡風本人雖然是馬克思主義者，但從未加入共產黨。一九三〇年代，他因為懂得高深的馬克思主義而受到文學同行們難得的敬重，但同時也因為常跟別人發生激烈的爭論——通常都是關於一些極為抽象的話題或瑣碎的理論問題——而得罪了不少人。曾經不止一次，他用辛辣的筆觸批評黨的路線的忠實追隨者，如周揚和郭沫若。更為危險的是，他竟然批評黨在一九四二年延安時期的文藝政策。他寫道，黨「想扼殺文學。它想把文學和現實生活分離，想讓作家說謊」。[29]

二十年後，他當年的一些敵人如今執掌了文藝大權。在北京召開的一次政協會議上，也就是一年前梁漱溟受到批判的地方，郭沫若對讚揚「資產階級理想主義」的作家發動了不指名的攻擊。胡感受到了危險，並很快做出反應，於一個月後的一九五五年一月寫了一份悔過書。但這時他已經被定為鬥爭的對象，而黨的機器一經啟動就勢不可擋，負責宣傳工作的周揚親自組織了對胡風的鬥爭。四月分，《人民日報》發表文章譴責胡風，認為他的悔過書「虛偽」和「奸詐」。接下來的幾個月，報紙上一共發表了兩千一百三十一篇文章批判胡風。他早年寫給朋友的私人信件，也被摘錄出來當作罪證。毛親自參與了對胡風的批判，不惜屈尊針對胡風信件中摘錄的話寫下言辭激烈的評論。一九五五年六月，胡風被定為反革命集團的頭子，剝奪了一切職務，受到祕密審判，被判處十四年徒刑，直到一九七九年才被釋放。[30]

然而，事情並未就此終止。為了挖出所有支持胡風的人（不管是真的還是想像出來的），又掀起了一場恐怖的運動。城市裡掛起紅色的標語，上面寫著「堅決、全面、徹底、完全地剷除隱藏的全部反革命分子！」就在思想改造運動於一九五一年十月開始前的六個星期，巫寧坤剛從美國回國，此時也加入了批判者的行列。他對此深感自責：「我知道喪鐘並不只為胡風和其他無辜者而敲響。」不久，在南開大學的群眾大會上，面對上百名教師和職工，他自己也受到指控，說他領導了一個四人反革命小組。他的家被抄，為了尋找武器和發報機，連箱子都翻了個底朝天。私人信件、筆記本、手稿和雜亂的紙張統統被沒收。接下來就是一次又一次的批判大會，為了把他搞垮，審訊者對他輪流斥罵，對他過去生活的各個方面窮加追問。這種折磨一直持續到一九五六年夏天。[31]

胡風和朋友之間的通信被公開後，一些著名作家由此受到啟發，開始挖掘別人的歷史問題以互相攻訐。丁玲的短篇小說曾在一九二〇年代引起中國文壇的轟動。她後來在延安加入了共產黨。然而，因為揭露了領導人對待婦女的傲慢態度──如毛澤東因為看上年輕的女人而拋棄了他的第三任妻子，丁玲發現自己處境艱難，並因此被送往農村勞動。丁之所以沒有被槍斃，是因為她曾對王實味大加鞭撻，罵他已經墮落成了「茅坑」。後來，她想盡辦法彌補自己的過錯，於一九五一年寫成了一本小說《太陽照在桑乾河上》，讚揚土地改革和暴力革命，並獲得了史達林文學獎。但是，胡風事件影響了她的前途，因為他們兩人在延安時就是好朋友。如今，丁玲雖然也參與了對胡風的批判，但收效甚微，很快她本人和之前的一位同事陳企霞便被指控領導了一個反革命集團。因為無法承受這樣的打擊，陳企霞承認了一切虛構的罪名，希望能早點結束這場惡夢。他把與丁玲交往的信件統統交了出來，指控她企圖「奪取文藝界的領導權」。[32]

這些知識界的名人為求自保，一個個爭相往別人身上潑髒水。同樣的情況也在普通人當中發生。丹棱當時是個學生，一九五二年參加過「打虎隊」，如今在包頭的一家坦克製造廠裡當技術員。他也參加了批判胡風的大會。和其他工人一樣，他也受到鼓動，積極揭發身邊認同胡風「資產階級理想主義」的人。他的一個朋友張瑞生畢業於清華大學，此時也被人揭發。有一天，三名便衣警察來到工廠，搜查了張的房間。儘管並未發現罪證，但警方對他仍疑心重重，因為他父親曾是天津一個富有的資本家。於是，工廠的管理人員召開了一次次批鬥大會，強迫他坦白「反革命祕密」，但他激動地堅稱自己無罪。最終經過長期的調查，才證明了他的清白。[33]

這樣的情形全國各地都是。教師、醫生、工程師和科學家，一旦被懷疑同「外國勢力」保持著「反革命」連繫，就會遭到指控和批判。在公安部長羅瑞卿的部署下，審查運動擴大到八萬五千名中學教師頭上，其中有十分之一被當作壞分子進行整肅，罪名包括破壞社會主義、陰謀反黨或鼓動學生對黨不滿等。受到整肅的小學教師比這個數字要多一倍。一九五五年，全國共有超過一百萬人受到反黨反政府的指控，其中被認定為「壞分子」的有四萬五千人，這還不包括超過十三萬五千名被逮捕的黨內「反革命分子」。僅河北一省即發現了一千多個小集團，其中有三百多個被認定為具有反革命性質，如「地下反共聯盟」、「自由中國小組」和「改革黨」等。在胡風案件中，全國共發現了四十八名「核心成員」和一百一十六名「普通成員」，他們都遭到祕密警察的逮捕。[34]

在此過程中，自殺的人數以千計。一個夏天的早晨，當巫寧坤來到指定地點接受每天的例行訊問時，他發現審訊者們正在興奮地兀自交談。原來，一名英語系的老教師剛被發現在圖書館前的水池裡溺水身亡。在上海，身為出版社經理的俞鴻模企圖吞針自殺，但最終被救了下來。更多的人因為受到指控而失業，不得不四處尋找工作，或被迫去偷竊，有些婦女甚至靠賣淫為生。僅北京一地就發生了四千多起這類案件。其中有一名叫王兆正的學生，在被武漢大學開除後，向政務院和毛主席申訴了十次，要求准許他移民到香港。他甚至與英國領事館接觸，聲稱要揭露這個國家的醜聞。羅瑞卿下令對王這樣的人一定要嚴懲，把他們都關進集中營。[35]

＊＊＊

伴隨著文學審查的是焚燒書籍。在上海，一九五一年一月至十二月間，共有兩百三十七噸書被燒毀或當廢紙處理。一九五〇年夏，商務印書館出版了大約八千本書，但一年後只有一千兩百三十四本通過審查可以繼續流通。當局甚至舉辦講座，教大家「如何處理壞書」，有些私人的藏書則全被焚毀，如王任秋收藏的一萬七千多冊文學名著就遭此厄運。一九五三年五月，汕頭燒毀了三十萬本屬於「封建殘餘」的書，大火持續了三天。那些主管文化的官員對此熱情高漲，只要能插手，他們就會把所有書籍都變成紙漿，甚至不在禁書名單裡的書也不能倖免——事實上，禁書的名單也在不斷增補。在北京，甚至連孫中山的書也下架了，而一九五四年，有一噸重的法文版北京旅遊指南也被當作廢棄物，按每公斤四至五元的價格賣給了舊書店。有時候，學生會把有問題的書收集起來，交給老師集中銷毀，而熱心的市民也會把各類禁書交到相關部門。那些在馬路上賣武俠小說或言情小說的小販，在警察的突擊行動中紛紛落網，隨後被送往集中營。[36]

一九五二年九月，政府要求所有編輯和出版商都要進行登記，並定期遞交報告。傳統文學的經典著作幾乎全都停印了。《詩經》是十三經中唯一可以買到的，因為這本書被認為包含了古代勞動人民的民謠。其他少量詩歌（如屈原的詩）也倖存下來，因為據說這些詩歌都是「為了大眾」而寫。僅僅數年時間，中央政府即透過嚴格的審查制度，完全控制了圖書的出版和發行。[37]

與此同時，全國開始分發枯燥乏味、譯自俄語的教材，這些指定的教材從一九五二年底開始著手翻譯，內容涉及各個學科，多達數千種。共產黨領袖們的理論著作也開始廣泛傳播，其中最熱銷的是毛澤東的著作（一九五四年，全國對黃金的使用實行了嚴格的限制，但補牙可以例外，還有一個例外便是在毛主席的選集上使用金箔裝飾）。這些出版物和大批宣傳品是專為各類讀者所設計，主題包羅萬象，其中有數千萬冊專門給小孩子看的童書，只有口袋大小，內容無非都是關於階級鬥爭的英雄和帝國主義的間諜，以及歌頌戰爭的勝利、生產取得的成績和新社會的建設。為黨工作的作家們只寫出了少量得到黨認可的作品，而且他們的創作效率很低，甚至連那些曾經跟黨站在一起的左翼作家（如老舍、丁玲、茅盾等），都再也寫不出解放前為他們贏得聲譽的反抗文學了。正如當時一位頗有遠見的人所說：「在共產黨統治的五年裡，北京和上海的數百位作家再也沒能寫出一部好作品。這可能正是一個早期的信號，表明他們雖然曾經支持過共產主義，但對其本質並不瞭解，而且他們也無法適應毛的統治。」[38]

殘酷的思想改造運動造成一個更為嚴重的後果，即大家在讀書時非常謹慎，只挑政治正確的書看，沒有人願意冒險去瞭解資產階級的思想，因為那樣會招來可怕的批鬥。燕歸來當時是北大的學生，她寫道：「當然，翻譯現代蘇聯作家的小說是安全的，我們會買法捷耶夫和西蒙諾夫的作品。那些曾經影響了整整一代中國作家的老一輩大師，如屠格涅夫和杜斯妥也夫斯基，甚至連高爾基的作品，如今也不能看了，因為這些作品都被認為過時了。中文著作方面，可以讀趙樹理的書，丁玲的《太陽照在桑乾河上》，以及所謂青年作家『集體創作』的作品——這些作品受到表彰，因為它們充分體現了『黨性』。而其他所有的書，包括之前被共產黨表揚為『進步』的書，現在也不能看了。」這種情形發生在一九五一年，那時的審查制度還不像後來那麼嚴。[39]

不過，求知欲很強的讀者還是能想方設法找到自己想看的書，通常是利用不為人知的私人藏書。康正果當時正是處在叛逆期的男孩，與祖父母生活在古城西安。他們住在一所老房子裡，牆上刷著白色塗料，地上鋪著硬木地板，室內擺放著各式漂亮的老傢俱，閣樓上則堆滿珍貴的圖書，落滿了灰塵。這裡面有佛經、有小說，還有各種老報紙的剪報夾在一部大開本的《十三經注疏》裡，讓康正果讀得如饑似渴。這些書一直保存到一九六六年紅衛兵到來。[40]

＊＊＊

古典音樂也被民間的鑼鼓和革命歌曲取代。貝多芬、蕭邦、舒伯特、莫札特和其他外國作曲家的唱片都被貼上資產階級的標籤而銷聲匿跡。一九五二年，為了紀念毛澤東〈在延安文藝座談會上的談話〉發表十周年，中央交響樂團組織全體職員討論如何把毛主席的理論運用到實際工作中去，其結論是音樂家必須「同具體的現實緊密結合」。上海交響樂團一九四九年前曾是亞洲最好的交響樂團之一，其團長是中國現代音樂界的代表人物之一，如今也在《解放日報》發表文章，抨擊對西方音樂的盲目崇拜，並批判「音樂不需要反映意識型態」的觀點。[41]

解放前，爵士樂在中國很流行，上海曾被稱為亞洲爵士樂的聖地，那裡聚集了來自世界各地的樂壇新人，以及表演經驗豐富的美國樂手，這種情況一直持續到一九四九年。共產黨占領上海後僅幾個星期，俱樂部便紛紛關門或變成了工廠。爵士樂被當作資產階級墮落和頹廢的象徵而遭到禁演。在解放前，比爵士樂更受歡迎的則是女歌手們，周璇等歌星的聲音在廣播和留聲機裡隨處都能聽見，她們演唱的通俗歌曲往往融合了好萊塢的電影插曲、爵士樂和民謠的各種因素，但這些歌曲在一九四九年後都被斥為黃色歌曲。除此之外，解放前錄製的約八萬張唱片中，絕大多數也被塵封進了國家檔案館，直到磨損得再也無法修復。[42]

很快，大家就聽慣了由蘇聯文化代表團演奏的音樂。廣播裡也開始播放〈毛主席的恩情唱不完〉、〈歌唱祖國〉、〈新女性〉和〈兄妹開荒〉等曲目。唱歌變成了一項流行活動，但都是合唱而沒有獨唱，因為獨唱表現的是資產階級的個人主義。歌曲的內容都是為了服務於宣傳，如農民歌唱土地改革、工人歌唱勞動等。「士兵們不管是行進還是休息，都要唱歌。中小學生有很多時候都要唱歌，甚至連犯人每天也要花四個小時唱歌。機關的新工作人員在接受培訓時，每天也要唱三到四個小時的歌。」在特殊的日子裡，學生們會聚在公園裡，在鑼鼓的伴奏下齊聲高唱〈新農民之歌〉之類的歌曲，合唱隊的女孩們則引吭高歌〈十女誇夫〉。同其他活動一樣，學唱歌也是上面命令的，有人可能並非真心喜歡這些歌曲，但每個人都熟悉它們的歌詞。歌聲響徹在城市的大街小巷和山野鄉村，連放學的孩子們也一邊唱歌一邊揮舞胳膊打著節拍。[43]

高音喇叭的作用也不容忽視，街角、火車站、宿舍、餐廳以及所有主要機構到處都能見到。每一天都是在喇叭聲中開始的，早上有十五分鐘的廣播體操，午飯或下班後會輪流播送政治演講和革命歌曲，晚上則播放更多的歌曲，同樣的內容經常反覆播出。因為大喇叭無所不在，北京市因此不得不頒布規定，不准在半夜進行廣播，但收效並不明顯。[44]

隨著新歌曲一起出現的還有新編的戲劇。這些新戲剛出現的時候，還是受到年輕人歡迎的，因為大家並不喜歡中國傳統的戲曲，對那些老套的故事和誇張的服飾已經感到厭倦了。像許多支持革命的學生一樣，燕歸來也去看了《白毛女》。布幕拉開後，舞臺上是一個普通農民家中的情景：簡陋的傢俱，紙糊的窗上落著些雪。「沒有老爺和夫人，也沒有演員捏著嗓子矯揉造作地表演，我們看到的是一個因為勞累和衰老而駝背的純樸農民同他女兒之間的對話。」年老的父親被迫把女兒送給貪婪的債主，因為極度難過上吊而死。「看到地主和他的狗腿子把女孩從父親的屍體旁拉走，硬是拖回地主家時，有些人都快哭出來了。當看到地主家那些傲慢的女人把女孩當成奴隸一樣毆打和虐待時，觀眾的情緒開始變得越來越憤怒。」接下來的情節其實很簡單：女孩懷了孕，地主承諾與她結婚，但事實上卻把她賣給了妓院。她逃出來，和小孩藏身在一個山洞裡長達兩年，結果頭髮變得又長又白。直到共產黨把村民從日本人手中解放出來後，姑娘才終於與一個從小就相愛的青年團聚，那個男孩如今成了游擊隊員。地主則受到了公審，農民們齊聲高喊「判他死刑」。這齣戲的對白、歌唱和表演都很自然，頗能打動人心。當萬惡的地主被拖出去槍決時，布幕落下，觀眾爆發出一陣陣掌聲。[45]

《白毛女》這齣歌劇後來又拍成了電影，還被改編成芭蕾舞劇。表演者既有專業的演員、也有巡迴劇團、部隊文工團以及工廠、機關、學校和青年俱樂部的業餘演員。此外還有其他一些劇碼（如曹禺的《雷雨》等）也很受歡迎。這些戲全都嚴格遵循了一九五〇年七月新成立的戲曲改革委員會的規定，而那些帶有少許、或者僅僅涉及資產階級個人主義的劇碼都遭到了禁演。有些外國劇碼保留了下來，主要因為它們仍可在蘇聯公演。例如莎士比亞的戲劇，莫斯科的兩位著名評論家曾說，這個英國的詩人揭露了資本主義的罪惡，因此一九五六年北京的一個戲劇學院才得以上演了《羅密歐與茱麗葉》——這在人民共和國是個很特殊的例外，以致《倫敦新聞畫報》（*Illustrated London News*）還特地報導了這件事。[46]

街頭的活報劇也變成了一種宣傳的手段，因為其篇幅短小、情節簡單、與時事關係密切，所以得到了廣泛傳播。就像扭秧歌一樣，部隊的演員們在廣場、花園、公園和其他公共場所到處表演，吸引了許多行人圍觀鼓掌。這些劇的內容總是與最新的政治運動有關，語言則通俗易懂，連不識字的農民也能明白。但正因如此，表演往往趨於公式化，缺乏創意。例如：在許多活報劇中，總能看到一名解放軍士兵把一隻腳踏在敵人的大肚子上，而不管是邪惡的地主還是潛伏的特務，或者帝國主義者，扮演敵人的演員總是保持同一個姿勢：躺在地上，雙腳朝天。[47]

*　*　*

在電影生產方面，上海的地位曾經僅次於好萊塢。但上海的電影工業大都毀於第二次世界大戰，而剩下的部分又在一九四九年後被新政權一掃而光。當時最受歡迎的電影都融合了低俗的故事、冒險的情節和喜劇的色彩，還有新科技製作出來的特效。影片裡穿著各式服裝的遊俠和神怪，以及武打的情節，不僅吸引了數百萬中國觀眾，而且在海外、特別是東南亞贏得了很大市場。除了國產影片外，好萊塢也很受歡迎。當共產黨向上海進軍時，國泰大戲院正在上映由瓊．哈弗（June Haver）主演的彩色音樂片《豔吻留香》（*I Wonder Who's Kissing Her Now*）。這些影片並非只有在沿海大城市才能看到，因為一九三〇年代電影已經廣泛深入中國內地了。例如在昆明這座南方的中等城市，一九三五年一整年即上映了一百六十六部影片，觀影人次達到了五十萬。[48]

解放後幾個月內，全國即掀起了一場清除外國電影的運動。那些被貼上「反動」、「墮落」等標籤的外國影片全被蘇聯影片所取代，如《列寧在十月》、《處女地》和《偉大的公民》等。為了幫蘇聯影片配音，在短短一年左右的時間裡，幾個配音中心的工作人員就多達數百人。有些蘇聯影片拍得很好，如《戰艦波將金號》等二戰前拍的片子，但許多都很無聊，連左翼學生也不愛看。因為觀眾少，這些影片的票房也不高。北京的電影院為了吸引觀眾，票價不得不一次次打折，但觀眾還是寥寥無幾。最後當局放寬規定，允許電影院每個月可以有五天放映非蘇聯製作的翻譯製作電影。於是，上映「健康」的電影時，影院裡空空蕩蕩，但上映「反動電影」時，卻場場爆滿，這種鮮明的對比令當局非常難堪。很快地，政府就對非蘇聯製作的翻譯製作影片下達了禁令。特別是韓戰爆發後，好萊塢的電影在中國完全成了禁片。黨的宣傳一直說，革命把藝術家從封建主義的束縛下解放了出來，因此會極大地激發他們的創造力，但事實上這樣的情況從未出現過。[49]

＊＊＊

在宗教領域，共產黨曾承諾信仰自由，因此宗教領袖們都對其表示支持。但他們很快就發現，信仰自由的假象只在解放之初的一、兩年裡存在，中共高層其實早已決定要剷除一切與共產主義相競爭的宗教信仰。一九五一年二月，掌管宣傳的胡喬木提出要像蘇聯那樣對教會予以打擊，但他同時指出，要根除頑固的教徒將是一件耗時費力的事。[50]

佛教組織相對鬆散，因此打擊起來比較容易。許多地方拆掉寺廟、焚毀佛經、毆打甚至殺害和尚，佛像被熔化後當作金屬回收，寺廟的土地和其他財產均被沒收，許多和尚、尼姑陷入恐慌之中，有些人還在土改中受到批鬥。南京附近一所寺廟的和尚回憶說：「他們通常會剝光男人的上衣，把他們的雙手綁在背後，雙腳也綁起來，強迫他們面朝群眾跪在那裡認罪。」在杭州最大的寺廟靈隱寺，五名和尚被迫站在用桌子疊起的高臺上，面向四千多名群眾接受批鬥。對這些和尚的批判其實都差不多：「你們看他有多胖，養得多好。為什麼他這麼胖？因為他一直在喝人民的血汗。他是剝削者、壞東西。人人都說該殺，但人民政府是寬大的，只是把他送去勞動改造。」城市裡的批鬥還稍微克制些，一些上了年紀、態度比較堅定的人獲准可以保持他們的信仰，但不能再傳播其宗教思想。例如在上海，至一九五〇年二月，兩千名和尚尼姑中，只有大約四分之一遭到遣散。[51]

然而，在農村裡，特別是少數民族地區，鬥爭就激烈多了。例如：在雲南的古鎮麗江生活著納西族，他們擁有自己的語言、文學和習俗。他們的房子從外面看上去很簡樸，但門窗等內部裝飾卻很精緻。這裡的寺廟外表很樸素，但柱子、門樓和神像的雕飾卻很華麗。和其他地方一樣，麗江也出現了革命的浪潮。當地一名老人這樣回憶說：「農村裡那些遊手好閒的地痞流氓，搖身一變成了共產黨員，帶著紅袖章和解放帽招搖過市。」納西族的傳統舞蹈再也不許跳了，取而代之的是扭秧歌，但沒人會跳，所以工作結束後大家都被迫去學，此外每天還必須參加灌輸革命教條的講座。當局一直在抓人，而且通常是在深夜祕密進行。當地的神職人員都被禁止繼續從事宗教活動，喇嘛廟遭到褻瀆，珍貴的唐卡被焚毀或撕掉，經書被燒，喇嘛們有的被捕，有的被驅散。喇嘛廟被改成了民眾學校，「好像除此之外再也找不到房子用作學校似的」。[52]

類似的情形在少數民族眾多的雲南、四川很普遍。在康定，軍隊占用了好幾座喇嘛廟。在茂縣，有座喇嘛廟被改造成了監獄。有時候，當地政府把和尚和尼姑幾乎當作反革命一樣對待，有些人甚至在批鬥大會上被處決。有一名以賣草藥為生的婦女，竟然全家都被判處死刑。還有個尼姑，被迫割去自己的舌頭，結果嘴裡充滿鮮血，導致她窒息而死。[53]

大鎮反開始後，當局對佛教實施了更全面的控制。一九五二年十一月，中國佛教協會在北京成立。這個協會完全聽命於政府，它的使命不是勉勵信眾打坐和冥想，而是組織佛教界人士參加土改、「抗美援朝」以及對反革命分子的鬥爭。此外，同教師、工程師和企業家一樣，和尚也得參加思想改造，彼此互相揭發，而且必須拋棄眾生平等、仁慈憐憫等「封建思想」，要對敵人表現出仇恨。經過改造，和尚也成了國家公務人員，必須服從政府的指令。例如：一九五四年佛教協會配合政府做了許多工作，勸人們不要在過節時燒紙錢給祖先。此外，寺廟的住持們不得不保證不再接收雲遊的和尚，因為這些人應該從事生產勞動而不是雲遊四方。收香火錢如今也成了「欺騙群眾」的做法，失去了這個收入來源，和尚們也不得不開始自力更生，在貧瘠的土地上開荒種田。一九五一年，南京寶華山的和尚們不得不「忍饑挨餓，甚至連稀飯也沒得吃」。在山東雲門山，和尚們每天只能喝一頓薄粥。[54]

面對政府的打壓，許多人並沒有反抗，而是選擇了還俗。有些人成了農民，有人參了軍。有些和尚、尼姑雖然繼續住在寺廟裡，但再也不剃髮了。有些人放棄了出家時許下的誓約，轉而結婚成家，並開始飼養牲畜。對於佛教的萎縮，政府卻一直祕而不宣。每一年官方公布的數字都一樣，如一九五〇年宣布有五十萬名和尚，到了一九五八年還是五十萬。但事實上，官方對佛教的打壓從未放鬆。一九五五年，有一名黨的官員在一次內部談話中提到，全國和尚的人數已經減少到了不足十萬人。[55]

對待宗教場所及其建築，政府同樣採取了兩面手法。當數萬座寺廟被改造成軍營、監獄、學校、辦公室和工廠時，北京卻投入了大量資金維修雍和宮。這座喇嘛廟看上去光鮮亮麗，完美無瑕，香灰堆積在裝滿沙子的香爐裡，因此不會留下一絲灰燼。對雍和宮的保護其實是為了配合政府的邊疆政策。當時，中國內地有六百萬佛教徒，而新疆、內蒙古和西藏的佛教徒加起來卻多達七百萬。尤其是在西藏，佛教是當地居民生活的中心，而且有著嚴密的組織，流傳非常廣泛，毛因此告誡他的同事，對西藏的問題要慢慢解決，首先要爭取篤信佛教的喇嘛的支持。解放前，全國大約有二十三萬座大大小小的寺廟，一九五一至一九五八年間，只有大約一百座寺廟和佛塔得到修繕，另外有些被列入維修的計畫，少數甚至還受到法律的保護，但這樣做的目的只是為了給外賓看。當時，美國支持東南亞的佛教，逼使中國必須爭取信奉佛教的鄰國支持，周恩來經常邀請來自緬甸、錫蘭、日本和印度的佛教徒訪問中國，參觀修繕一新的寺廟，偶爾還會贈送一截佛祖的遺骨或牙齒——這些都被佛教徒視為聖物。[56]

雖然控制嚴格，但共產黨並不打算徹底剷除佛教，而村民們在遇到困難時仍習慣於尋求宗教的幫助。一九五三年，當河南流行疾病和饑荒時，數以千計的朝聖者湧向洛陽的白馬寺——那兒曾是中國佛教的發源地之一。三月二十五日這天，大約有兩萬人聚集在寺廟裡，安靜地排著隊，等候和尚用手觸摸他們的身體，以此來治療疾病。兩年後，民族事務委員會主任汪峰驚訝地表示，他曾在一些城市裡看到「超過十萬人聚集在一起，不停地祈禱、燒香、叩頭，向菩薩求雨」。當時，對佛教的殘酷鎮壓還沒有開始，因此政府對這些行為還比較容忍。[57]

＊＊＊

對道教就沒有這麼寬容了，因為道教只在中國境內流行，所以不必顧慮外國人的介入。道教相信法術和占卜，這些都被當局斥為迷信。而且，在中國歷史上的無數起義中，道教與祕密會社之間總是關係密切，因此常被政府視為具有政治威脅性的勢力。解放後，信奉道教的神職人員都被送往集中營，許多人轉而學習木工和縫紉，各地的祠堂和道觀也全部遭到破壞。民間的慶典也停辦了，祭祀活動也遭限制，曾被當局容忍的宗教活動也不得不從公開場合轉移到了村民家中舉行。宗教本有助於增強社會的凝聚力，如今這種功能已不復存在了。[58]

然而，除了正規的道教外，還有許多分散獨立的民間教派繼續宣揚末世救贖的教義，這令當局感到很頭痛，因為這些組織一旦被取締後，又會改頭換面重新出現。這些民間宗教組織遍布全國各地，在一九五一年的大鎮反中，它們的頭目都受到了嚴厲的懲罰。根據河北的官方估計，全省大約有兩百萬人（占全省總人口的百分之八）加入了某一教派。一九五一年的頭幾個月內，全省逮捕了三千五百名各個教派的頭目，普通成員則獲准退出這些組織。在北京，至一九五一年六月，估計有超過十萬名一貫道成員宣布退出該教派，此外還有還鄉道、神仙道、八卦道、仙天道、九宮道等數十個民間宗教組織遭到嚴厲懲罰。在南方，迷信似乎特別盛行。如廣東沿海地區，有一半居民都是某個教派的成員。與香港比鄰的小漁村深圳即有十九個祕密社團，許多被控犯有走私、搶劫和為敵人蒐集情報等罪行的「黃牛黨」遭到逮捕與處決。不過，雖然殺了這麼多人，一九五三年公安部長羅瑞卿得到報告說，雲南、四川、浙江和安徽等地仍活躍著數百名民間教派的頭目。[59]

面對政府的鎮壓，有人公開放棄了宗教信仰，有人則轉入地下——真正意思上的「地下」。例如在華北，有些村民在地窖裡繼續從事宗教活動，而且還挖了長長的地道把這些地窖連接起來。在陝西，一九五五年警察即發現了一百多處地下藏身處。在河北，有些宗教頭目在地道裡竟然躲了四年多。在四川，被當局視為反動組織的一貫道竟然繼續發展壯大，到了一九五五年左右，連當地的幹部和民兵也參加了這個組織。在甘肅，有些地區甚至全部處於某個宗教組織的控制之下。這些民間宗教團體的影響巨大，各地鄉村不斷有傳聞說發現了具有魔力的石頭、聖水、古墓、古樹或古廟，村民們一聽到這類消息就會聚集到這些地方，動輒上百人，有時多達數千人。[60]

* * *

解放前，全中國大約有三百萬天主教徒和一百萬新教教徒。國家對他們的控制是逐步收緊的，至少在新政權剛成立的頭幾年裡，政策是相對寬鬆的。不過，一九五〇年九月，由共產黨控制的全國基督教協會頒布了「三自宣言」，要求所有基督教徒中斷與外國的連繫，有些人將這份宣言稱為「背叛宣言」，拒絕執行的人會被指控為帝國主義的走狗。此後，政府開始逐步加緊對基督教的控制，無論是在家裡、教堂、大街或者公安局，教徒們隨時都要準備接受幹部或積極分子的訊問。他們得面對各種威逼利誘，經常遭受斥罵，訊問有時會持續一整天。和對其他人一樣，政府也號召基督徒們改造思想，不僅要自己認罪，還得互相揭發。他們不得不每天參加學習，檢討自己與帝國主義的連繫，並在群眾大會上批判自己的信仰。人們開始成群地離開教堂，教會的勢力日漸瓦解。[61]

一九五一年，「三自愛國會」成立後，新教教徒們被進一步孤立起來。這個新的教會得到國家的資助，完全聽從政府的命令。很多拒絕參加這個組織的教徒被當局軟禁起來，有些還被送往勞改營。有些地方禁止基督徒們擁有念珠、聖章和十字架，派出警察搜查教徒的家，沒收並毀壞祈禱書、教義手冊和聖像等物品。教堂也遭到破壞，士兵們移走了聖壇和長凳。神學院也被迫關門。張銀仙是雲南的一名修女，她還記得自己所在的教堂是怎樣變得空空蕩蕩的：「原來富麗堂皇的教堂，一夜之間什麼都沒了，只剩下了老鼠。以前有四百個人在教堂裡工作，現在只剩下三個人：我和姨媽，還有劉漢承主教。」當局要求這三個人也離開教堂，但他們拒絕服從。結果，他們在那裡堅守了幾個月後，還是被民兵強行趕走，並被拉到村子裡遊街，受到公開審判。

幾百個農民舉著拳頭，衝我們高喊革命口號，有些人還朝我們吐口水，看上去特別恨我們。當領頭的幹部開始鼓動群眾時，一名積極分子站出來，打了劉主教一耳光。我的姨媽衝上前去質問他：「你怎麼敢打他？」這個人以前是貧農，共產黨沒收了地主的財產後，他是受益者之一。他用手指著我姨媽大聲喊道：「你這個反革命，我們已經把你們打敗了。你們是剝削我們的帝國主義的走狗。」我姨媽反駁說：「不對！我們出生在窮人家，從來沒有剝削過任何人。」積極分子們又喊道：「你們太頑固了，到現在還不肯認輸。給你們點顏色看看！』於是大家紛紛舉起拳頭，開始高呼：「打倒反革命修女！」但姨媽還是不肯退縮，她對大家說：「想打我就來啊，你打了我的左臉，我還要把右臉給你打。」

最終，這三個人被送往勞改營，由當地幹部監管了許多年。[62]

有些教會與國外沒有任何關係，信眾也都是本地人，但政府對它們依然採取了嚴厲的措施。例如，在山東境內有一個安靜祥和的小鎮叫馬莊，當地以種植玉米、高粱和各種麻類植物為主，那裡曾是「耶穌家庭」（屬於基督教靈恩派的一個宗教團體）的活動中心。這個教會成立於一九二七年，下設十幾個分會，成員達數百人。大家遵循平均主義的原則，在同一個「家長」的領導下共同勞動和生活，個人不能擁有私人財產，所有物品都必須共用，經濟上則自給自足。但就是這樣，他們也沒能逃過政府的懲罰。一九五二年，當局認定這個教會屬於「祕密會社」，並與帝國主義關係密切，因此沒收了其土地，並遣散了所有信徒。教會的領導人受到批鬥，最終被判入獄，於一九五七年去世。[63]

接受政府改造的教堂處境則相對好些。如北京的聖彌厄爾堂，在聖壇、欄杆、門廳以及過道裡都掛上了紅旗，柱子上也掛著「毛澤東萬歲」和「共產主義萬歲」的標語。毛和其他共產黨領袖的畫像代替了聖心、聖母和聖徒的肖像，到教堂做禮拜的人也少了許多。在離此不遠的王府井，即過去被稱為「莫里循大街（Morrison Street）」的地方，天主教堂鐘樓的十字架上樹起了一顆紅五星。保留這些教堂的目的就像恢復雍和宮一樣，都是為了供外賓參觀用的。[64]

至一九五四年，天主教徒的人數幾乎減少了一半，從三百萬減少到一百七十多萬。一九四九年全中國大約有一萬六千座教堂，但現在只剩下三千兩百五十二座。與此同時，新教教徒的人數減少到了六十三萬八千人，但仍有六千七百多處場所繼續從事宗教活動。雖然教徒們遭到當局的批判、逮捕和遣返，但基督教還是很難被完全剷除，有些地方甚至出現了復興的苗頭。在山東胡莊，一九五五年的復活節有上千名教徒聚在一起祈禱。在武城縣，教堂被改造成了學校，八百多名信眾便在室外撐起一頂帳篷來慶祝耶穌復活。在山東曹州的天主教主教教區內，教徒人數在一年內就增加了百分之八十，有些神父乾脆就在家中布道。還有些來自北京和陝西等地的神父被派往農村，專門向窮人傳教，例如王世光神父就從農村招募了七百名信徒。與此形成鮮明對比的是，教徒們並不願意去官方的愛國教會。山東的有些教堂變得空無一人，四川的情形也是如此，西昌縣的神父們甚至被派往遙遠的重慶和成都負責當地的組織活動。在康定縣，一九五五年地震後，教堂是少數倖存的建築之一，當地人把這件事視為上帝存在的證明，因此紛紛從全縣各地湧向這座教堂。[65]

一九五五年底，黨企圖取締愛國教會之外的所有宗教活動。當時受胡風案件的影響，全國發現了數千個「反革命集團」。作為中國天主教「大本營」的上海，自然首當其衝，又經受了一次致命的打擊。九月七日晚，脾氣溫和但意志堅定的龔品梅主教和其他二十幾名神父、修女以及數百名普通教徒一起遭到逮捕。至十一月底，有一千五百名教徒遭到關押，被控反革命、與帝國主義合謀、散播謠言、毒害青少年思想、組織暴力行為等各種罪名。隨後，山東、浙江、福建、廣東、湖北和四川等地也開始抓人，把教會說成是「披著宗教外衣」的反革命組織。報紙刊登了大量社論、漫畫和文章對主教進行攻擊，宣稱公安已經「摧毀了龔品梅反革命集團」。龔主教最終被判處無期徒刑。[66]

＊＊＊

穆斯林也同樣遭到歧視。在四川江油，他們遭到私刑折磨和拷打。一名共產黨幹部聲稱「回子沒有一個好東西」。在新都縣，所有清真寺都被政府沒收。黨委書記朱錫九派人挖開數千座穆斯林的墳墓，並將刻有《古蘭經》字句的墓碑運走，用來修建糧倉、堤壩甚至豬圈。在被農民協會占據的清真寺裡，壁龕遭到破壞，阿訇布道的講壇變成了群眾大會的主席臺，有些沐浴的場所竟被改造成了女廁所。[67]

上述情形在西北穆斯林聚居區普遍發生，很快便導致了當地居民的反抗。一九五〇年，在甘肅、青海和新疆的許多地方，雖然實行了嚴格的宵禁制度，但每天晚上都能聽到槍聲。各地不斷出現武裝反抗，有時參加的人數竟達數千人。有一份關於甘肅地區數起反抗事件的報告是這麼說的：「造成這些事件的主要原因是沒有嚴格執行民族政策。」例如：在平涼縣，許多穆斯林遭到虐待和毆打，穆斯林的學校甚至被用來養豬，最終導致兩千多名穆斯林憤而群起反抗。[68]

但當局並未從這些事件中汲取教訓。僅僅過了一年，甘肅寧定縣城又受到八千名穆斯林的圍攻，結果有上千人在血腥的混戰中被殺。事件的起因主要是因為整個地區都處於漢族民兵的控制之下，他們對穆斯林隨意掠奪，導致當地群眾的不滿。導火線則是當地居民發現有八名穆斯林在監獄裡凍死，而且他們的屍體被隨意扔在野外，沒有按穆斯林的習俗安葬。[69]

面對一次次的反抗，政府不得不派正規軍隊支援當地的民兵，以謀殺、縱火、搶劫和組織叛亂的罪名將領頭者判處死刑。然而，從一九五二年開始，當局對穆斯林轉而採取較為溫和的政策。黨警告當地幹部，要尊重穆斯林的習俗，士兵們不准在穆斯林面前說「豬」這個字，也不准在穆斯林沐浴的地方洗東西，此外還特別規定不許徵用清真寺的土地。一九五三年五月，中國伊斯蘭教協會在北京成立，與政府合作的穆斯林領袖們被任命為各級協會的負責人，以推動對穆斯林群眾的「愛國思想教育」。

此外，生活在邊境地區的穆斯林在一九五三年還獲得了一個象徵性的禮物——「自治」。表面看起來，各地的自治區、自治縣和自治州等行政單位都是為「少數民族」設立的，但事實上，政府卻藉此對少數民族採取了分而治之的策略。例如：長期以來，新疆的穆斯林一直夢想建立他們的維吾爾共和國，如今這個地區的居民卻被分成了不同的族群，如伊寧附近的錫伯族，北部的哈薩克族和帕米爾高原色勒庫爾地區的塔吉克族等。一九五五年十月，維吾爾族得到了官方的正式承認，新疆被命名為維吾爾自治區。但是，自治區劃分的原則卻是不讓任何一個民族在某一地區一支獨大，如果一個民族的人口在某一地區占有優勢，就要把他們分割開來，而且維吾爾族聚居的地區一律不能享有自治的地位。如在維吾爾族占多數的伊犁，卻成立了哈薩克自治州，同樣的道理，庫爾勒是蒙古族自治州的首府，但那裡的居民卻大都是維吾爾族。這種分而治之的辦法讓人想起歷史上「以夷制夷」的策略。但不同的是，在所有自治地區，從上到下政府機構的設置都是由黨來決定的。[70]

在這些邊疆地區，思想改造的聲勢相對較弱，但推行自治的過程也伴隨著官方意識型態的灌輸。解放前，穆斯林的教育主要由清真寺掌管，信眾可以在那裡學習《古蘭經》和基礎的阿拉伯語。如今，新政權花了很大力氣，將所有穆斯林兒童都送進公立學校，用中文講授科學知識。北京還為少數民族的學生開設了專門的學校，如一九五一年成立了中央民族學院，此外還建立了專門培養宗教領袖的伊斯蘭神學院。在穆斯林地區，政府從一九五一年開始對阿訇進行思想改造，強迫思想頑固者參加勞動，願意與政府合作並宣揚官方意識型態的人則可以成為神職人員，由國家支付工資。清真寺和伊斯蘭學校的財產，如土地、磨坊、商店、牧場等，全被政府沒收，從此這些宗教機構失去了經濟上的獨立性。[71]

與此同時，為了開發邊疆，數十萬移民開始逐步從沿海地區成批成批地到來，漢族人口漸漸超過了穆斯林。一九四九年前，這兒還隨處可見白頭巾和長袍，如今只有在清真寺禮拜的時候才能看到，平時男人和女人們都穿上了藍色或黑色的革命裝。一九五六年，來自巴基斯坦的客人發現，圖書館裡的書大都是宣揚共產主義的，所有廣播都在播送北京的聲音，穆斯林正被漢人逐步同化。一九六六年紅衛兵興起後，伊斯蘭教還將受到更大的衝擊。[72]

第十章 通往農奴之路

一九四九年六月三十日，當內戰勝利在望時，毛宣布中國將實行「一邊倒」的外交政策。毛主席解釋說，在列寧和史達林的領導下，蘇聯共產黨已經把蘇聯建設成了「一個偉大的光輝燦爛的社會主義國家」，因此「蘇聯共產黨就是我們的最好的先生，我們必須向他們學習」。蘇聯當時已經建成了集體農場，以滿足工業生產的需要。中國也要這麼做。蘇聯專家斷言：「沒有農業社會化，就沒有完整、堅固的社會主義。」毛進一步指出，這種改造將需要「很長的時間和細心的工作」。[1]

這項工作的確很艱難，但通往農業集體化的進程遠比大家預料的要快得多。[2]土改剛一結束，這一過程就開始了。當農民們差不多都平均分配到土地後，卻沒有足夠的牲畜和工具從事生產。在土改前，有些人以耕種為生，但另一些人則是將其作為副業。而且，那些專門從事耕種的農民通常也最多擁有一頭牲畜和很少的生產工具，隨著人口密度的增加，越往南方這個現象越突出。從檔案資料中我們可以發現，土改後這個問題變得非常嚴峻。例如：湖北宜昌的黨委報告說，窮人們光有土地還不行，他們缺少耕牛、工具、種子、化肥，甚至沒有足夠的食物度過春荒。這種情況很「普遍」，但在剛剛結束土改的地區特別突出，因此對貧雇農們來說，當年的產量難以提高，生活條件無法改觀，前景不容樂觀。集體化似乎是唯一的選擇。[3]

因此，土改後，許多地區的農民開始幾戶人家共用牲畜和工具。但耕牛和農具的主人對此並不積極，因為除了他們自己，別人並不會愛惜這些工具和牲畜。幹部們不得不召開群眾大會，推動這些不太情願的農民參加集體化。開會時，通常會臨時搭起一個高臺，掛上紅旗以及中共與蘇共領導人的畫像。有人在日記中寫道：一名農業專家洋洋灑灑講了好幾個小時，快要結束時，他大聲說道：「因為缺少耕牛和工具，中央已經決定大家可以借鄰居的用。要是有人拒絕這麼做，地方政府會想辦法的。」[4]

這是集體化的第一步。那些共用工具、牲畜和勞動力的家庭被稱為「互助組」，儘管事實上並不是真的互惠互利。以前，窮人們經常會在農忙季節互相幫助，但都是出於自願，而不是由地方幹部強迫。拒絕參加集體化的農民很可能被指責為「不愛國」、「國民黨走狗」或者「落後分子」。有時候，堅持單幹的農民不得不在背後貼上紙條，上面寫著「資本主義」或「單幹戶」。在四川省岳池縣，一名村民被迫在脖子上掛上一塊牌子，上面寫著「懶漢牌」，另一名村民的牌子上畫了一隻烏龜。在離此不遠的廣安縣，有一名堅持單幹的村民被迫在大街上一邊走一邊敲鑼，並對路人喊道：「大家不要像我，不該不參加互助組。」同在廣安縣的另一個村子裡，村民被迫做出選擇：當地幹部向他們展示了兩張宣傳畫，一張是宣示效忠毛澤東，另一張是效忠蔣介石，每個村民都得表態向誰效忠。更嚴重的處罰則是，那些拒絕加入互助組的村民從此再也得不到生產所需的貸款。[5]

就算土改運動解決了之前農村中的所有問題，如今的農業集體化又造成了新的矛盾。那些在土改中倖存下來的牲畜，現在雖然可以借用，但大都得不到精心照料。當牠們被歸還到主人手裡時，經常又髒又病，有些甚至疲勞至死。在海南，水牛在村民手裡借來借去，根本不會歸還給原來的主人，以致耕牛的主人只能在未翻地的情況下就播種，最終結出來的都是空麥穗。有些船被借出去兩個星期還不歸還物主，致使別的船主不願再出借自己的財產。他們以各種藉口推脫，有人說自己的船經不起大風浪，有人則在船裡堆滿河泥。互助組共用的勞動工具經常壞掉，有些是由於使用不當，有些則是被故意毀壞的。物主與借用者之間的矛盾很快便改變了大家對私有財產的認識。窮人聲稱「一窮為榮」，要求平分所有的物品，「有飯要大家吃，有錢要大家用」。有錢人則害怕遭到別人的嫉妒，貧窮變成了大家追求的目標，「富有」這個詞本身就會導致可怕的結果。[6]

有些貧苦的農民對一九五八年夏天在大躍進運動中成立的人民公社充滿了期待，有時候他們會提出非常過激的要求：無論每個人貢獻了多少，所有東西都必須充公。在海南省的某些地方，有百分之六的生產隊實行了這種激進的平均主義，在一個由五個家庭組成的生產隊裡，甚至連婚禮的費用也得大家平分。很快地，大家就開始疏遠那些出力比別人少的人，特別是孕婦，因為白吃不幹活而受到責罵。農民們都不願意去市場上買東西，因為害怕被罵偷懶。私人財產的界限變得很模糊，致使偷竊成風。有一份報告說，「社會秩序反常，所有村莊都出現了無政府的狀態，任何財物都可以任意取用。」[7]

海南是最後一個被解放的地區，滿洲則是第一個。在東北，互助組的成立同樣耗盡了農村的資源，而且這種情況比全國其他地區出現得更早。因為不願與別人共用自己的資源，有人殺了家裡的牛，有人賣掉身強力壯的馬匹，換成老弱的病馬，裝著橡膠輪子的小車也換成了裝著木輪子的舊車。這種趨勢出現於一九五〇年的春天。不到一年時間，東北農村三分之一的村莊都陷入了極端的貧困，沒有耕畜，沒有食物，沒有飼料，也沒有工具，有時候甚至沒有足夠的種子來播種。即使有足夠的種子，村民們對待播種也馬馬虎虎，把秧苗插得歪歪倒倒。一份遞交給人民代表大會的報告說，「群眾缺乏（生產的）熱情」。[8]

除此之外，還有一些其他的問題。土改本應改正過去的不公平現象，將群眾的生產力從封建主義的桎梏下解放出來，但是從全國的情況來看，土地分配完之後立刻就出現了買賣的現象。在浙江省，一九五二年就有貧窮的農民出售或交換部分土地。在建德縣的一個村子裡，有一半的土地經過買賣，有些被賣給富農或者城市裡的商人。在金華地區，有多達百分之七的土地被出租，這些土地上的產量占該地區全年糧食產量的百分之二十左右。[9]

其他地方的情況也差不多。在四川省閬中縣，多達六分之一的農民出售了部分土地，致使一年多之前進行的土改前功盡棄，有些人甚至交不起土地稅。土改的另一個目的是為了查找之前逃稅的土地。但是在江蘇和安徽的很多地區（其他省也一樣），許多土地依然沒有徵稅，這些土地被稱為「黑地」。在安徽譙城縣，「黑地」的比例高達百分之七十。有時農民和幹部會合謀隱藏最好的地塊，或者在土地註冊時把好地寫成荒地。安徽宿縣有一個村長在丈量土地時大膽宣稱：「量還不是馬馬虎虎，反正是瞞上不瞞下的事。」不過大部分「黑地」的受益者都是當地的幹部，他們現在成了群眾的主人——吉林省的情況就是這樣。據一個掌管數省的機構粗略估計，大約有一半的地方幹部是腐敗的。在有些地區，新的特權階級已經出現，約十分之一的幹部家庭達到了富人的生活水準，不僅僱傭勞動力，還收取高額的利息和倒賣土地。[10]

土改後，每個人都獲得了一部分土地，所以人人都得上繳糧食作為賦稅。但是在解放前，並不是農村裡所有的人都從事農業生產，就算是以種田為生的人，也往往會在耕種之餘打些零工、做些手藝活來補貼家用。在有些地區，整個村子都會從事一項專門的手工生產，如製作雨傘、補鞋、做帽子、編籃子等，然後將產品拿到市場上出售。可如今，靠賣手工藝品賺來的錢大都被新政權榨乾，或被迫投入了互助組。革命前，生產工具的製作都靠鐵匠。他們通常把店開在水房或磨坊的旁邊，每天爐火通紅、鐵錘錚錚，可如今他們當中的許多人不得不組成生產小組，在國家的控制下從事生產。在四川會理縣，鋤頭和耙子的產量增加了一倍，但品質卻下降了，有些用了一、兩天就壞了。[11]

農村地區的工業已經全部廢除，蕭山就是一個例子。它本來是浙江一個很富裕的縣，當地一半以上的人口以造紙為生。這項工作技藝獨特，代代相傳，需要將苧麻、桑葉和竹子一起浸泡、捶打、洗滌，把它們變成長長的纖維，然後放在石灰水裡壓製成薄紙。解放後不到一年，當地的造紙業就因為賦稅過高而消失了。兩百多家小作坊中，只有不到四分之一勉強堅持下來。大批失業的農民不得不靠挖竹筍、割草和偷木料勉強為生。蕭山並不是一個特例，私營企業在全國都被當成資本主義的產物。在湖北全省，至一九五一年十月，農村地區大多數人口的副業收入比之前減少了一半。農民們對農業的依賴達到了前所未有的程度。在許多省，副業的產出直到一九八〇年代才恢復到內戰前的水準。[12]

土改後，雖然從事農業生產的人口越來越多，人均糧食產量卻出現了下降的趨勢。在湖北，土改委員會派出的工作隊報告說，全省所有的縣都出現了饑荒。饑荒的蔓延有很多原因，但大都是人為造成的。從北方來的幹部不顧當地的經濟條件亂下命令，有些參加群眾大會的村民遭到整晚關押，許多牲口餓死，生產工具也匱乏。有些村子挨餓的人口多達五分之四。沒人敢借錢給別人，因為人人都怕被貼上「剝削者」的標籤。饑民們求助無門，過去的慈善機構如今都被解散了。[13]

一九五三年，饑荒蔓延到更多的鄉村。這一年春天，山東有三百萬人口忍饑挨餓，河南有五百萬饑民，湖北有近七百萬，安徽也有七百萬，廣東有超過二十五萬人沒有食物，陝西和甘肅的饑民超過了一百五十萬。在貴州和四川，絕望的農民連種子也賣掉了。南充縣有四分之一的村民就是這麼做的。湖南、湖北和江蘇也普遍出現這種情況。在湖南邵陽縣，饑荒迫使還算富裕的農民變賣了所有的財物。在許多地方，絕望的富農甚至賣掉了孩子。村民們不得不吃樹皮、草葉、樹根和泥土。天災更令饑荒雪上加霜。史達林死的那一年，全國各地出現了洪水、颱風、霜凍等自然災害，規模之大，前所未有。[14]

但是，除了天災，許多報告都認為，高額的賦稅和部分地方幹部的無能（或者說麻木不仁）也是造成饑荒的重要原因。按國際上公認的最低標準，每人每天至少需要攝取一七〇〇—一九〇〇卡路里的熱量，為此每個月至少需要吃二十三至二十六公斤的糧食。然而，一九五二年山東每一個村民每個月的糧食配額大約是二十公斤，而且這二十公斤原糧當中還包括飼料、種子和用於其他用途的糧食。因此，農民們每年的口糧實際只有一百六十三公斤，即每個月不到十四公斤。一九五三年，國家把這一配額進一步減少到每年一百二十二公斤，平均每個月只有十公斤多一點，根本無法吃飽。山東並不是一個特例。正如第七章所示，在吉林，一九五二年韓戰期間，沉重的糧食賦稅導致了大範圍的饑荒。那一年，農民們每年的口糧只有一百九十四公斤。到了一九五三年，糧食徵收的份額卻從百分之四十二點五上升到百分之四十三點八，農民的口糧進一步減少到每年一百七十五公斤，平均每個月不到十五公斤。雖然偶爾會補充一些蔬菜，但這麼少的口糧根本不能填飽肚子。這些數字雖然無法揭示饑荒中的人為因素，但頗能說明問題的嚴重性。在貧窮的河北省南河縣，一九五〇年後，窮困家庭出售兒童的數量出現了快速增長。一九五一年有八個小孩被賣掉，第二年十五個，一九五三年達到二十九個。我們無從瞭解那些父母為了換取一點糧食而賣掉小孩時的痛苦心情，但檔案中提到了當地幹部的所作所為：當放貸者向窮苦的農民索取高達百分之十三的月息時，他們不僅不聞不問，有時還參與其中，利用手中的權力向農民勒索更多的錢財。[15]

＊＊＊

對於所有這些問題，黨的解決辦法就是沿著集體化的道路繼續前進。建國以來，政府一直對反革命分子和其他社會主義的敵人施以無情的打擊，如今，所有的問題都被歸罪於投機分子、囤糧者、富農和資本家，為了解決這些問題，黨認為需要加強國家的權力。從一九五三年開始，互助組變成了合作社，工具、耕畜和勞動力都得長期共用。村民們可以保留對小塊土地的所有權，但必須拿出部分土地投入合作社與其社員共同耕作。合作社很快就主宰了農民生活的各個方面，包括向農民提供種子、食鹽、肥料、貸款等，並可以決定農產品的價格以及收糧和賣糧的時間。

按照設想，集體化的第二步也是由農民自願實行的，但事實上幹部和民兵控制得如此嚴格，農民們別無選擇。很多地方試圖讓農民將更多的財產投入集體。有一份報告說，農民們開始「普遍」地屠宰牲畜，放棄省吃儉用積累下的財產。有一對夫妻把家中的五十公斤豬肉全部吃光。在吉林，孫鳳山寧願把自己的豬殺了，也不願交給國家，但是由於沒有冷藏設備，許多肉在夜裡被狗吃了，全家因此大哭了一場。村民們如今不再互相借糧，而是轉而向國家求助，但從未打算償還。對集體化比較積極的通常是窮人。在陽江，貧困的農民接受了國家資助的糧食後，公開宣稱並不打算歸還。有一個人運走了一千五百公斤的大米，在被問到如何償還時，他說：「一年兩年就社會主義了，還我條屁。」[16]

農民們傳統的利益和習俗如今都被忽視或者摧毀。大家開始爭奪那些尚未在土改中被沒收和重新分配的公共資源，如牧場、荒地、鹽沼等，還有家長讓小孩去河岸和樹林裡撿拾柴薪，大家都想在集體化之前儘量多撈些東西。在廣東省化縣，兩百多人因爭搶樹林發生械鬥，導致多人受傷。茂林縣有個村子組織了三百人去砍伐鄰村的樹木。河流和池塘也成為爭奪的目標，致使許多農村地區「出現緊張和不安全的現象」。[17]

隨著合作社的成立，耕地面積卻隨之下降了。雖然大家共用土地，但大片的土地卻被拋荒，因為大家知道這些地即將交給集體，而且個人得到的補償實在太少，因此對這些地都不再過問。在吉林省有四萬到五萬公頃的耕地在集體化的第一個階段即被拋荒，就連許多曾被精心耕作的土地，如今也無人照管。四川一個叫王子祥的農民任由他的梯田塌毀，他解釋說：「修好做啥，沒兩天就要歸公。」[18]

儘管農民透過宰殺耕牛、隱瞞或毀壞財物、消極怠工等方式加以抵制，合作社成立的速度卻快得驚人，其原因是背後有政治因素在驅動，各級黨政官員都渴望用自己的突出表現獲得毛主席的嘉獎。例如在吉林省，一九五三年加入合作社的農民還不到百分之六，但一年之後，入社率就達到了三分之一，以致一份報告用「混亂」來形容當時的情形。全國各地的農村幹部都在迫使農民加入合作社。一九五三年全國大概僅有十萬個合作社，一九五五年便迅速增長到六十多萬個，有百分之四十的農民都入了社。[19]

＊＊＊

對農村最具破壞力的改變是一九五三年底實施的糧食壟斷政策。所有種糧者都必須將餘糧透過合作社賣給國家，價格則由國家決定。這是集體化的第三步。

這一重大決定的目的是為了穩定全國的糧價，消滅投機，確保城市的糧食供應，並為工業生產提供資金。一九五三年出現饑荒的時候，政府發現有私商哄抬糧價，他們囤積大米和麥子，試圖賺取更多的利潤。這種現象本不奇怪，但如今因為有了合作社，情況變得更糟了。為了抵制集體化，農民不僅宰殺了耕牛，而且把糧食也藏了起來，因為他們更願意把糧食賣給私商，而不是國家。此外，合作社有固定的上下班時間，完全不考慮農民的便利，而私營的糧店則隨時可以營業。正因為合作社經營得很差，所以農民們更青睞個體糧販，但在黨的領導者看來，這表明資本主義正在顛覆農村中的社會主義。[20]

把饑荒的責任推到個體商人的頭上當然很簡單。除此之外，政府實行糧食壟斷還有一個更迫切的需要：為了應對巨大的財政危機。土改並未促進經濟的繁榮，相反地，商業開始凋敝，財政赤字飆升，政府開支是收入的兩倍。一九五三年七月，赤字額高達二十四億元。[21]

造成赤字的一個重要原因是外貿萎縮。一九四九後，中國商品的出口對象從西方突然轉向了蘇聯，因此不得不依賴史達林來賺取外匯。中國竭盡全力想把更多的商品賣給蘇聯，但蘇聯人卻並不積極。負責外貿的領導人承認，他們不停地糾纏和騷擾蘇聯的外貿部門，但是一九五三年蘇聯只購買了中國計畫出口商品總額的百分之八十一，遠遠低於中國的期望。[22]

令情況雪上加霜的是，史達林曾承諾從一九五三年開始援助中國進行第一個五年計畫，如今這個承諾卻大打折扣。一九五二年九月周恩來與蘇聯領導人會面時，曾提出向蘇聯貸款四十億盧布。史達林回答說，蘇聯「肯定會給一些，但具體的數位還需要計算，我們不能給四十億這麼多」。史達林同時還提出了許多要求。例如：他要中國出口大量的天然橡膠——「每年至少一萬五千至兩萬噸。」周恩來對此猶豫不決，史達林則威脅如果中國不答應就要減少對中國的援助。他希望得到更多的稀有金屬，包括鉛、鎢、錫和銻，並堅持用盧布來支付，實際造成了中蘇貿易的不平衡。[23]

之後雙方又舉行了無數次會談。中方負責談判的是李富春，他是一個有書卷氣、不愛出風頭的人。李富春在莫斯科待了十個月，跟蘇聯人討價還價。一九五三年三月史達林死後，他的繼任者迫使北京做出了更多的讓步。史達林認為，中國設想的經濟增長速度過於「急躁」了，他提出要將增長率從百分之二十降到百分之十五，同時他還將蘇聯援助中國的工業項目從一百五十一個減少到九十一個，並否決了與國防有關的專案。正如李富春所說：「（史達林認為）我們想要就要，而且要得多、要得快。」毛和他的同志們別無選擇，只有在一九五三年六月接受了這個打了折的交易。[24]

幾週後，毛要求財政委員會制定出一個增加糧食徵購量的辦法。陳雲、薄一波和其他人早在一九五一年就提出過由國家實行糧食壟斷，但當時地方上的幹部警告說，如果不讓農民到市場上自由地出售糧食，就有可能引起反抗，這一計畫最終被放棄了。現在，似乎實行這一計畫的時機成熟了，但少數領導人對此仍持保留態度。鄧子恢曾是華南地區的負責人，如今主管權力很大的農業委員會。他認為內陸省分土地貧瘠，不宜耕種，對這些地區不應過分增加糧食徵購的任務。就連當初提出增購計畫的陳雲也警告說，實行這個計畫有可能導致農民的反抗，但最終他還是站在了毛的這一邊。[25]

國家對糧食的壟斷是從一九五三年十一月開始實行的。這個制度是這樣運行的：政府估計每畝田的產量——這個數字通常比實際產量高出許多，有時迫於上級的壓力，還會額外加碼。此外，每個人口糧的數量也由政府決定，大約是每人每月十三至十六公斤——這些糧食可以提供的熱量只比一個人每天所需的一七〇〇—一九〇〇卡路里的最低熱量稍高一點，因此村民們大都處於半饑飽的狀態。所有口糧、土地稅和留種都要從預先估計的糧食產量當中扣除，剩下來的則被當作餘糧。餘糧必須賣給國家，而且由政府確定價格。農民們可以向國家回購糧食，以彌補基本口糧的不足，但前提是他們得買得起，而且政府在用徵來的糧食供應給城市、支援工業建設和支付外債後，還有剩餘的糧食可賣。

控制糧食的收割就相當於對全體農民宣戰，黨的領導人對此完全清楚，他們因此避免使用「徵購」這個詞，因為這會讓人想起第二次世界大戰期間日本人在華北的所作所為。政府使用了另一個說法，將國家對糧食的壟斷稱作「統購統銷」，而私下他們將這個制度稱作「黃色炸彈」。他們知道農民肯定會反抗，但即便如此，這項制度也必須得推行，因為在他們看來，如果不實行對糧食的壟斷，私人糧商就會繼續操縱市場，從中漁利——他們將這種情況稱作「黑色炸彈」。[26]

「黃色炸彈」摧毀了中國鄉土生活的根基，大量的糧食耕作者變成了國家的奴僕，由此引發的抗議到處都有，但大多數都是私下的，甚至有些地方幹部也站在農民那一邊——不管是出於策略的考慮，還是真正地關心農民的利益。在廣東的部分地區，多達三分之一的幹部幫助農民隱藏糧食。在紫金縣，村民們召開大會，想出各種辦法來隱藏糧食，不讓檢查者發現。公開的反抗很普遍，在離澳門不遠的中山縣，十八名村民連續抗議了四天。許多地方還發生了縱火和謀殺的案件。[27]

在江西，有些農民闖進幹部家裡，四處翻找，毫無節制地吃喝一番，最後只象徵性地付些錢，他們解釋說：「你們過去工作是到我們家裡來吃飯，也是給一千人民幣一餐，現在我也同樣給一千（一千為舊幣制，等於新幣制的一角錢）。」還有人闖到他們討厭的幹部家裡，賴著不肯走。傳單隨處可見，呼籲大家抵制政府對糧食的徵購。糧食檢查員在鄉下檢查時，身邊總是圍著一群群小孩，高聲咒罵毛主席和政府。[28]

在湖北，農民們早在一九五〇年就進行反抗了。有些村民攔住運糧船，堅持認為只有生產糧食的人才能吃這些糧食。有一個村子，上百名婦女擋住通往當地糧倉的道路。還有些地方，有三百名婦女拿著棍子和石頭阻斷了通往糧船的路，有些人甚至向幹部扔盛滿尿的罐子。在四川，出現了咒罵糧食徵收政策的標語和傳單。在漢源和西昌，路邊出現了「打倒毛澤東！」、「堅決消滅解放軍」的標語，有些地方還出現了諷刺共產黨的歌曲。[29]

對於這些農民的反抗，政府以更為暴力的方式予以回應。眼看著糧食被民兵強行運走，有些人因害怕挨餓而流下眼淚。反抗者或沒有足額納糧的人還會遭到毆打。廣東省糧食局報告說，許多頑固分子被扒掉衣服站在寒冷的室外長達數小時，這種現象很「普遍」。廣東全省有數千人因為拒不賣糧給國家而被捕。在河北省保定，當徵糧隊進村時，會引起一片混亂。有人躲在廁所裡，有人假裝生病，少數敢於站出來罵幹部的則會遭到毆打。有些年老的婦女因為絕望和害怕而失聲痛哭。在邯鄲地區，幹部則簡單粗暴地宣稱：「你們報不出餘糧，就停止十天供應（食用油、鹽和其他日用品）。」在位於石家莊南邊元氏縣的二十四個村，幹部對村民們吐口水、推搡、捆綁和毆打，以迫使他們下田幹活。之後的一項調查表明，在元氏縣的兩百零八個村子當中，超過一半出現了暴力。幹部們使用在之前的運動中學會的方法來折磨農民，有人甚至公開說農民就是「奴隸」。有些地方還對村民執行「模擬死刑」。此外，還有孕婦被打暈，小孩被迫立正幾個小時——這種處罰方式「非常普遍」，自殺的事件也「不斷」發生。[30]

有時候，村民與軍隊之間會爆發激戰。公安部長羅瑞卿曾提到，全國出現了數十起動亂和叛亂。在廣東中山縣，一九五五年初，有數千名村民造反，要求取消糧食壟斷。當局派了四個連的士兵前去鎮壓。這場血戰持續了數天，雙方都有人員死傷，最終有三百名農民遭到逮捕。在四川省瀘定縣，一個月內就發生了六起騷亂。四川米易十個村的村民奪取民兵的武器，包圍了當地黨委。除非檔案完全公開，我們無法得知當時到底有多少人遭到國家機器的鎮壓。[31]

政府偶爾也會妥協。在藏族人口占多數的甘肅省部分地區，如夏河、卓尼和其他一些縣，當幾名地方幹部遭遇埋伏被槍殺後，糧食徵購政策被完全取消了。這一地區到處都是叛亂的傳言。有一個傳得很廣的口號是「與其等著餓死，不如起來造反」。政府被迫做出讓步，下令甘肅、青海和四川等省必須保證對藏民的糧食供應。[32]

然而，在那些政治上不是那麼敏感的地區，政府施以了無情的壓力，甚至連最基本的口糧有時候也無法保證。在廣東清遠的一個合作社裡，除了兩名社員外，其他所有人都被迫賣掉了家中的全部糧食。有時候，黨的書記必須帶頭將自己的糧食賣給國家。丘森是公安委員會的一名成員，他賣了大約五百公斤糧食，以致全家五口人只剩下一百一十公斤口糧，連兩個月都支撐不了。當情況變得越來越糟，有些地方政府開始減少允許農民回購的糧食數量，並對「地主」、「富農」和「反革命分子」等成分不好的人施加種種歧視性的限制。在陽江，被劃作「地主」的人根本買不到糧食，在德慶，甚至連「中農」也買不到糧食。在海南，只有缺糧至少三個月的農民才能購買額外的口糧。在江西省豐城，只有足額納糧的家庭才能買到糧食。[33]

* * *

收割糧食僅僅是第一步，接下來還要篩選、去皮、洗淨、磨碎、儲存、運輸和出售。鳥、老鼠、蟲子和黴菌都是糧食的天敵，必須想辦法預防，而且糧食還得晒乾，否則會發霉。盛放糧食的最簡便容器是籃子，其大小形狀各不相同。去了皮的糧食通常儲存在陶罐裡，各地還為此專門興建了糧倉——解放前，大部分糧食只供應給當地的消費者，因此並不需要大面積的儲存設施。此外，糧食還可以裝在以草和土做成的圓形容器裡，為了避免受潮或發霉，它們通常放在水泥地或沙石地上。用得最多的則是麻布口袋，一袋袋堆在糧倉裡，或者在外面蓋上防水的油布。在陝西，糧食被保存在窯洞裡，在北方的黃土高原，人們把糧食儲存在圍著木板的地窖裡，有些地窖深達十二公尺。不論用什麼方式來儲存糧食，有一點是相同的：大家對賴以維生的糧食都會精心地保管起來。[34]

如今，糧食被國家控制了，這樣做的代價是巨大的。農民、小販、糧商、磨坊主以及從事糧食生產加工業的所有人員都被當成了投機分子和資本家，不得不靠邊站，因此國家不僅要僱傭更多的工作人員來管理糧食，還得新建大量的場所來儲存這些糧食。根據壟斷制度的規定，即使某個地方的糧食只供應給當地的消費者，農民也得先把糧食賣給國家，然後由政府再出售給有購買能力的消費者。可想而知，國家並沒有足夠的設備來儲存這麼多糧食，這種狀況持續了數十年，政府為此支付了高昂的成本。一九五六年，據一名專家估計：「如果國家儲存這些糧食超過三年，其成本就與這些糧食本身的價值相當了。」[35]

當糧食不再由私人或家庭保管，而由國家大規模地管理時，就會出現諸多問題。例如：一九五四年一月，華東各省報告說，儲存的糧食因溫度過高而受潮，僅上海一地就有四萬噸糧食發霉。地方幹部對這個問題並未足夠重視，因為相對於糧食的品質，他們更關心的是數量，他們的工作就是要向上級證明徵購了多少糧食，而不是證明多好地完成了這個任務。有時候，為了增加分量，他們還故意提高糧食的溼度，甚至往裡面摻水。有人參觀了華南地區的一個糧倉，當大門打開時，他見到以下這番情景：

> 一群群的飛蛾和蟲子，還看到好幾隻像小兔子那麼大的老鼠在地上亂竄。地上鋪著石板，上面亂七八糟地放著各種各樣的容器，還有一些大大小小的破袋子、陶罐子和木箱。在一個角落裡，放著一個很大的蘆席編成的桶子，裡面堆著麵粉。眼看蟲子嗡嗡叫著飛來飛去，還有桶裡那些蠕動的小蟲子，我就嚇得不敢往裡走了。有一個桶裡裝著麵粉，上面全是藍色的黴菌，散發出難聞

的味道。[36]

由於對糧食實施了壟斷，一九五四年國家控制的糧食總量達到前所未有的水準。山東省糧食徵購的數量從一九五三年的兩百萬噸猛增到一九五四年的近三百萬噸。即使在增長相對較緩的地區，其結果也是災難性的。例如：河北省糧食徵購的數量從一百九十萬噸增加到兩百零八萬噸，糧食徵購的比例也相應地從百分之二十三點五增加到百分之二十五點九。在陝西省，被國家徵購的糧食從百分之十九點五增加到一九五四年的百分之二十五點五。糧食徵購比例最高的是吉林省，雖然一九五四年當地的糧食產量降至五百三十一萬噸，但徵購的比例卻高達百分之五十點七。結果，村民們的年均口糧只剩下一百四十五公斤。[37]

當時，中央負責農村工作的是鄧子恢。一九五四年七月，在糧食壟斷實行了十個月後，他坦言道：解放前，農民每年的人均口糧大約有三百公斤，如今全國各地的口糧都減少了，每天只有半公斤或者不到三分之一公斤，而且其他食品也很缺乏。非城鎮居民每人每年食用油的配額大都不足三公斤。鄧子恢把政府對糧食的壟斷稱作「沒有辦法的辦法」，是為了「苦藥不均」。沒過多久，他就為自己的坦誠付出了代價。[38]

「苦藥不均」的意思就是忍饑挨餓。一九五三年的饑荒過去後，到了一九五四年，許多農民依然吃不飽。一九五四年一月二日，中央委員會就曾警告說，國家對糧食的壟斷會造成農民的死亡。在河南和江西，有四百五十萬人陷入了困境。在湖南，多達六分之一的農民吃不飽飯。山東有三百萬人口沒有足夠的食物。在貴州和四川，有四分之一的山區人口糧食不足，許多人被迫賣掉衣服、土地和房子。全國各地都有人賣掉自己的孩子。僅江西吉安一個縣，兩個月裡就有三十二個小孩被賣掉。廣東也出現了這種現象。在普寧縣的一個村子，張大賴把自己的小孩賣了五十塊錢，他可以用這筆錢買米度過饑荒。在安徽，有多達兩百名的乞丐四處遊蕩，有些人最終被凍死。在甘肅寧夏，有些身體孱弱的饑民倒斃在逃荒的路上。省政府派出的檢查人員對此解釋說：「主要原因是當地幹部對去年歉收情況估計不足，在統購統銷工作中又發生嚴重偏差。」[39]

大多數政府報告都指出，這些饑荒在一定程度上是人為造成的。然而，一九五四年八月，中央決定將這次自一九四九年以來最嚴重的饑荒歸因為「自然災害」。政府並沒有幫助農民賑災，而是反覆強調，一定要按國家的命令生產足夠多的糧食、油和棉花，因為這些產品「關係到城市工業生產和農村工商業的社會主義改造」。過了一年，當一九五五年春天再次出現饑荒的徵兆時，經過劉少奇和周恩來的同意，中央文件提出這樣一種說法：「叫喊缺糧的人，其中絕大多數並不是真正缺糧。」周恩來僅僅改動了一些數字，認為總的來說，糧食壟斷政策的效果很好。這項政策執行得很有力，以致到了一九五三年十一月和一九五四年九月，油料作物和棉花也被納入統購統銷的體系。很快地，所有的主要糧食作物和農業原料全實行了統購統銷。[40]

＊＊＊

面對日益加緊的農業集體化改造，有些農民選擇了離開農村。過去，在農閒季節，農民們通常會到城市裡打零工賺些外快，有些到工廠裡做工，有些販賣些小商品。有時他們會離開好幾年，從外地將收入寄回家補貼家用。在湖北省饒陽縣，一九五〇年代初，農村裡有四分之一的男人會在冬天到城市裡打工。但是國家並不鼓勵農村人口流動。解放後不久，就有數百萬的難民、失業人員、復員軍人和其他閒散人員被下放到農村。這些人不斷地返回城市，雖然政府想努力遏制這種趨勢，還是有大約兩千萬的農村人口生活在城市的邊緣，從事骯髒、繁重、甚至危險的工作。與過去一樣，他們來城市是為了改善生活條件。此外，由於國家對私營經濟的打壓，大批商販也不得不離開農村，去城裡謀求生路。

不過，如今農民離開農村最主要的原因是為了逃荒。在國家對糧食實行壟斷之後，許多村民用腳來投票，成群結隊地離開了鄉村。一九五四年三月，有五萬多名農民湧入山東省的省會濟南。在大連，一九五三年秋，這座規模不大的城市一下子湧入了一萬九千名饑民，甚至有人向蘇聯的軍人求助。在東北的鋼鐵基地鞍山，有八千名農民來到城裡尋找工作機會。武漢的大街上也出現了數百名貧苦的農民，許多人靠乞討為生。有些人變賣了所有的衣物，有些則對城市感到失望，最終選擇了自殺，還有人徘徊在政府機關的門口，喊叫哭鬧或者等死。饑民最多的地方是上海。一九五四年夏，平均每天都有約兩千名饑民乘火車抵達上海，還有數百人因買不起火車票而坐船來到這裡。[41]

一九五三年四月，政府通過了一項政策，試圖勸說成千上萬的農民返回農村，但效果並不明顯。一九五四年三月，國家頒布了更多嚴厲的政策，阻止農民到城市就業。在接下來的幾個月裡，公安加強了管理，各地設立了檢查站以控制人口的流動，防止過多的農民湧入城市。一九五五年六月二十二日，周恩來簽署了一項命令，決定將從一九五一年開始在城市裡實行的戶口制度推廣到農村。

這項制度類似於數十年前蘇聯實行的國內簽證。一九五五年八月，糧食開始實行配給制，所有糧食的分配均由每戶登記的人數所決定，到當地的糧站買糧必須出示購糧證，由此防止了大規模的人口遷徙。但是，國家只保證城市居民的糧食供應，農村人口的生存卻不得不靠自力更生。從退休到醫療、教育和住房等福利，政府只照顧城市裡的職工，被歸入農業戶口的人只能自謀活路。戶籍是隨母親決定的，因此即使一個農村的女孩嫁給了城裡的男人，她和她的小孩依然屬於「農業戶口」，不能享受城鎮居民的福利。

戶口制度對人口的流動也管得很緊，即使只在農村內部流動也不自由，任何人想要更改住址，都須得到政府的批准。在中國的歷史上，沒有哪一個政府曾經如此嚴格地限制居住的自由和人口的流動，除非是在戰爭年代的特殊地區。但是，一九五五年，中國的農民失去了居住和遷徙的自由，那些到城市裡想改善生活條件的人如今被稱作「盲流」——這個詞讓人不禁聯想到「流氓」。[42]

戶口制度將農民綁在了土地上，迫使他們為合作社提供廉價的勞動力。這是農業集體化的第四步。農民們現在離農奴只差一步——至少在理論上，他們還擁有對土地的所有權。

第十一章 高潮

在中國，日食通常被認為是不吉利的，要是新年出現日食，那就更加不祥了。一九五三年二月十四日，農曆新年的第一天出現了日偏食。三個星期後，史達林死了。在中國，各地都降半旗致哀，北京的公共建築都蒙上了黑紗。前往蘇聯大使館弔唁的人絡繹不絕，以致附近的街道不得不臨時實行交通管制，每個人的手臂上都帶著由黨員積極分子派發的黑紗。在紫禁城的正門口，面對天安門廣場搭起了一座紅色的檯子，上面堆滿了花圈和紙花，最高處則是一幅史達林的肖像。大喇叭裡交替播放著哀樂和對群眾的指示：「不要唱歌，不要笑，不要走來走去，不要喊叫，遵守秩序，按照報紙上說的來做。」人群一片寂靜。[1]

毛主席向史達林像鞠躬，並敬獻了花圈，但他沒有發表談話。在過去的三十年裡，他一直聽從史達林的建議，有時心甘情願，有時不太情願。即使在內戰期間，當共產黨軍隊占上風時，他依然聽從莫斯科的建議和指導。毛是史達林的忠實信徒，他在一九四九年煞費苦心地宣布中國會「一邊倒」，以此來證明他對史達林的忠誠。解放之後，北京和莫斯科之間的電報往來越發頻繁，毛主席似乎在每件事上都要徵詢史達林的意見。

毛是史達林的好學生，但他們的關係從來不是一帆風順的。毛經常對他的這位導師心懷不滿，而且三年前，史達林曾在莫斯科羞辱了他。毛特別反感蘇聯在滿洲駐軍，但更大的矛盾是，毛希望成為一個激進的史達林主義者，史達林卻不讓他這樣做。一九四七年十一月，毛主席曾寫信給莫斯科，說他計畫消滅所有敵對的政黨：「當中國革命取得最終勝利後——正如蘇聯和南斯拉夫那樣，所有共產黨之外的政黨都必須退出政治舞臺。」然而，史達林對此並不贊同，他認為中共應該實行新民主主義制度，讓反對黨繼續存在若干年。史達林解釋說：「勝利之後，中國政府將是一個全國性的革命民主政府，而不是一個共產主義政府。」毛雖不同意，但仍然在建立集權國家的同時保留了民主的外衣。之後，一九五〇年二月，史達林敦促毛主席實施較為和緩的土改政策，保留富農，讓他們幫助國家恢復戰後的經濟。幾個月後，毛在《土地改革法》中採納了史達林的建議，土改雖然對農村造成了破壞，但並沒有採取更為激進的做法。一九五二年，史達林在中風之前，還削減了對中國第一個五年計畫的資助，並警告中國領導人說，他們對蘇聯提出的要求太多太快。[2]

史達林的死對毛澤東來說不啻為解放。毛主席終於從莫斯科的控制下解脫出來，再也沒有誰能夠妨礙他實現自己的政治構想了。當然，他繼續向克里姆林宮通報自己的意見，這兩個共產主義國家之間仍保持著頻繁的電報往來。但是，再也沒有一個蘇聯的領導人可以向毛發號施令了——畢竟，他在全世界四分之一的人口中發動了第二次十月革命，並在「抗美援朝戰爭」裡與美國人打成平手。不久，毛就和蘇聯的領導人產生了隔閡。

早在史達林死之前，毛便開始削弱劉少奇和周恩來的地位了。這兩個人當時掌管著經濟，權力過大，這讓毛感覺不舒服。周總理說話語調和緩，有一點點陰柔，他在十年前就汲取了教訓——永遠不要挑戰毛主席的權威。一九三二年，毛的對手們將軍事指揮權轉交給周，結果卻是一場災難——蔣介石痛擊了共產黨的軍隊，迫使其進行了長征。當毛在延安占了上風後，為了證明對毛的忠誠，周恩來在一九四三年九月至十一月間做了許多次毫不留情的自我檢討。對周的指控主要是說他曾領導了一個小集團，跟反對毛的人站在一邊。周對此完全屈服，承認自己是個缺乏原則的「政治騙子」，他將此歸因為出生於「封建貴族家庭」。這是一個令人痛苦的經歷，但周恩來最終還是想盡一切辦法通過了考驗，成為毛的忠實助手。從此，他運用自己的組織才能全心全意地為毛主席服務，想透過這種方式來贖罪。[3]

劉少奇曾於一九二一年到莫斯科學習。他生活節儉，沉默寡言，熱衷於黨的工作，經常熬夜工作。二十年後在延安，他和周的處境恰恰相反——他忘我地投入到運動當中，試圖挖出黨內的特務和破壞分子。雖然審訊犯人的髒活是由康生負責，劉卻為這場迫害運動提供了理論依據。他很擅長這項工作，因此在一九四三年成為毛的副手。[4]

毛對日常工作和瑣碎的細節不感興趣，因此需要一群值得他信任的出色管理者將他的政治想像變成現實。對他來說，周和劉就是很有才幹的僕人，不管白天和夜晚，隨叫隨到。毛的作息時間與眾不同，他患有嚴重的失眠症，內心焦慮不安，因為他總是擔心別的高級領導人對他不忠。毛要服用大劑量的巴比妥酸、水合氯醛、丙烯戊巴比妥鈉才能入睡。他經常在白天小睡、在夜裡工作，不管什麼時候，只要需要，隨時傳喚他的工作人員和同志。他要求所有人一喊即到，而劉少奇、周恩來等高級領導人很難跟毛的作息時間保持同步，因此大家都得靠服用安眠藥才能入睡。

缺少睡眠只是一個小問題，這些領導人還得應對毛喜怒無常的脾氣，小心翼翼地逗他開心，避免說錯話，讓他產生疑心或誤解。毛說話常常語義含糊，其他人不得不揣測他的真實意圖。但有時候，毛使用一些模糊的說法是為了掩飾自己的無知，特別是對經濟問題，他知之甚少。毛很少對具體的金融問題發表意見，當他這麼做的時候，聽起來總顯得是個外行。這對周和劉來說是件很微妙的事，因為他們如今負責管理一個日趨複雜的政府及手下數百萬的工作人員。對他們來說，最好不要跟毛主席討論管理經濟的具體技術問題，以免讓毛主席難堪，但不跟毛談技術問題也有危險，因為毛在談話時會突然從完全抽象的事務跳到非常具體的細節。例如在一九五二年整肅幹部隊伍時，毛主席就對捉捕的人數定下了一個數字，只有當這場運動臨近結束時，毛才對此失去興趣，讓劉來收拾殘局。[5]

到一九五二年，周和劉已經組成了一個強大的經濟管理團隊，其成員包括：薄一波、陳雲、李富春和鄧子恢。隨著關於經濟的討論變得越來越複雜，毛開始越來越難控制這些人，因此覺得自己被邊緣化。與此同時，他覺得經濟增長得太慢，而且還得知有些領導人對集體化的進程表示懷疑。特別是劉少奇，他認為向社會主義過渡需要很長一段時間，因此在未來許多年裡，還需要商人對國家經濟做出貢獻。這種看法與毛相左，但是當史達林還活著的時候，毛不便隨意批評劉，因為劉曾在莫斯科學習，一九四九年夏他代表中國共產黨訪問蘇聯，史達林接見了他六次，對他表示了特別的關注。相反地，毛在莫斯科卻受到冷漠的對待。一九五三年二月底，毛得知史達林即將不久於人世時，曾試圖阻止劉知道真相（劉當時正在醫院做闌尾手術）。幾個星期後，中央舉行了追悼史達林的儀式，劉未能參加。[6]

一九五三年初，毛對財政部長薄一波提出批評。薄當時負責制定一套新的稅務制度，以減輕私營經濟的負擔。對於這件事，毛特地寫了一張紙條，交給薄並抄送其他幾位中央領導人。他抱怨說：「此事我看報才知，我看了亦不大懂。」周立刻意識到毛生氣了，當晚就寫了一封信試圖緩和局面。但是幾天之後，在一次高層會議上，毛當面批評薄：「對稅制的修改事先沒有報告中央，卻跟資本家進行了討論。資本家看上去比黨中央還要重要！資本家們歡迎這個新的制度，這是右傾機會主義的錯誤！」這話聽起來，似乎是想加快集體化改造的步伐，但毛批評的真正目標實際上是薄一波後面的兩個人——周和劉。毛把這個策略稱之為「投石問路」，即表面上批評一個人，實際是為了攻擊此人背後更有權勢的人。[7]

薄一波為此做了好幾次自我批評，但在之後的幾個月裡，毛並未就此甘休。在削弱其他領導人權力的同時，他進一步加強了對政府的控制。三月，他要求所有政府工作的主要和重要的指示、政策、計畫和事項等，都必須事先上報中央。五月，他寫了一封帶有威脅口吻的信給劉，要求「凡用中央名義發出的文件、電報，均須經我看過方能發出，**否則無效**。請注意。」幾個星期後，當著全體領導人的面，他嚴厲斥責有些人「不太注意」集體領導，而喜歡單獨行動。[8]

在警告周和劉的同時，一九五三年六月十五日，毛在政治局會議上宣布要加快社會主義改造的步伐。他援引馬列主義的觀點來說明這個問題：

> 黨在這個過渡時期的總路線和總任務，是要在一個相當長的時期內，逐步實現國家的社會主義工業化，並逐步實現國家對農業、對手工業和對資本主義工商業的社會主義改造。這條總路線是照耀我們各項工作的燈塔，各項工作離開它，就要犯右傾或「左」傾的錯誤。[9]

毛說他的談話是為了「駁斥偏離總路線的右傾機會主義觀點」。他沒有點名周和劉，但大家都知道怎麼一回事。長期以來，這兩個人一直聽從史達林的建議，為了努力維護新民主主義的外表，他們向企業家和工商業主們承諾保護私營經濟。但如今，毛對周恩來的「新民主主義」發動了猛烈抨擊，這個詞從此再也不能提了，甚至諸如「保持私人財產」這樣的口號也被毛認為犯了右傾機會主義的錯誤。毛主席提出了「過渡時期的總路線」，宣告「民主」已經過時了，社會主義改造從此開始，他自己則高踞全黨之上，可以任意裁決誰是左傾、誰是右傾，判斷的標準也可以由他任意改變。[10]

＊＊＊

毛的另一個策略是提拔了許多地方上的幹部到中央擔任高級職務，以此削弱以劉少奇和周恩來為首的經濟管理團隊的權力——他將這個策略叫做「摻沙子」。在這些新任命的官員中，最重要的一個是高崗。高崗是東北的領導人，於一九五二年十月來到北京負責領導剛成立的國家計畫委員會，他同時還負責八個與經濟相關的部門，涉及輕工業、石油、紡織等領域，因此分擔了很大一部分之前由周恩來分管的工作。他很快就出現在所有重要的高層會議上。他在中南海有一間辦公室，跟毛的辦公室僅隔一條走廊。高崗全家也隨之搬進了東交民巷前法國領事館的洋房。毛和高之間的私人交往很頻繁，經常談話到淩晨。高從毛主席那裡得到一些暗示，在一次會議上，趁財政部長薄一波做自我批評的機會，對薄發動了攻擊。他之所以這麼做，是因為之前仔細分析了經過毛修改和同意的一些批示，而且薄也是高的敵人——一年前，薄一波曾交給毛一份報告，內容是關於東北的腐敗問題，其矛頭直接指向高，毛讓黨內高層傳閱了這份文件。[11]

毛主席對高崗的印象很深，一九五三年夏，他委託高執行一項任務：調查劉少奇在一九二〇年代是否當過國民黨的間諜。高由此認為，這是毛希望打倒劉的信號。然而，毛很擅長分而治之。就在他對劉少奇和周恩來表示不滿的同時，對高崗也心存戒心。幾年前，高崗曾陪同劉少奇到莫斯科會見史達林。在一九四九年夏天的一次會見中，高曾表示東北應該成為蘇聯的第十七個共和國，以防止美國的攻擊。史達林雙眼盯著高，在一陣尷尬的沉默後，用一個笑話打發了這個提議。劉少奇因為此事發電報給毛，要求將高崗召回北京，毛同意了劉的請求。一九四九年七月三十日，失落的高崗前往機場，身邊沒有任何代表團成員陪同。幾個月後，當毛澤東前往莫斯科展開朝聖之旅時，史達林交給他一批文件，內容是關於高崗個人發送祕密消息給蘇聯領導人的證據。這些文件的內容至今還是個謎，但它們似乎並沒有妨礙高崗的仕途，他繼續掌管東北。不久，蘇聯即往東北派遣了數千名技術顧問，從高層的行政人員到底層的鐵路養護工人，他們在中蘇合作的模式下從事著各項工作。[12]

在史達林生前，毛一直容忍高崗。但是一九五二年十月，毛將高提拔到北京的政治局，其實是透過這種方式把他調出東北，使他遠離蘇聯，以便近距離地觀察他。這一次，高崗並沒有交上好運。這個人很健談——跟他見過面的好幾個蘇聯外交官都見證過他的誇誇其談——談到國內政治時，他誇誇其談，談到財政赤字時，他語帶譏諷，談到基礎建設存在的諸多問題，他也有頗多意見，而且他還會在背後出賣自己的同事。[13]

毛對高的這些所作所為到底知道多少，我們無從得知。一九五三年八月，毛派高崗去莫斯科與新的蘇聯領導人建立連繫。史達林是窒息而死的，因此死後雙眼凸出，負責安全工作的貝利亞是第一個上前親吻他屍體的人。第二天，貝利亞就從他那些惶恐不安的同志手裡奪過大權，掌握了短短的兩個月。六月二十八日，赫魯雪夫和其他幾個領導人突然下手逮捕了貝利亞，控告他「從事反黨反國家的罪行」。高崗此行見到了赫魯雪夫，但他在莫斯科只停留了兩天。這次陪高崗去蘇聯的不是他自己的祕書，而是毛澤東的私人祕書葉子龍——他監視著高崗的一舉一動。在回北京的路上，據說高崗情緒低落，感到「周圍烏雲密布，這次旅行不會為他帶來任何好處」。[14]

我們不清楚他到底在擔心什麼，但接下來的幾個月裡，高崗開始四處遊說，企圖取代劉少奇成為第二號人物。他不斷邀請想拉攏的盟友，前往自己的住所聚會，並與饒漱石結成了同盟——饒曾經是華東地區的負責人。高崗還列了一份高度機密的名單，作為將來政治局成員的人選。他還到南方巡視，與林彪（林的名字不在名單上）等軍隊領導人見面，試圖贏得他們的支持，打倒劉少奇。參加會面的還有一個二十人的代表團，其成員都是來自全國各地的領導人。

十二月七日，高崗的政治命運突然發生改變。那一天，陳雲和鄧小平見到毛主席，揭發了高崗的祕密活動。他們與毛舉行了三次長時間的會談，參加的人員包括周恩來和彭德懷。接下來的幾天，毛找其他領導人談話。十二月二十三日，毛單獨接見了高。第二天，毛召開最高層會議，警告說北京有兩個司令部，他只能控制其中的一個：「東交民巷八號（高崗的住所）車水馬龍，新華門門可羅雀。」[15]

毛沒有點名高崗，但他發出的訊息卻非常明確，令高崗驚出一身冷汗。就在那一天早些時候，莫斯科宣布，經過六天的審訊，貝利亞和他的六名黨羽已被執行死刑。貝利亞的六名同夥之一叫謝爾蓋·戈戈利芩（Sergei Goglidze），曾經負責遠東地區的安全工作。幾年後，在一九五九年九月的廬山會議上，毛澤東公開說莫斯科背叛了不對中國進行間諜活動的承諾，蘇聯人派戈戈利芩與高崗進行聯絡。[16]

高崗受到了整肅，其罪名是「叛國和分裂黨」。在一九五四年二月舉行的一次氣氛嚴肅的會議上，周恩來負責提出控訴，毛主席沒有出席。那些有可能支持高崗的領導人的住所都被軍隊嚴加看守，大會堂裡也站著荷槍實彈的士兵。有一名獲准進入會場的服務員被嚇了一跳，她看到周恩來在訓斥高崗，臉部「因憤怒而扭曲得變了形」。兩天後，高崗奪過警衛員的槍試圖自殺，但經過短暫的搏鬥後，槍打偏了。半年後，在嚴密的監視下，他還是設法吞下大量安眠藥自殺。饒漱石也被指控組織了一個「反黨集團」而遭到逮捕。整肅運動隨後展開，更多的領導人被安上陰謀反黨的罪名受到公開譴責，並被發配到集中營。[17]

毛是整個事件中唯一的受益者。高崗被整肅，對蘇聯人來說是一個信號，毛主席不允許蘇聯再插手中國的事務。高崗還曾幫助毛主席攻擊過劉少奇，劉最後保住了自己的地位，但在黨的會議上，他不得不向毛屈服，做了長篇的檢討，並表示熱情地支持集體化改造運動，從而為社會主義高潮的到來掃清了障礙。[18]

＊＊＊

一九五三年六月十五日，毛主席宣布了「過渡時期的總路線」，即要在十至十五年內完成農業和工商業的社會主義改造。雖然農民們被趕進了合作社，而且一九五三年下半年國家透過統購統銷徵收了大量的糧食，但是毛還想進一步加快集體化改造的步伐，因為參加了合作社的農民還有可能隱藏糧食，或者謊稱糧食歉收，從而拒絕將餘糧賣給國家，而且他們依然保留了對土地的所有權，可以自由支配工作時間，這些都不是毛想要的社會主義。社會主義意味著糧食應該直接從田裡送往糧倉，一切都在國家的控制之下。一九三〇年代初，史達林在俄國實現了這一點，毛也希望能夠做到，他說「蘇聯的道路就是我們的榜樣」。[19]

然而，大多數農民並不喜歡這條道路。正如上一章所示，一九五四年，無論是絕對數量還是占總收成的比例，政府徵收的食糧都比以前要多，因此許多農村地區出現了饑荒，而水災更令情況雪上加霜。一九五四年秋，農民們又開始毀壞工具、砍伐樹木、屠宰牲口。有些人甚至公開造反，造成村民與軍隊之間的激烈衝突。鄧子恢經過計算發現，農民如今的口糧還不到解放前的三分之一。一九五五年初，他開始允許一些合作社解散。鄧當時負責農業委員會的工作，他的這個決定並沒有得到毛的完全首肯。毛同意做一些局部的調整，但是四月分，當他乘坐私人列車到南方視察時，透過車窗看到農田一片欣欣向榮，突然又改變了主意。毛會見了上海市市長柯慶施。柯身材高大，梳個大背頭，內心對毛充滿敬畏。他對毛說：「鄧子恢給那些集體化的積極分子潑了冷水。」回到北京後，毛警告鄧子恢，對解散合作社一事必須謹慎，「否則你就得做自我批評」。[20]

在隨後的幾個星期裡，毛繼續抨擊針對集體化的「負面態度」。一九五五年五月十七日，他在杭州接見省級領導，建議各省應該成立新的合作社，並在數量上展開競賽。他不同意所謂「過度徵糧」的看法：「關於糧食問題，黨內黨外有一股潮流，就是說大事不好。這不對。照我說，大事好，就是有些亂子。」在一份關於廣西省集體運動的報告空白處，他批示道：「中農叫苦是假的。」當他看到一份關於廣東省強迫徵糧的報告後，批示道：「扣留了兩戶不願賣餘糧的，合作社很好。」[21]

然而事實上，各地集體化的進程在持續減緩，有些省不顧毛主席五月十七日的指示，繼續聽從鄧子恢的領導。七月十一日，毛接見了鄧子恢和其他幾位高級領導人，試圖讓他們同意到一九五七年使百分之四十的農民加入合作社。鄧不同意，毛諷刺他說：「你自己以為瞭解農民，又很固執。」會談持續了五個小時，但鄧仍固執己見。會談之後，毛對另一個領導人說「鄧子恢的思想很頑固，要用大炮轟」。[22]

三個星期後，毛對鄧子恢發出了嚴厲警告。一九五五年七月三十一日，毛發動了一場新的運動以加快向社會主義過渡的步伐。這一次，他宣稱過渡期不會超過三年：「在全國農村中，新的社會主義群眾運動的大風暴就要到來。」他還加了一句評論：「我們的某些同志卻像一個小腳女人，東搖西擺地在那裡走路，老是埋怨旁人說：走快了，走快了。過多的品頭論足，不適當的埋怨，無窮的憂慮，數不盡的清規和戒律，以為這是指導農村中社會主義群眾運動的正確方針。否，這不是正確的方針，這是錯誤的方針。」[23]

毛的話為新運動定下了基調。幾個星期後，毛的談話在黨內傳達到更大的範圍，在正式文件中，「大風暴」被改成了「高潮」。毛認定鄧子恢是反對社會主義高潮的主要人物，因此很快就把他劃成「右傾機會主義分子」，讓他靠邊站。八月十五日，在一次由各省和大城市領導人參加的會議上，毛施計終止了鄧子恢的政治生涯。他指責鄧的指示減緩了集體化的進展，「犯了紀律」，說他下達指示的時候「沒有透過中央」，「這是錯誤的」。毛反問道：「子恢講了，個人決定好，還是集體領導？」毛主席表明了他對社會主義改造的態度：「合作社慢慢吞吞走，富農願意，適合富農的資本主義道路。」他接著說：「社會主義要有專政，沒有不行……這是一個大仗，是對農民私有財產開火，半社會主義是半開火，這個仗是在五億人口裡打，是共產黨領導打的。」毛認為，破壞合作社的地主和富農就是反革命分子，應該被送進勞改營。三年前，梁漱溟因為寫信將農村描繪成「九層地獄」而被貼上反動的標籤，如今像他這樣的知識分子都應被當成反革命分子。事實上，所有「替農民叫苦的都是餘糧戶，梁漱溟、彭一湖，黨內也有。」[24]

＊　＊　＊

全國很快出現了集體化改造的高潮，消滅了大部分私人擁有的小塊土地。這一變化來得非常之快。一九五五年七月，一億兩千萬農村家庭中只有百分之十四加入合作社，不到一年的時間，至一九五六年五月，加入合作社的比例已經超過了百分之九十。在一九五三年開始成立的初級社中，農民通常只分享自己的部分土地，而且有時候估算土地的價值和產量可能要花上好幾個月的時間，牲口、魚塘、工具、樹木等在劃入合作社前都要估價。圍繞估價的問題，幹部和農民之間，乃至不同階級的農民之間，發生了無數的矛盾。貧窮的農民到處受到歧視，因為他們拿不出什麼和別人分享，只想從合作社裡獲得好處，甚至有些地方禁止盲人加入合作社。黨對所有這些問題的解決辦法，就是把合作社變成像蘇聯那樣的集體農莊：農民把土地的所有權全部交給合作社，農民變成農業工人，透過勞動賺取工分，並須服從地方幹部的管理——這是集體化改造的最後一步。從此以後，農民們對國家只能唯命是從。[25]

一九五六年三月，私人財產受到了更多的限制。以前，參加集體農莊的農民可以保留一小塊土地，在工作之餘由自己耕種。如今，保留地的面積大大縮減，只占耕地總面積的不到百分之五。[26]

集體化改造對經濟造成了災難性的影響。總耕地面積因此減少了三百到四百萬公頃，糧食產量落後於人口增長的速度。從解放後就一直存在的屠殺牲口現象達到前所未有的嚴重程度。一九五五年六月，胡風被捕之後，城市裡展開了鎮壓反革命的運動，如今在農村，集體化的高潮也造成了恐怖的氣氛，數十萬農民遭到逮捕。正如毛在那一年夏天所明示的，這是一場針對「擁有私產的農民」的戰爭。[27]

集體化改造的高潮並不局限於農村，一九五六年大部分工商業也實現了國有化。這一過程也是在恐怖的氣氛中完成的。在高崗事件中被打倒的黨領導人中，有一個是上海市副市長潘漢年。他和上海市公安局局長楊帆於一九五五年五月被捕。他們的倒臺讓許多商人感到害怕。羅心中暗想：「如果像潘漢年和楊帆這麼位高權重的官員在新政權中都不能保證安全，我們還有什麼戲呢？」商界人士都知道，雖然毛曾於一九五二年對資產階級發動攻擊，榮毅仁也曾站在群眾大會的檯子上痛哭流涕，被迫檢討自己家庭的剝削史，但潘漢年及其他高級官員與榮毅仁和郭棣活等實業家一直保持著密切的連繫。他們來往頻繁，經常聚會，還會邀請音樂家表演節目，或者哼唱京劇助興。潘漢年「總是衣著得體，舉止得當」，經常和榮毅仁打橋牌，他妻子的娘家也是從事銀行業的，與郭棣活關係密切。[28]

如今，潘漢年和楊帆被打倒後，榮毅仁再也不能憑藉與政府高層的關係確保自身的安全了，他雙手顫抖著翻檢相冊，將所有與潘的合影全部付之一炬。像他這樣或多或少受到集體化改造高潮影響的人還有許多，一九五五年有四十萬人因被當作「反革命分子」而丟掉了工作。僅江蘇就有三萬多人被捕，另有一萬五千人因為收聽短波廣播、傳播謠言、藏匿武器、破壞工廠或張貼反革命標語等行為而受到懲罰。社會各個階層從上到下都陷入恐慌之中。[29]

結果，榮毅仁和其他實業家不得不把他們的企業交給了政府。但是，毛主席希望他們這麼做是出於自發的。所以在一九五五年，他邀請商界的代表到中南海的頤年堂聽取他們的意見。他聽得很認真，偶爾插些話，榮毅仁和其他人則表達了對社會主義高潮的渴望。榮毅仁發表了長篇談話，回顧了自家紡織廠的歷史，並說如果不是解放，這些廠肯定要倒閉。他說，雖然解放初期，許多企業家對政府的干預確實心懷不滿，但事實證明他們完全錯了。如今，大家滿心希望共產黨能領導人民共和國往正確的方向前進，唯一感到不滿的地方，就是覺得自己對社會主義事業無法做出更大的貢獻，一想到這一點，就感到無比懊惱。「我的企業雖然已經公私合營，但我並不滿意，我還要走上全民所有制……走向共產主義。」其他工業界代表也發了言，毛微笑地聽著。會談之後，毛招待他們吃了晚飯。[30]

回到上海後，身為全國工商聯領導人之一的榮毅仁，開始幫助其他工商業人士做好企業國有化改造的準備工作。當一切準備就緒後，毛主席來到了上海。在這個特殊的時刻，榮毅仁將他的申新紡織第九廠交給了政府，毛對此表示很高興。他在巍峨雄偉、煥然一新的中蘇友好大廈接見了八十名工商界代表。會見的氣氛很莊重，大門打開後，毛主席緩緩步入會場，臉上帶著慈祥的笑容。羅當時也在現場，他描述了接下來發生的事情：大家屏息靜候，只見毛主席「臉帶微笑，表情友好而溫和，讓人感覺就是一個和藹純樸的農民。他不時吸一口菸，企業家們則都很緊張。為了讓他們放鬆，毛平靜地問道：『你們為什麼不吸菸？吸菸沒有壞處，邱吉爾一生都吸菸，但他活得很好，事實上，我知道的唯一不吸菸但活得很長的人是蔣介石。』他的話引起哄堂大笑，緊張的氣氛為之緩和。他繼續說：『今天我從北京來，想聽聽你們的意見。』他說許多商界人士都提出要求要加快私營企業的社會主義改造，以使民族資產階級不要拖社會主義的後腿。接著毛主席的話頭，工商界的代表們紛紛表示希望儘快實現社會主義改造，他們爭相獻媚，毛聽了足足兩個小時。」[31]

離開會場之前，毛表示會認真考慮大家的意見，但強調說，在決定加快國有化改造之前，他必須得認真考慮大家的利益。過了幾個星期，政府宣布社會主義改造的完成不是像大多數人預想的那樣需要六年時間，而是只要六天。城市裡到處都是突擊隊，將工商業全部收歸國有，迫使商人放棄他們的企業，加入工商界聯合會。許多人出於害怕而服從，而且在公開場合不得不表現出極大的熱情，因為大家都知道，一旦自己的財產被收歸國有，以後的生活就全得依靠黨了。許多人還記得一九五二年針對私營企業改造過程中出現的殘酷鬥爭，而這一次，大家看上去卻都很開心：「當我們發現，在這場運動中自己變成了英雄而不是受害者，大家高興得幾乎昏了頭，所以有些人是真的開心，但並不是因為像宣傳中說的為『進入社會主義』而開心。」[32]

城市裡還舉行了遊行，到處是標語、樂隊、鑼鼓、煙火和無數的人，遊行沿途還設置了「加油站」。當遊行隊伍快要走到中蘇友好大廈時，大家開始呼喊口號，例如：「向勇敢邁向社會主義的愛國民族資本家們致敬」、「歡迎民族資本家朋友加入社會主義大家庭」等。年輕的姑娘獻上鮮花和點心，企業家們則拿著一只紅色的大信封，裡面裝著要求實行完全國有化的申請書。他們將這些申請書遞交給上海市長陳毅，工人、農民和學生的代表湧向中蘇友好大廈，向企業家們表示祝賀。

就這樣，許多家庭由幾代人積累的財富一夜之間便消失殆盡了。小商店的店主們也被迫加入合作社，失去了全部產業。全國範圍內有超過八十萬大大小小的私營業主們「自願地」被剝奪了財產。從此，所有工商企業全部歸國家所有。

雖然政府通過了一項所謂的「贖買政策」來徵收私營企業，但事實上這個政策既談不上「贖」也談不上「買」，政府只做了些象徵性的補償，通常只是實際價值的五分之一左右。每個私營業主的財產經過估值後，會獲得每年百分之五的補償，不過這筆錢最多只發七年，而且就連這項承諾最後也未能有效地執行。

小商店的店主們徹底破產了。許多人將商店改成了住所，靠積蓄維持生存。他們的私人財產如今成了國有資產，有時連鍋碗瓢盆和嬰兒床也不例外，政府的補貼則少得可憐，連買香菸都不夠。有人幸運地獲准作為政府雇員繼續開店，每月工資二十元，但更多的人吃飯都成了問題。有些人想找別的工作，卻發現自己被歸入了資產階級，因此無法獲得一般工人享有的福利。因此，一九五二年出現了一股自殺的風潮，不過當局很快介入，許多年輕商人從家裡被帶走，送往偏遠的邊境地區，參與社會主義工程項目的建設。有能力的公司會成立互助基金，對上了年紀的職員提供一些資助。許多富有的商人得到的補償是政府債券，他們無法跟政府談條件，當債券到期後，本金和利息都得用來購買更多的債券。

許多大企業家並不在乎補償，他們想要的是國家分配給他們一份工作。許多人生活條件富足，有些人還保留了經理或部門主管的職務。少數帶頭將自己的資產獻給國家的人則獲得了很好的待遇，他們進入各種委員會，享有一定的社會聲望，有時甚至到北京任職。榮毅仁就是這樣的例子。他公開將自己所有的企業捐獻給國家，很快便被毛提拔為上海市副市長。文革中許多企業家都受到了衝擊，但榮毅仁因為受到周恩來的保護，作為紡織工業部的顧問住進中南海，躲過了這場劫難。[33]

第十二章　集中營

解放後，大大小小的集中營遍布全國各地，有數百萬人被囚禁在裡面。這個制度有時被稱作「勞動改造」，簡稱「勞改」。它起源於共產黨早期的做法，要求犯人們透過勞動來支付關押他們的費用。當然，除了勞動，這些犯人還得像其他人一樣，參加沒完沒了的學習來改造自己的思想。

內戰期間，隨著大片農村地區獲得解放，被判刑的人數也迅速增加，致使已有的監獄早就不敷使用，許多寺廟、商會、學校和工廠都被徵用來關押犯人。帶著鐵鍊的囚犯被迫從事各項工程的建設，從道路維護到修築大壩，工地上隨處可見他們的身影。農村地區興建了許多大型集中營，有些關押了數千人。在由共產黨控制的山東地區，幾乎每個區都有一個集中營，每個集中營關押的人數多達三千人。犯人的工作包括開荒、種植莊稼、開採礦石或燒磚頭，許多人在冬天也沒有鞋子穿。大家通常吃不飽，有人在耕田時吃蒲公英等野草充饑，幸運的話還會抓到青蛙。[1]

解放軍打下城市後，情況並沒有得到改善。國民黨的監獄系統已經很成熟，許多監獄的設施和管理達到了當時歐洲和美國的最高水準，但是國民黨更多是用罰款、短期囚禁、大赦、減刑、假釋等方式來讓犯人出獄，因此在押犯的總人數從來沒有超過九萬。除此之外，國民黨還建有一百二十座感化院來彌補監獄容量的不足。[2]

和國民黨政權不同，新政權通常因很輕的罪名就判處犯人很長的刑期。一九四九年十二月，蘇文成因為盜墓在北京被判處十五年徒刑，還有人因為偷了一條褲子或一輛自行車而被處以五到十年徒刑。除了這些普通的刑事犯，政治犯的人數也在增加，刑期通常都是十年以上。「反革命罪」很普遍，而且內容包羅萬象，包括收聽敵臺、工作偷懶、曾經為國民黨政府或軍隊服務、叛國叛黨等。[3]

一九五〇年十月鎮反運動開始之後，監獄裡很快便人滿為患。半年之內，有超過一百萬人被投入監獄，政府不得不建立一套新的監獄制度。湖北有數萬人被捕，各地逐漸興建了許多大型集中營，每個縣大約關押一百五十人，每個大城市關押五百人，每個地區則多達上千人。而在省一級，公安部門組織了十支勞改大隊，人數多達上萬人。在廣西，有一座集中營關押了八萬多人。興業縣的監獄裡人滿為患，每個犯人睡覺的地方寬不足二十公分。在平南縣，雖然當地氣溫和溼度都很高，但犯人們每週只有一次洗澡的機會，監獄裡的氣味令人作嘔，十分之九的犯人患有皮膚病，每個月有一百多人死亡。[4]

四川一些貧困地區的監獄更加悲慘。犯人們在褲子裡大小便，屁股上全是蛆。在重慶下面的縣裡，八年內有五分之一的犯人死亡，剩下來的大都身患各種疾病。當地公安局的領導拒絕改善監獄的條件，他的口頭禪是：「犯人死了無所謂，死了比跑了強。」在整個西南地區，每個月都有數千名犯人死亡。在華北地區，雖然共產黨控制的時間比較長，但情況也好不到哪裡去。在河北省蒼縣，有三分之一的犯人生病，數十人死亡。犯人身上普遍長滿疥瘡、蝨子和蟑螂，味道非常難聞，連衛兵都不願意接近。黃奎元是一名主教，他拒絕放棄信仰，因此和其他十八個人一起關在木頭籠子裡。每根木欄直徑十公分，間距五公分。大門上了鎖還繞著鐵鍊。籠子的尺寸大約是二乘二點五公尺，放在一個陰暗潮溼的房間的盡頭，看守犯人的士兵就在房間的另一頭。「根本沒人管，要是有人拉肚子，這個木籠子簡直就成了廁所，汙穢不堪，散發著惡臭，爬滿蝨子和跳蚤，還有大大小小饑腸轆轆的老鼠，從緊挨著木頭籠子的土牆角落裡跑出來，大白天就滿地亂竄。」[5]

一九五一年春，為了減輕監獄的壓力，領導層決定將更多的犯人送去勞動，讓他們修築公路、挖水庫和開荒。毛甚至提出將死刑的比例設在千分之二，未判死刑的犯人都要終身勞改，以提供大量的勞動力，但他隨即沉思道：「上述意見的特點就是執行起來很麻煩，不如殺掉好爽快。」最終，他受到蘇聯的啟發，提出將千分之〇點五（即三十萬）的犯人判處勞改。[6]

公安部長羅瑞卿負責勞改營的後勤工作，但他很快就遇到了困難。將三十萬人用卡車或火車運來運去，即使在一個一黨專政的國家也不是件容易的事，而且還得提供吃、穿、住的基本生存條件。在雲南山區，有六萬名犯人被迫從事開礦和挖煤，但只有大約三千人有地方住。還有二十萬人被投入灌溉工程，但要監管這麼多犯人，難度可想而知。[7]

雖然困難重重，但中共不會輕易放棄這個看似美好的計畫。很快地，就連許多不適宜居住的邊境地區也建起了一座座勞改營。例如在東北，那裡有大片沼澤，而且蚊蟲成群，被稱為「北大荒」。在西部的青海，貧瘠山區的鹽鹼地上也建起了幾座勞改營。在南方，開挖了許多鹽礦、錫礦和鈾礦，到處都建有磚廠、國營農場和灌溉工程。至一九五一年底，全國犯人的總數已經增加了一倍，達到兩百萬人，其中超過六十七萬人被送往這些集中營。許多犯人在到達目的地之前就已筋疲力盡，高強度的勞動更造成不少人死亡。在河北的一座鹽礦，犯人們就睡在潮溼的地上，身下只墊了一層破蓆子，平時連水都不夠喝，更不要說吃的。許多人得了痢疾，平均每個月有一百人死亡，有些犯人甚至死於感冒。在四川，許多犯人在鐵路上工作，冬天卻沒有褲子穿。有一個三百人的分隊，其中十四個人被凍死。在延安，有近兩百人凍死。在廣東省連縣的錫礦，犯人的生活條件惡劣至極，以致一年之內有三分之一的人自殺或病死。雖然犯人們都得從事勞動，但關押他們的費用還是遠遠超出了一開始的預算，有超過一百二十萬的犯人無法透過勞動養活自己。[8]

在接下來的幾年裡，集中營關押的人數並沒有顯著增長，保持在兩百萬人左右。不過，這一時期有更多的犯人被強迫從事勞動，每當有人死於疾病或營養不良，就會有一個新的犯人被投入勞改營。至一九五五年，從事勞改的犯人超過了一百三十萬，他們貢獻的工業產值超過了七億元，同時還生產了三十五萬噸糧食上交國家。這些犯人背景各異，各個年齡層都有，構成了一個小社會。處於這個小社會最底層的是貧苦的農民，他們被抓進集中營主要是因為沒有償還國家的貸款。處於最頂層的則是三千多名醫生、工程師和技術專家，他們大都是在一九五五年被當作反革命集團成員抓起來的。處於這個小社會中層的有牧師、和尚、教師、學生、記者、企業家、職員、小販、漁夫、音樂家、銀行家、妓女和士兵。[9]

犯人中十分之九是政治犯，許多人被捕很多年後，仍未得到正式的審判。段克文曾經為國民黨工作過，調查他的案子花了兩年時間，他的鐐銬一戴就是五年，甚至在磚廠工作時也得戴著。他的例子並非個案。至一九五三年，全國每年大約新增三十萬起案件，但只有七千件能得到審判。積壓的案件達到了四十至五十萬件，這還不包括那些未經審判就被送進鄉村監獄的農民。就算有機會開庭，審判的過程也很草率而簡單。中央曾組織了一個權力強大的檢查組，在審查了數千件案子之後得出結論，「正確率」為百分之九十，成千上萬的無辜者被關進集中營，甚至即使以政府的標準來看，他們也是「無辜被捕、被關、被殺，妻離子散，家破人亡」。甘肅和寧夏等地對某些縣進行了抽查，結果發現有百分之二十八的犯人是蒙冤入獄。[10]

儘管每個集中營的情況各不相同，但總的來說，犯人們都生活在對暴力的恐懼之中。就在關押黃奎元的木籠子旁邊，堆了一堆繩子、腳鐐和手銬。有些犯人戴著鐵鍊，一戴就是好幾年，段克文和米爾斯（Harriet Mills）就是如此，而且許多刑具非常重，會陷入犯人的肉裡，對肌肉造成傷害。犯人們普遍受過竹竿、皮帶、木板和拳頭的毆打，此外還經常被剝奪睡覺的權利。有一些特殊的刑罰，其名稱是從古典文學中借用來的，聽上去甚至富有文學色彩：如「鴨子浮水」，就是將犯人綁著雙手倒吊起來；「坐老虎凳」，是將犯人的雙膝緊緊地綁在窄小的長條鐵凳上，雙手則被銬在背後，然後將磚頭塞到緊緊綁著的雙腿下面，迫使雙腿不自然地抬高，甚至造成膝蓋骨折。在北京，有些犯人的雙腳被銬在窗戶上直到他們暈倒，有些獄卒將鹽揉進犯人的傷口，有些人被迫蹲在糞桶上，手裡端著痰盂，幾個小時不許動，還有一些人被雞姦。在南方，有些獄卒製造了殘忍的通電裝置，包括一個裝電池的木盒子和一個轉盤，他們將兩根電線固定在受害者的手上或其他部位，然後轉動轉盤進行電擊。[11]

刑罰的種類還有很多，但最令人恐懼的並不是毆打、做苦力或者挨餓，而是思想改造，有一名犯人將其描述為「精心設計的思想集中營」。羅伯特・福特（Robert Ford）在一家英文電臺工作，後來坐了四年牢。他說：「當他們打你的時候，你可以向自我尋求幫助，在頭腦裡找到一個角落，來對抗疼痛。但當他們用思想改造來折磨你的精神時，你無處可逃。這種方法對你的影響如此深刻，對你的自我認識會造成巨大的衝擊。」自我批評和教育大會通常會持續好幾個小時，日復一日，年復一年。而且與在監獄外面不同，犯人們參加完小組討論後還得被關在監獄裡。獄卒鼓勵犯人之間互相質問、檢舉和批判，有時犯人們不得不參加殘酷的鬥爭大會，透過毆打被鬥爭者來證明自己的立場。「如果你是一個有良心的人，當你經歷了這些集會後，精神上會非常痛苦，心裡會難受好幾天，結果你會變得沉默寡言，心情抑鬱。」為了生存，犯人們不得不徹底改造自己，連最後的尊嚴都會被剝奪。王尊明曾是一名國民黨軍官，於一九四九年被捕，他總結說：「思想改造就是對自己的身體和精神的自我清算。」有些抗拒思想改造的人選擇了自殺，活下來的人都聲稱要重新做人。[12]

建國初期，集中營的人口保持在大約兩百萬人，但一九五五年人數開始迅速增長。那一年，政府發動了另一場鎮壓反革命的運動，其規模比胡風案更大，超過七十七萬人被捕。因為集中營裝不下這麼多人，政府採用一個新的方法收容了三十萬名新犯人，這個方法叫做「勞動教養」，簡稱「勞教」。與「勞動改造」不同，「勞教」不需要經過審判，任何一級政府都可以把不喜歡的人送去勞教，直到被認為教育好了為止。「勞教」的集中營不是由公安部管轄，而是由各地的警察甚至民兵負責。這種非正式的做法在一九五六年一月得到中央的正式承認，勞教的對象被規定為「不夠判處勞改但不應該享有人身自由的人」。結果，有些人未經任何形式的審判就遭到逮捕，並從此消失了。一九五七年八月以後，這種做法得到大範圍的推廣。[13]

＊＊＊

除了關進集中營，還有一種解決監獄人滿為患的辦法，那就是將被懷疑的對象置於群眾的監督之下，這種做法叫做「管制」。被管制的人要服從當地幹部的命令，生活的各方面都受到控制。每一次重大的運動來臨時，他們都會被當作代罪羔羊拉到村子裡遊街。在文化大革命之前，有些人被遊街了兩、三百次。他們還得從事最低賤的工作，如挑糞和修路等，吃的都是殘羹剩飯。

被管制的人很多。至一九五二年，在四川的部分地區（如青神縣的幾個村子），有超過百分之三的人口受到不同程度的司法管制。受害者包括任何被當局認為不適合社會生活的人，如抽鴉片的、小偷、流浪漢等。在山東，多達百分之一點四的農民生活在管制之下，其中大多數管制行為沒有得到公安局的批准。在昌濰地區，出現了「亂管制，隨便管制」，當地的民兵只要認為誰不聽話就把誰抓起來。有一個人因為跟幹部頂嘴而受到管制。

那些被抓起來的人大都會受到各種折磨，如被迫跪在碎石子上、彎腰向前擺出「坐飛機」的姿勢等，少數人還經歷了假槍斃的恐嚇。在宜都，有許多全家都被置於管制之下的情況，有些女孩則遭到強姦。敲詐勒索的情況很多，有一份調查報告指出：「類此事例，不勝枚舉。」羅瑞卿本人也曾提到這種制度對人造成的痛苦和屈辱。他說：在湖南攸縣，不管是幹活時講話，或者工作時間缺席一小時以上，只要違反規定就要受到懲罰。有人被打，有人被扒掉褲子，還有幾個人被剃了「陰陽頭」（也就是剃掉一半的頭髮）。[14]

城市裡也是如此，許多人被置於群眾的監管之下，不過這種情況相對於農村來說較少。曾有一個史丹佛大學的畢業生，是上海一所大學的法學院院長，在一九五一年的鎮反運動中成了鬥爭對象。對他的指控是「追隨富人、壓迫窮人」，另外一個原因是他有一個兄弟在臺灣的國民黨政府裡工作，結果此人被判處管制三年。

他之前擔任過貿易協會會長，如今被迫當了一名門衛，每個月的工資是十八元。為了生存，他只好變賣家產。他的雇主只有在發號命令和每週聽取他的行動彙報時才跟他講話。他每週都得去公安局一趟，遞交一份手寫的感謝信，感謝黨和人民的寬大。要是他的用詞不夠卑賤，就得重寫，直到被接受為止。沒有人敢跟他講話，更不要說幫助他或者安慰他。

就這樣過了十六個月後，這個人選擇了投河自盡。[15]

有多少人經歷了類似的情況呢？據羅瑞卿估計，一九五三年大約有七十四萬人處於管制之下，但是他身在北京，對未向上級彙報的地方情形並不清楚。有一份關於一九五二年四川的調查報告對當時的管制情況提供了一個注腳。這份報告說，在新津縣，有九十六人被正式判處管制，但另有兩百七十九人未經任何司法程式也處於管制之中。全國受到地方幹部管制的人口至少有一至兩百萬人，但具體數字無從得知。[16]

＊＊＊

然而，隨著農村的集體化改造，不同身分的農民（被投入勞改營的、被判處管制的、以及自由耕種田地的）之間的界限變得越來越模糊，這種情況在被徵用的民工身上體現得特別明顯。從建國初期開始，政府便組織農民從事各種大規模的工程建設。那些被拉去的民工遭遇非常悲慘。一九五〇年，江蘇省宿遷縣有數十名農民工死於寒冷、饑餓和疲勞。當時正值隆冬，氣溫降到了零度以下，農民工們卻被迫穿著破衣爛衫在戶外工作，而且普遍吃不飽，食物都是些殘羹剩飯。[17]

出現這種情況並非因為新政權缺乏組織大規模勞役的經驗。事實上，隨著掌權的時間越長，執政者的野心就越大，從事大規模工程建設的農民工多達數百萬人，許多人都得忍受饑餓和悲慘的生活條件。在這些規模浩大的工程中，有一項是治理淮河。淮河發源於河南南部，流經華北平原，最後到達江蘇北部匯入長江，歷史上這條河經常氾濫。一九四九年冬，數十萬民工被組織起來治理淮河，治理的方法並不是將洪水氾濫的地區抽乾，以確保河水中的淤泥可以沉澱下來，而是修築堤壩試圖擋住河水。這個計畫是由黨的領導制定的，但他們其實從未實地考察過。第二年春天，雪融化後，淮河發洪水，淹沒了宿遷附近十三萬公頃的土地，造成了巨大的損失。[18]

政府將洪水歸因為自然災害，毛提出「一定要把淮河修好」，計畫在上游修築更多的水庫和堤壩。這個項目持續了數十年，成千上萬的人被拉去光腳站在寒冷徹骨的河水裡勞動，或者用扁擔挑起一筐筐潮溼的沙子和泥土。他們被迫遠離家庭，住在用竹子、蘆葦和玉米稈搭成的小棚子裡，許多人不得不跋涉好幾天才到達工地，而且得隨身攜帶工具、衣服、爐子、被子和蓆子。一九五一年，許多地方幹部在徵用農民時，完全不顧及農業生產的需要。工程日復一日地進行，風雨無阻，但食物很快就吃光了，淮河沿線的許多村莊都陷入了饑荒之中。[19]

到了一九五三年，情況變得更糟。村民們大都沒有足夠的糧食，許多人一日三餐只能吃些淡而無味的東西充饑，有些人唯一的食物就是高粱，長期食用後出現大便乾結的情況，以致「紅屎遍灘」。在安徽宿縣，有些年輕的工人又餓又累，只能趴在地上哭，有些人則為了多得到一些食物而互相爭鬥，好幾個人寫信回家求助：「快想辦法來搭救我們這一群餓鬼吧！」有人則因絕望而上吊自殺。對這些農民工的管理異常嚴厲。許多被徵用的農民都出身於「地主、富農、反革命和犯罪分子」家庭，因此有些幹部在農民工的衣服上訂上紅色或白色的布條，以將好人和壞人區分出來，那些上廁所超過三分鐘的人也要受到懲罰。泰樹義是一個無情的幹部，他強迫手下的農民工好幾次連夜工作，結果三天之內就有超過一百人累得吐血。因為堤壩下陷、建築物倒塌或炸藥爆炸等原因，工傷非常普遍，有數百人死亡，數萬人身患重病卻得不到治療，有些人則試圖逃跑。例如：在河南省南灣水庫的工地上，一萬名勞工中就有三千人試圖逃跑。[20]

其他地方的情況也好不到哪裡去。在湖北，被迫修築堤壩的農民工連臨時棲身的棚子都沒有，大冬天不得不睡在寒冷的戶外，每二十人中就有一人病得很重，有些人死的時候幹部就站在身邊，看上去卻「無動於衷」。陝西省的盩厔縣有一片山林，一九五三年為了修築水庫，當地強制徵召了一百萬農民工參加勞動。農民們普遍都很貧困，再加上「民工大部分缺乏口糧」，結果有些家庭被迫把孩子送給別人。更糟糕的情況還在後面，在一九五八年的「大躍進」期間，村民們被大規模地趕進人民公社。食物按照工分的多少進行分配，全國有上億的農民被迫遠離家庭，從事各種水利工程建設，整個國家都變成了一座巨大的勞改營。[21]

在偏遠的西北邊疆地區，自由和不自由的界限也變得很模糊。正如第三章所說，一九四九年有數十萬退伍軍人、小偷、乞丐、流浪漢和妓女被送往甘肅、寧夏、青海和新疆等地，這種做法持續了好幾年，一批批的移民從內地被送往邊疆，其中還有很多政治犯。移民說起來是自願的，但就像其他運動一樣，政府早已設置了移民的指標。不過，也有許多人被宣傳畫上的自來水、電燈和新鮮的水果所吸引，想到邊疆去尋找更好的生活。然而，現實卻並非如此。在坐了很長時間的火車、再轉卡車到達目的地後，等待他們的卻是悲慘的生活。最早到來的移民不得不在地上挖坑，在坑裡鋪上蓆子睡覺，坑外面則蓋上帆布遮擋風沙。他們的工作包括推平沙丘、砍伐灌木、種植樹木，以及挖掘溝渠。許多人逃跑返回家後，越來越多的人得知了真相，大家都竭力想逃避移民。那些最可能被政府強制移民的人（如窮人、無業人員和政治背景不清白者）只要看到負責移民工作的幹部，總是退避三舍。在北京，有些人要小孩在十字路口望風，一看有幹部來就通風報信。那些確實自願移民的人，或者除了移民別無出路的人，則被當局集中在一起居住。因為沒有床，他們只能在潮溼的泥地上鋪上稻草席地而眠。有人整日以淚洗面，有人則趁著夜色逃跑。[22]

到一九五六年，移民到甘肅的人口中，有五分之四吃不飽飯。他們的衣服破破爛爛，有些小孩沒有褲子穿，光著腳去上學。他們沒有錢買鹽、油和蔬菜，甚至連補衣服的針也沒有。在沙漠中開荒的崇高理想，在現實中遇到了難題，因為沙子根本不適合種植農作物，雨水也不夠，除了種些小麥和蔬菜，什麼也長不出來。李淑珍想辦法逃回了北京，她寫信給人民代表大會說：「那兒的政府只管了三個月的生活，三個月後就什麼都不管了，地被雹子砸了，我父親被餓死了。」劉金才也抱怨說：「我在那兒待了兩年多，連條棉褲都沒混上。」此外，移民還要受到當地居民的歧視，他們是外來人口，不懂當地的方言，為了爭奪有限的資源，有時候雙方會大打出手，移民們經常被揍得很慘。這種情況越來越嚴重，以致一九五六年十二月，內務部不得不暫停了所有的移民計畫。[23]

在所有移民計畫中，只有一個地方成功了，那就是新疆。一九四九年，彭德懷率領第一野戰軍打下新疆，在那裡駐紮了十萬大軍，以防止新疆脫離中央。士兵們在守衛邊疆的同時也從事農業生產，一九五四年成立了新疆生產和建設兵團。數萬名復員軍人、政治犯和東部的移民來到這裡，修築溝渠和道路，架設電話線，種植樹木以防止營地被沙子吞沒。他們還在綠洲上開墾集體農場，種植棉花和小麥。不久，建設兵團就成了新疆地區最大的土地擁有者，僱傭了大量職工。建設兵團的勢力非常大，管理著許多工廠、道路、河道、礦場、森林和水庫，還建有自己的學校、醫院、實驗室、警察和法庭，當然也有許多監獄和勞改營，看上去就像一個獨立王國。一九四九年，當地的漢族人口不足百分之三，但在短短不到五年的時間裡，建設兵團就帶來了「漢人的殖民大軍」。大多數人（尤其是政治犯）都不是自願的，但他們的生活狀況要比周圍的維吾爾人和穆斯林好上許多。中國古代就有將犯人發配到新疆的傳統，而新疆生產和建設兵團的設立，則是中國近代史上最成功的一次殖民運動。[24]

第四部

反彈（一九五六—一九五七）

第十三章　幕後

到了一九五六年，展現在世人面前的中國是一副勝利者的姿態：戰爭已經是很久之前的事了，通貨膨脹也得到了抑制，失業的問題似乎也已解決，工業方面鋼和鐵的產量越來越高，中國的國際聲望也達到了頂峰，人民共和國在朝鮮戰場上和美國人打成平手，中國人再也不是東亞病夫了。史達林死後，毛澤東的聲望比其他國家的共產黨領導人都更高。他集哲學家、政治家和詩人於一身，日益感覺自己肩負著領導全世界發展中國家的重任。

從表面上看，中共政權代表了一些普世的價值：自由、平等、和平、公正和民主——當然一切的前提是堅持無產階級專政。它承諾為貧窮和吃不飽飯的人提供生活的保障，並為全體農民提供工作和住房。與自由主義的民主制度不一樣，它主張透過一項特別的社會實驗來實現這些理想的目標，那就是將所有人都帶入一個沒有階級的社會，物質富足，國家也隨之消亡。就像布爾什維克革命後的蘇聯一樣，中共也非常善於向人民描繪一幅烏托邦的景象，令不同階層的民眾都為之嚮往。對那些不喜歡資本主義的人，它承諾實現經濟平等，對那些痛恨專制政府的自由主義者，它承諾要給他們自由。「它在民族主義者面前大談愛國主義，在虔誠的人面前大談奉獻，在被壓迫者面前大談復仇。」總之，共產主義可以滿足所有人的夢想。[1]

人民共和國對其取得的成績到處大肆宣傳，它用大量資料構建了一幅燦爛的圖景。「新中國」的一切都是可以用數字來衡量的，從煤炭和糧食的產量到解放後新建的住房面積。不管衡量的物件是什麼，一切都呈上升趨勢，即使有時資料本身含糊不清，但所有的統計都指向積極的一面。而且這些統計通常只有總體數字，並沒有分類的詳細資料，分類標準也沒有詳細說明，各類指標下面沒有具體的內容，資料的對比隨意性很大。成本和勞動力似乎並不重要，無須納入統計範圍。資料蒐集的方法和產生官方統計數字的方法從來不公開說明，雖然滿心狐疑的統計學家發現這裡面有巨大的漏洞，但全世界心懷夢想的人卻為之欣喜。人民共和國似乎在所有領域都正大步前進。[2]

除了數字以外，革命本身對很多人來說也充滿了浪漫的吸引力。天安門廣場每年都要舉行大規模的群眾集會，以展示這個國家在鋼、鐵和人力方面的資源，坦克和火箭發射器轟隆隆地駛過天安門廣場，戰鬥機在空中劃過，一眼望不到邊的群眾敲鑼打鼓，載歌載舞，工人們揮舞著橄欖枝，或者放飛和平鴿和彩色的氣球。一名站在興奮的群眾當中被此情此景所深深打動的外國人評論說：「甚至連騎兵身下個頭矮小的蒙古馬都邁著整齊劃一的步伐，就像是一個個人工製造的發條玩具。」不僅在北京，其他地方也是一片紅色的海洋——紅色是革命的象徵，代表著權力和平等，被用在標語、旗幟、圍巾、領帶和袖章等各個地方。社會主義的標誌簡潔明瞭，隨處可見，上面畫著麥穗和初升的金色太陽，還有紅色的五角星。許多建築物的牆上都貼著宣傳畫，畫上的工人和農民或雙手高舉，或緊握拳頭，栩栩如生。有一幅宣傳畫令人印象頗為深刻，上面是一個紮著辮子的姑娘，驕傲地開著拖拉機在田野上耕作。蔡淑莉和三十名同學從北京的一所高中畢業時，聽說了一個叫劉英的姑娘堅持在「北大荒」開拖拉機的故事，大家深受鼓舞，紛紛表示自願到東北去。她寫信給彭真市長說：「心情的激動無法形容……經過考慮，我們已決定把自己的青春奉獻給北大荒，決心和劉英同志一起開拓北大荒的富饒土地。」[3]

這一時期，中央各部門的領導人發布了許多報告和聲明，毛主席本人也寫了不少東西。對局外者來說，這些文字可能很難理解，因為它們充斥著大量馬克思列寧主義的專門詞彙，並且字裡行間暗示著共產黨內部權力結構的變化。但總的來說，這些文字都表達了一個共同的目標和承諾：要提高工人的工資，為沒有工作能力的人提供更多保障，為少數民族爭取尊嚴和權力。類似的美好願望多得說不盡，但隨之而來的卻是越來越多的規章制度，政府希望藉此推動中國在通往共產主義的道路上快速前進。然而，官方描繪的都是將來要實現的理想社會，談的都是些計畫、藍圖和設想，而不是當前的現實。除了這些官方文件，對群眾影響更大的是一些通俗易懂的口號。毛澤東本人就非常善於創造富有感染力的口號，許多口號達到了家喻戶曉的程度，如「婦女能頂半邊天」、「革命不是請客吃飯」以及「帝國主義都是紙老虎」等。他提出的一個座右銘「為人民服務」出現在全國各地的宣傳海報和標語上，往往是大紅的底色配著白色的文字，看上去有些誇張和俗氣。

就像蔡淑莉一樣，大批黨員不顧眼前的種種困難，對未來充滿了美好的想像。丹棱在解放前讀書時就加入了共產黨，數年之後，雖然對鎮壓國家公敵的各種運動心存疑慮，但他依然保持了年輕時的理想主義和熱情。李志綏如今成了毛主席的醫生，他於一九四九年連同妻子回到中國，此後的經歷讓他對現實有了更深刻的認識，但他依然堅定地信仰共產主義。甚至在那些享有特權的黨員幹部圈子之外，「建設社會主義」的宏偉理想同樣深入人心，特別是接受解放後教育長大的年輕一代更是如此。年輕的學生們自願地奔赴邊疆，或者到偏遠地區修築水利工程，他們對此既感覺興奮又充滿激情。雖然現實很嚴峻，但共產主義仍具有很強的號召力，這主要是因為它讓許多人堅信自己親身參與了歷史轉變的重要過程，為實現一個更高更好的目標奉獻了力量，可以開創一個前所未有的美好未來。在這個新社會裡，工人們競相創造新的紀錄，士兵們用血肉之軀保衛著國家的安全，每一個人都能成為英雄。國家的宣傳機器開足馬力，不斷宣傳工人、農民和士兵中的英雄人物，並樹立了許多模範和榜樣。[4]

除了模範工人和士兵，還有模範學校、醫院、工廠、辦公室、監獄、家庭和合作社，這些榜樣為大家提供了未來的願景。至一九五六年，經過政府的精挑細選，已經有數千名外國遊客在導遊的陪同下參觀了這些模範單位，而且所有費用都由中國政府承擔——當然，他們的一舉一動全在監視之下。有一個外國人寫道：「我們就像嬰兒一樣，從一個地方被帶到另一個地方，從一個人的手裡轉到另一個人的手裡。」但許多人對此仍然感到高興，他們渴望幫助人民共和國消除外部世界對其實行的共產主義制度的誤解和敵意。[5]

外賓只能訪問那些最忠誠且經過考驗的黨員。榮毅仁在潘漢年倒臺後再也得不到高層領導人的保護，因此決定參與對外國人的「表演」。透過這種方式，他可以為政府發揮不可替代的作用。他把自己打扮成一名專供外國人參觀的企業家，在政府的資助下，幫助構建了一個虛幻的世界。外賓到他家裡參觀，會發現他的妻子心滿意足地在織毛衣，兩隻狗在花園裡歡蹦亂跳，草地上還有一名穿著制服的護士推著嬰兒車。「牆上特地掛了一個十字架，用來證明信仰自由，書架上除了馬克思的書還擺著莎士比亞的著作。」他的女兒則在隔壁的房間裡彈鋼琴。榮毅仁和外賓的對話大都是關於他的花園，似乎只關心怎麼為他的牡丹施肥，除此之外別無所慮。有一名法國人目睹了這幅溫馨的畫面後深感震驚，她說：「我從來沒見過比這更幸福的家庭。」榮毅仁對每個問題都有準備好的答案，當客人問他怎麼會如此幸福時，他會抿著嘴脣沉思道：「一開始我也擔心過。當共產黨解放上海時，我們很擔心，即使不擔心我們的性命，至少也擔心我們的財產。」然後他會盯著客人的眼睛，鄭重其事地說：「但是共產黨遵守了自己的承諾，我們逐漸認識到，中國共產黨從來不欺騙人民。」[6]

全國都在上演這樣的表演，觀眾是外國的記者和政府官員、中共的高層領導人、學生團體，當然還有毛主席本人。當數百間寺廟被毀壞後，政府卻投入大量資金用來修建少數豪華的寺院，和尚可以在裡面表演，講述新中國宗教的繁榮盛況。在模範工廠裡配備著最先進的設備，廠裡的工人都經過仔細挑選和訓練，以展示計畫經濟的成功之處。在所有重要城市都建設了一些模範村莊用來證明農業集體化的好處。從表面看起來，全國人民都在勤勞地工作，而且熱情高漲，不遺餘力地歌頌黨。[7]

中國成了一個大舞臺。即使在沒有人參觀時，大家也被迫要裝出微笑。當農民被逼迫交出更多的糧食時，他們不僅得積極回應，還要顯得很開心；當店主們被迫交出他們的財產時，他們不僅得自願這麼做，還要滿臉堆笑。同其他亞洲國家一樣，微笑在中國並不一定表示高興，它也可能表示尷尬或者被用來隱藏痛苦和憤怒。但不管怎樣，誰都不希望被別人指責為拖後腿。大多數人都得依靠政府來生活，所有人在解放後都花了無數時間參加政治學習，學習如何跟上黨的路線，如何正確回答問題，以及對黨的政策表示完全滿意。普通人也許並不能成為了不起的英雄，但許多人卻是一流的演員。

＊＊＊

為了維持這個龐大的形象工程，國家投入了大量的資源，並因此在交通建設上獲致長足的進展，全國建成了前所未有的交通網絡，公路四通八達——許多道路是徵用勞力和戴著鐵鐐的犯人所修建，火車按著時刻表準時運行，外賓和領導們可以享用高級的臥鋪和餐廳。許多城市裝扮一新，下水道得到了清理，路面還定期灑水。

在首都北京，一座座雄偉漂亮的的公共建築拔地而起，俯瞰著四合院的灰色屋頂和紫禁城的紅牆。市中心和郊區蓋起了許多政府大樓、研究所和博物館，不管是平頂，還是鋪著琉璃瓦的飛簷翹角，所有建築都帶有蘇式的雄偉風格。有一個區似乎在短短幾個月就興建了十幾座新樓房，包括航空研究所、石油研究所和冶金研究所，所有的大樓都有寬敞的前廳和開闊的翼樓。在西直門外，很快建成了一座蘇聯展覽館，很多人傳說這座建築的塔樓使用了大量純金來裝飾。在首都的心臟地帶，為了給每年舉行的閱兵儀式提供場地，當局拆除了許多老建築，擴建了天安門廣場，阻礙交通的城牆也被拆除了。[8]

其他城市也仿效北京，新建了許多規模宏大的標誌性建築。重慶在人民文化公園的中間建起了一座漂亮的音樂廳，隨後又建了一座大型體育館和大會堂。大會堂體積龐大，裝飾華美，有三層鋪著綠色琉璃瓦的屋簷，每年的維護費用即達十萬元，不過平時這裡很少開放。其他許多新建築也大都空著，因為重慶已經不再是四川的省會了。在河南鄭州，似乎從麥田裡一夜之間就誕生了一座嶄新的城市，不僅開闢了寬敞的馬路，還興建了一座座雄偉的政府大樓，每棟樓都帶有花園和宿舍。在甘肅的省會蘭州，沿著長江兩岸綿延數公里的範圍新建了許多政府大樓以及研究所、醫院、工廠和住宅區，城市的面積幾乎擴大了一倍。工人們用鋤頭和鏟子一點點挖出寬敞的馬路，分成快車道與慢車道，筆直地穿過一條條老街，似乎對這座城市的過去毫不留戀。[9]

全國各地的基礎建設速度快得驚人，領導人只重速度，不重規劃，致使許多房子建得「雜亂無章」，而且各地互相競爭，都想把房子建得更高更大，結果許多新建的樓房連自來水和下水道都沒有。在像鄭州這樣的地方，因為把新城區建在主城區外，由此造成了巨大的財政赤字。為了迅速躍升為共產主義城市，許多基礎建設開工前根本沒有對地質結構、土壤成分和水資源進行考察，結果付出了高昂的代價，有些馬路剛修好不久就被挖開，而且各部門之間常常陷入財務糾紛。就連北京也不例外，雖然許多工廠的建設是由政府補貼的，但建築的大梁卻經常變形和裂開，由此造成的浪費十分驚人——這個國家雖然實行的是計畫經濟，但實際上卻似乎毫無計畫可言。[10]

即使那些被用來向外賓展示的形象工程也漏洞百出。在光輝燦爛的社會主義現代化表象的背後，卻隱藏著粗製濫造的豆腐渣工程。例如：北京新建了三座專門用來接待外賓的賓館，其中之一是前門飯店。一九五六年，那裡接待了許多對中國充滿善意的外國人。但是，賓館房間裡的水管經常漏水，洗臉盆和浴缸裡斑斑點點，馬桶的水永遠在流，有時甚至會溢出來，門關不嚴，燈光不停閃動，窗子也關不緊。[11]

政府花了大量資金修建各類形象工程，但對普通居民的居住條件卻並不重視——被用來展示的模範宿舍（如北京大學的學生宿舍和西安的人民大廈）除外。工廠和宿舍混雜在一起，經常達不到最基本的衛生要求，當地的老百姓時常抱怨說：「死人活人連續搬家。」大部分宿舍的外觀都單調乏味，一排一排的平房，看上去像軍營一樣，通常沒有娛樂設施，建築品質也很差。在遠離公眾視線的首都郊外，工人的宿舍都是用廢棄的材料建造的，牆一碰就會晃動，一下大雨門框就會斷裂，屋頂還會漏雨。在紫禁城往南大約三公里的郊區南苑，新住宅的牆面出現滲水，有些房子連門都沒有。這樣做其實是有意為之的。一九五六年二月，劉少奇曾對紡織工業部指示說：「工人宿舍應該建平房，不應該建樓房，現在的樓房工人住起來不一定習慣。未來我們可以興建好的樓房。你們不需要把平房建得很好，比一般工棚好一些即可以，將來反正是要拆的。」劉少奇覺得種些樹是可以的，但沒必要有池塘、假山和花花草草，就連北京第二棉紡廠提供茶杯給工人的做法，也被批評為對工人「太好了」。政府的目的就是要縮減開支、節約成本。[12]

在大搞基礎建設的同時，各地對老房子進行了大規模的拆遷。據李富春講，自一九四九年以來，北京、武漢、太原和蘭州需拆除兩百萬平方公尺以上的住宅區，花費至少需六千萬元。太原和蘭州的五分之一從地圖上被抹掉了。在四川，從省會直到縣城，多達百分之四十的城鎮面積被拆成了廢墟。當地的老百姓把土地比喻成豆腐，而黨則是鋒利的刀子，想怎麼切就怎麼切。那些因拆遷而被趕出家門的人無處可去，就算在北京也得不到幫助。東郊火車站附近的拆遷戶被安置在臨時搭起來的棚子裡長達十個月，有些人在下雪天冷得哭起來。全國各地都出現了住房短缺的現象。[13]

許多工人的居住條件簡陋得令人無法想像。在東北的鋼鐵基地鞍山，工人的宿舍設施簡陋，一家六口只能睡一張床。屋頂偶爾還會變形，甚至牆體倒塌，迫使工人不得不和動物住在一起，或者住在東郊黑漆漆的山洞裡。有些人沒有食物，下工後在馬路上徘徊，向行人乞討。工人們普遍缺衣少穿，在零下二十度的冬天也無法取暖，單薄的房子、破舊的毛毯和被子根本無法保暖，甚至有嬰兒被凍死——這些情況在鞍山黨委的一份祕密報告中都有所提及。[14]

在南方的南京，解放後工人的數量增加了一倍多，但住房卻跟不上，因此每個工人平均只有二平方公尺的居住面積。宿舍裡通常缺少通風設備，許多人早上起來時會因為缺氧而頭疼。但他們還算幸運的，因為政府只為單身工人提供宿舍，成家的人只能住在廠外，通常距離工廠有二十五公里遠，因此差不多有百分之十的工人每天得花許多時間通勤。坐十二公里的公車就要花費四毛錢，這樣算下來，一個星期的路費就差不多花掉了他們一個月的零用錢。[15]

在位於南京南部的工業城市馬鞍山，有些工人病了幾個月也沒錢看病，根本得不到基本的治療。宿舍非常擁擠，有些家庭只好全家人擠在小棚子裡，冬天最冷的時候也無法在室內取暖。穿著破衣爛衫的小孩在大街上乞討，車間裡沒有飲用水，甚至連廁所也沒有。幹部們只忙著完成生產指標，根本顧不上照料工人的生活，有些工人說：「（幹部們）不送活錢，專送死錢。」[16]

更多的研究表明，與解放前相比，解放後工人的平均住房面積反而縮小了，有時減幅達到了一半（見表二）。武漢平均減少二十二點四平方公尺，這個數字還不包括居住在棚子裡的四分之一工人。武漢有一百九十萬人口，根據統計局公布的數據，其中有八萬名工人沒有固定的住所。勞動局的統計則顯示，全國各地都有普通老百姓長期處於居無定所的狀態。[17]

＊＊＊

許多人的身體出現了問題，但在宣傳畫中，每個人看上去都很健康，都對未來充滿了信心。政府公布了許多與健康和衛生有關的統計數字，包括打死的蒼蠅數目、感染霍亂的病人數量等，勾勒了一幅不斷進步的景象。當局還經常發動群眾參與衛生運動，在工作之餘打掃馬路、清理垃圾、捕捉老鼠和填埋化糞池。在一九五二年的愛國衛生運動中，大家被組織起來對細菌開戰，許多城市都展開了消毒工作。正如本書第七章所示，衛生部後來承認，這場運動實際上造成了很大的浪費。

不過，這些衛生運動也取得了一些成就。像大多數亞洲國家一樣，中國的醫療衛生一直面臨著嚴峻的問題，特別是在農村地區，血吸蟲病、鉤蟲病和腳氣病很普遍，嬰兒的死亡率在解放前很高，除了大城市，西醫在大部分地區還不普及。一九五〇年代，醫療領域取得了新的突破和進步。例如：二戰後許多國家開始大規模生產盤尼西林，細菌感染的發病率因此大幅下降。在中國，長達十多年的戰爭終於結束了，政府開始推動公共衛生的許多領域向前發展。內戰期間堆滿城市的垃圾如今得以清理，街道也被打掃乾淨，溝壑被填了起來，排水系統得到了修繕，疫苗也開始普及——雖然幹部們強迫大家接種疫苗的目的是為了完成上級下達的指標。與此同時，政府動用一切資源來對抗嚴重的傳染

表二：武漢工人年平均消費及居住面積統計

	糧食（公斤）	豬肉（公斤）	食用油（公斤）	布（公尺）	住房（平方公尺）
震寰紗廠					
1936	157	8.8	7	10.6	6.5
1948	150	2.8	4.5	4.2	2.7
1952	161	7.8	7.3	8.7	3.9
1957	147	5.2	5	6	3.9
漢口電池廠					
1936	170	12.5	8.5	8	4
1948	164	10.7	7.7	8.3	2.8
1952	153	7.2	6.6	5.8	2.1
1957	135	5	4.3	3.9	2.8
武昌動力機廠					
1936	172	6.7	5.9	7.2	4.6
1948	197	6.6	4.1	4.6	3.9
1952	151	7.8	9.3	6	4.4
1957	127	5	3.9	4.7	4.1
武昌造船廠					
1936	159	8	5.5	7	5
1948	146	6.5	7	4.7	4
1952	167	6.5	6.5	10	4
1957	146	5	4	7	4

資料來源：湖北省檔案館，1958年3月28日，SZ44-2-158，頁24、38、47、59。

病，許多疫情一出現就很快得到了控制。

然而，醫療並不是免費的。事實上，直到文化大革命時期，國家才開始訓練大批赤腳醫生為農民提供基本的醫療服務。解放前，農民們可以從非官方管道得到醫療救助，全國各地的鄉村地區分布著數百家傳教士開設的醫院，如今這些醫院都被政府徵用了。道觀、寺廟及其他各類宗教和慈善機構也大都被關閉了，只剩下少數幾家由政府掌管。各地的藥劑師、醫生和護士都不得不服從政府的命令，在一次次的思想改造運動中證明自己對新政權的忠誠。到了一九五六年，包括藥店和私人診所在內的絕大多數公司也都被國家接管了。

儘管衛生領域取得了一些進步，但老百姓的健康卻很快就出現了下滑的狀況。從公開的報導和新聞來看，中國的醫療事業取得了巨大的成就，但檔案裡保存的調查資料卻顯示，人們普遍營養不良，健康狀況很差。不僅農村是這樣，城市裡也是如此。造成這個現象的一個原因是大多數工人的收入減少了。農民的口糧越來越少，而工人的工資也在降低，看病的費用卻很高，藥品都很貴。一九五六年，勞動局調查了數百家工廠後得出結論：「近幾年來工人的實際工資確有下降趨勢。」通貨膨脹超過了工資的增長，有一半重工業企業的工人每月工資不到五十元，從事輕工業的工人收入更低。北京有六分之一的工人生活困難，每個月的日常開銷不足十元。而大批處於社會最底層的窮人則不得不從事建築業，他們占了工人總數的百分之四十。人口的健康狀況持續下降，得病率年年上升。至一九五五年，幾乎每二十名工人中就有一人得請半年以上的病假，有些工廠百分之四十的工人都患有嚴重的慢性病。雖然政府宣傳說工人享有療養和休假的福利，但事實上只有少數人才能得到休息的機會。[18]

北京之外的地方條件就更差了。在南京，一個工人每月掙不到二十元，除了最基本的日常開銷外，什麼也買不起。一九五六年，南京有十分之一的人口生活在赤貧狀態，每個月的收入不足七元。

這還沒有算上那些解放後被迫離開城市的數十萬居民。這些窮人中有一半是集體化造成的，其中包括失業的人力車夫、倒閉的小商店老闆以及反革命分子的家屬，還有些是因違反勞動紀律而被國營工廠開除的工人——這些人一輩子都留下了汙點，生活在社會的邊緣，很難再找到就業的機會。

在南京的工人當中，有百分之七患有肺結核，百分之六患有腸胃疾病，另有百分之六患有高血壓。中毒和工傷很普遍。在南京化學廠，空氣中的有害顆粒比蘇聯人制定的標準高出三十六倍。在一個使用硝石的車間，「工人有百分之百程度不同的中毒情況」，有人甚至出現肝脾腫大的問題。在玻璃廠和水泥廠，許多工人的肺部都受到矽石的感染，而且砂眼和鼻炎也「很嚴重」。[19]

因為缺少相關資料，很難把解放後的情況與解放前做對比。但是新政府卻非常熱衷於同國民黨比較，它對國民黨統治期間直到一九三七年的情況進行了詳細統計，並考慮了通貨膨脹率的因素。但大多數統計數字並沒有公布，因為它們顯示，在許多方面人民的生活還不如二十年前的水準。例如漢口的申新紡織廠，解放後對糧食、豬肉、食用油和布匹的消費水準全部急劇下降。與一九三七年相比，一九五七年平均每個工人比解放前多了六公斤的口糧，但豬肉的消費減少了幾乎一半，食用油也少了三分之一，布疋則少了五分之二。如表二所示，這種情況並非一家工廠特有，許多工人營養不良，吃、穿、住等條件普遍很差，甚至無法與內戰打得最激烈的一九四八年相比。

一九五二年，工人的生活條件有所改善，但在接下來的五年裡，情況卻持續惡化。而且，政府的統計只涉及消費情況，而不是關於生活成本的全面統計。從一九五二年到一九五七年，生活成本急劇上升，在上文提到的申新紡織廠，一九五二年工人的房租是每年八十八元，五年後漲到四百元。在統計局調查的每一家工廠中，情況都是如此，工人的居住面積不斷縮小，房租卻日益上漲。在表二中的武昌造船廠，房租從一九四八年的兩百七十一元增加到一九五二年的三百六十一元，一九五五年則激增到七百二十一元，一九五七年更達到了九百九十元。[20]

學生當中也普遍存在營養不良和健康不佳的情況。共青團對中學生進行了廣泛調查後，認為學生「身體很差」。在武漢，每個學生每個月只有三百克的蔬菜和一百五十克的豆製品，學生們吃得最多的是粗糧和紅薯。在河南，學生們有一整個月沒有蔬菜吃，只能吃麵條。在四川綿陽，學生編了個順口溜來描述他們的伙食：「飯不夠，湯來湊，越吃越瘦；菜不好，樣式少，沒鹽沒油。」在遼寧省，有三分之一的學生營養不良。營口是個繁忙的港口城市，該省的玉米、大豆、蘋果和梨，透過海運大批銷往國外，而當地卻有不少學生在上體育課時餓得暈倒。當局對糧食實行嚴格的供給制，理由很是冠冕堂皇，因為「糧食吃多了是浪費，沒有共產主義美德」。挨餓的人被告知可以喝水充饑，因為「開水也含有卡路里」。離瀋陽不遠的新民市透過調查發現，十分之四的學生因營養不良（特別是缺乏魚油和乳製品提供的維生素A）而患有夜盲症。有些班級不得不在寺廟或廢棄的教堂裡上課，室內的光線通常很不充足，甚至大白天也「像監獄一樣黑」。[21]

其他一些方面也出現了倒退。政府決心消滅一切疾病和害蟲，但是這個遠大的理想卻無法透過群眾運動的方式來實現。每個人都分配到指標，要將一定數量的老鼠尾巴上交政府，於是有人開始飼養老鼠。政府無視醫學常識，試圖運用軍事戰術來對抗傳染病，他們將群眾按部隊的編制組織起來，拉著布條、吹著喇叭消滅害蟲。對血吸蟲病就是這樣進行消滅的。解放後，感染血吸蟲病的人數每年都在增長，華東地區特別明顯，但是領導階層對此並不在意，當時正值韓戰，他們更關心如何消滅敵人散布的帶有細菌的黃蜂和蝴蝶。直到一九五五年十一月，毛主席視察浙江時親眼看到了血吸蟲的嚴重危害，這才引起全黨對這個問題的重視。毛還特意寫了一首詩，標題起得豪情萬丈，叫〈送瘟神〉。一九五六年二月，他下令展開一次群眾運動：「一定要消滅血吸蟲病！」[22]

於是，數百萬農民被要求站在河水的淤泥中捕捉傳染病菌的釘螺。但是醫學權威們早就表示，透過捕捉釘螺的方式是不可能消滅血吸蟲病的。釘螺只是人的肉眼看不到的血吸蟲宿主，農民和耕牛接觸到牠們就有可能被感染，因為這種蟲子會進入宿主的血管和肝臟。被感染的人和動物若帶著蟲卵再次進入水中，蟲卵不僅無法被消滅，反而恰好得以進入釘螺的體內得到孵化。但是專家們被當作資產階級，他們的意見根本得不到重視，無數的村民赤手將釘螺挖出，剛建成的灌溉溝渠也被挖開用來掩埋抓到的釘螺。這場運動投入了大量的人力，而且運動剛剛結束，這些人又被送去那些未被感染的水域從事割草和採集蘆葦的工作。[23]

湖北的情況就是如此。湖北位於長江中游，境內有上千個湖泊，盛產鴨子、蓮藕和菱角。全省有三分之一的人口暴露在血吸蟲病的風險之中。雖然當地的領導在報告中誇耀已經「送走了瘟神」，但仍有超過一百五十萬的人口被感染。漢川縣在消滅血吸蟲的運動中，治癒了大約七百名病人，但運動後一下子又冒出來上千病例。其他省分也是這樣。檔案顯示，這場運動幾乎無法遏制血吸蟲病的蔓延。政府根本沒有耐心對疾病進行全面的防治（如更妥善地處理人的糞便等），而是透過發布無數的口號和指標，以及發動一場接一場的運動來管理著國家。集體化也無助於解決這個問題，因為所有的耕畜和家禽都屬於集體所有，大家對牠們根本不關心，也不會注意用正確的方式來處理糞便，而且因為條件所限，一些傳統的衛生習慣（如喝開水和吃熟食等）如今也不能完全實現。[24]

有時候，宣傳和現實之間的差距之大，猶如天壤之別。政府頒布了一系列照顧痲瘋病人的措施，包括為他們提供集中居住的地方以及各種便利條件。古往今來，對所有政府來說，消滅痲瘋病都是一項巨大的挑戰，而且難上加難的是，人們對這個病存在廣泛的誤解。在人民共和國，就連正常的勞動者都吃不飽，地方幹部有許多更重要的事情去做，根本不把患有嚴重傳染病的人放在心上。衛生部門印製了一些關於防治痲瘋病的小冊子，但並不能一下子改變人們的成見。檔案中有大量的證據表明，解放後的幾年裡，痲瘋病的情況變得更加糟糕，其原因之一，也許是因為地方幹部的權力比以前更大了。

傳教士們被趕出中國後，之前成立的痲瘋村再也得不到外國的援助了。在位於四川山區的磨西，傳教士們被迫放棄了一座建有漂亮鐘樓的教堂，同時還被迫離開了一個有一百六十名病人的痲瘋村。從此，病人們只能自力更生，得不到任何幫助。沒過多久，便有病人陸續離開痲瘋村，在崎嶇泥濘的山路上乞討。他們受到眾人的嫌棄，被心懷恐懼的村民追打，有幾個人甚至被活埋。四川的衛生部門報告說：「永定縣在一九五四年夏季活埋了一個痲瘋病人，其他縣也有同樣情況。」四川並非特例，在臨近的貴州，得病的人數在解放後急劇攀升，鄉村裡瀰漫著恐慌的情緒，有些地方幹部甚至將病人活活燒死。這種案例不止一起，最可怕的一次有八名病人被處死。有時候，地方政府會命令民兵參與行動：「民兵將患者及其父母一起綁起來，把患者燒死，其父母日夜啼哭。」[25]

最可怕的情況可能出現在雲南省永仁縣。一九五一年六月，這個地方有一百名痲瘋病人被燒死。燒死的建議最早是在一個月前的縣委會議上，由負責農村工作的高級幹部馬學授提出：「四區痲瘋病院的痲瘋人經常出來洗澡亂跑，群眾反映這樣不好，並要求燒掉。」縣委書記說：「不能燒。」但是馬堅持這麼做，過了一個月，他主動提出會為此承擔全部責任：「是群眾要燒就燒吧，為群眾辦事，這是群眾的意見，搞，我負責。」其他幾個人均表示同意。於是，民兵們把所有痲瘋病人集中起來，關在醫院裡，然後放火燒掉了整棟房子。病人們哭著求救，但是無濟於事，一百一十名病人中只有六人倖存。[26]

就算有些痲瘋病人得到了護理，相關的專項資金也常常去向不明，而且根本無人追究地方幹部的責任。在四川鹽邊，相關負責人員挪用痲瘋病人的資金為自己蓋了漂亮的房子，而病人們只能住在幾公里外的土房子裡。不過，痲瘋病人的人數實在太多。一九五三年，廣東省大約有十萬名痲瘋病人，但當地的醫療機構只能照管其中的兩千人。[27]

痲瘋病人是社會上最弱勢的群體之一，他們的需求在這個一黨專政的國家裡無法得到滿足，因為政府希望控制每一個人，而不是為大家提供服務。此外，還有許多其他弱勢群體的命運也完全掌握在地方幹部的手裡。例如：解放前由非政府組織成立的孤兒院如今全被政府接管，但死亡率卻高達百分之三十。盲人和老年人也很難適應這個新社會，因為要想生存下來就得服從命令、掙取工分。隨著被逐步剝奪大部分基本自由（包括言論、信仰、集會、結社和遷徙的自由等），大多數老百姓已經越來越無力反抗國家的控制，只有少數人仍試圖掙扎。[28]

＊＊＊

解放曾激發了許多人對未來的美好想望，然而到了一九五六年，這些希望都破滅了。政府絲毫不尊重人民，只將他們當作財務報表上的數字和可以利用的資源。以集體化的名義，農民失去了土地、工具和牲口，並被迫向國家上繳越來越多的糧食，每天早晨在軍號聲中起床，處處都得服從地方幹部的命令。在城市裡，工廠和商店的職工根本享受不到宣傳中工人階級的英雄地位，而是被當作「包身工」一樣對待，為了完成一個個生產指標，每天都不得不工作很長時間，各項福利卻不斷縮水。除了那些享有特權的黨員，每個人都得勒緊褲腰帶來追求一個烏托邦社會。全國各地充斥著不滿的情緒，緊張的氣氛一觸即發。

第十四章　毒草

一九五六年二月二十五日凌晨，共產主義世界迎來了一個歷史性的轉捩點：在蘇共二十大的最後一天，當外國代表團紛紛準備離開時，赫魯雪夫召集蘇聯代表們在克里姆林宮召開了一次臨時祕密會議。他發表了連續四個小時的談話，對史達林嚴詞抨擊，聲稱他為國家製造了巨大的恐怖，應該為殘酷的大整肅、大放逐、未經審判的死刑以及無數黨員所遭受的痛苦折磨負責。赫魯雪夫還指責史達林「好大喜功」，鼓勵對自己的個人崇拜。與會者聽得目瞪口呆，演講結束時沒有人鼓掌，許多代表帶著震驚的心情離開了會場。[1]

這份報告的副本被送達其他國家的共產黨，由此造成一系列的連鎖反應。在北京，毛主席不得不採取了自衛的行動，因為毛就是中國的史達林，是人民共和國的偉大領袖，而這份祕密報告會使人們對毛的領袖地位產生疑問，並會動搖大家對他的崇拜。蘇聯的去史達林化對毛的權威構成了巨大挑戰，赫魯雪夫宣布要將權力歸還給政治局，而劉少奇、鄧小平、周恩來和其他中國領導人也紛紛表示支持集體領導制。在一九五六年九月召開的中共第八次黨代會上，不僅從黨章中刪去了「毛澤東思想」的提法，而且提倡實行集體領導，反對個人崇拜。面對赫魯雪夫造成的困境，毛別無選擇，只有接受現實，甚至在大會召開前幾個月就表示贊成這些措施，但是當他和李志綏私下談話時，卻絲毫沒有隱藏自己的憤怒，他抱怨說劉少奇和鄧小平聯手操控了大會，把他推到了後臺。[2]

赫魯雪夫還指控史達林在一九三〇年代摧毀了農業，甚至說除了莫斯科他哪裡都沒去過，從沒見過工人和集體農莊的農民，只是透過「美化農村的虛構電影」來瞭解農村。毛主席的情況也差不多，他是坐在舒適的專列上，從列車的視窗來瞭解農村的，專列所經的車站，除了安保人員，其他人全被清理一空。赫魯雪夫抨擊的雖然是蘇聯的集體農莊，但聽起來似乎也是在批評中國的做法。周恩來和陳雲在得知蘇聯的態度後，試圖減緩集體化的速度。他們在一九五六年夏天提出「反冒進」，不僅壓減了集體農莊的規模，而且有限地恢復了自由市場，允許農民更大規模地從事個體生產——這一切都被毛視為對他個人的挑戰。《人民日報》還準備刊登一篇社論，提出社會主義高潮不能一蹴而就。毛收到這份社論的草稿時，在文件的抬頭處憤怒地批道：「不看了。」他後來反問道：「罵我的東西，我為什麼要看？」中共八大廢除了「社會主義高潮」的提法，這對毛來說，不啻為重大挫折。[3]

赫魯雪夫的祕密報告在東歐也引發了改革的呼聲，波蘭的工人走上波茲南街頭，抗議生產指標過高，要求提高工資。一九五六年六月，十幾萬群眾聚集在祕密警察所在地——皇家城堡周圍，搶奪警察的武器，並釋放了所有犯人。波蘭各地的共產黨總部也遭到了洗劫，超過一萬名蘇聯軍人前往鎮壓，動用了包括坦克、裝甲車和野戰炮在內的裝備。軍隊向示威者開槍，造成近百人死亡，受傷者則更多。然而，波蘭共產黨及波蘭統一工人黨的領袖瓦迪斯瓦夫·哥莫爾卡（Wladyslaw Gomulka）很快做出妥協，同意提高工人工資，並承諾實施政治和經濟改革。此後的一段時期被稱為「哥莫爾卡解凍期」，波蘭共產黨開始尋找「通往社會主義的波蘭道路」。

幾個月後，匈牙利也發生了叛亂，數千名學生走上布達佩斯街頭，有人甚至試圖進入國會大廈，向全國播送他們的要求，結果被警察槍殺。隨後，全國各地都爆發了示威者與警察的暴力衝突。為了恢復秩序，莫斯科向匈牙利派出數千名軍人和坦克，這一舉動激怒了更多的群眾，大家紛紛湧上街頭，加入反政府的隊伍。在布達佩斯用鵝卵石鋪就的狹窄街道上，示威者用燃燒瓶同坦克作戰，各地還成立了革命議會，從當地政府手中奪取了政權。示威者號召全國舉行總罷工，各地還砸碎了各種象徵共產主義的標誌，焚毀了相關書籍，大樓上的紅星被摘了下來，紀念碑也被推倒，豎立在布達佩斯城市公園裡的史達林銅像也不例外。到了月底，大部分蘇聯軍隊都被迫撤離了布達佩斯，新任總理納吉組成聯合政府，釋放了政治犯，解禁了非共產黨的組織，並准許其加入聯合政府。

對於匈牙利的局勢，莫斯科的反應起初還比較克制。十月三十一日，新成立的匈牙利政府宣布將退出華沙公約組織，就在同一天，位於布達佩斯的共產黨總部附近爆發了暴力衝突，群眾將祕密警察揪出，把他們吊死在街邊的路燈上，幾個小時後，這一場景的照片便出現在蘇聯的報紙上。赫魯雪夫當時正在史達林的別墅裡度假，他考慮了整整一個晚上。由於擔心匈牙利的暴動會波及到鄰國並最終導致蘇聯集團的解體，蘇聯領導人改變了之前的態度。十一月四日，蘇軍大舉入侵匈牙利，殺害了數千名群眾，超過二十萬難民逃離了匈牙利，大規模的逮捕行動持續了好幾個月，所有的公開反對意見都被鎮壓了下去。

對於這些因去史達林化而引發的國際事件，中共的領袖也在密切關注著。一九五六年十月，哥莫爾卡發表了一番激勵人心的演講，承諾要實行自由的社會主義（socialism with freedom），他還提到，波蘭集體農莊的產量不如私人農場來得高，北京全文轉載了這篇演講。對中國讀者衝擊最大的，是哥莫爾卡關於蘇聯的評論。他說波蘭欠蘇聯的錢，其原因是蘇聯逼迫波蘭向其廉價出售商品，同時向波蘭高價出口蘇聯商品，因此蘇聯似乎對波蘭進行了「帝國主義剝削」。正當波蘭的混亂達到高潮時，又傳來匈牙利動亂的消息，這讓許多中國讀者越發感到興奮。羅記述道：「大家對報紙的熱情前所未有地高漲，之前讀報紙都是被迫的，因為平時開會都得討論報紙上的內容，但是現在許多人寧願曠工，也要排長隊買一張報紙來看。」因為報紙上的新聞都經過了嚴格的審查，所以人們不得不從字裡行間發掘其背後的深文大義，有些工人甚至以匈牙利為榜樣，公開發表批評政府的言論。[4]

因各種原因對當局心懷不滿的群眾開始走上街頭，透過示威和請願的方式發洩心中的憤恨。學生也開始罷課。一九五六年秋，南京航太航空學院有三千多名學生宣布罷課一個月。這所學院號稱是全國一流的大學，但實際上最多只能算是一所中等的技術學校。在與它相隔幾條街的南京師範大學，有一名年輕人無意間撞到六名學生，遭到這些學生毆打，公安局卻包庇打人的學生。很快地，全校學生組織遊行，要求伸張正義，警察則威脅要以暴亂的名義逮捕示威者，結果促使四百八十名學生聚集在南京市政府門口，高呼口號，要求民主和人權。南京並不是唯一出現這種情況的城市，除非檔案完全公開，沒有人知道當時學生的不滿有多麼嚴重。但僅在西安這個中等規模的城市裡，就爆發了不下四十起工人和學生的請願示威活動。到一九五七年初，全國各地有上萬名學生參與了示威遊行。[5]

與此同時，工人罷工也達到了前所未有的規模。一九五六年，工業部統計的罷工就超過了兩百二十起，大多數發生在十月分之後。上海有數千人參加了罷工，甚至有黨的幹部和共青團員參與領導。工人抗議的內容大都是實際收入減少、租房條件差和福利縮水，這些不滿在許多工人的心中已經累積多年，而社會主義高潮運動中對私人企業的集體化改造直接引發了這些不滿情緒的集中爆發。上海之外的許多地方也爆發罷工，甚至導致了相關經濟活動的癱瘓。例如：在東北，有兩千名從事糧食運輸的工人故意怠工，要求政府漲工資，當幹部威脅要把他們打成反革命分子時，示威者的態度反而變得更加堅定。在福州，工人不斷向市政府請願，前後多達六十起之多。[6]

農村也是一樣。一九五六年，農民對集體化的不滿達到了高潮，政府也實行了一些改革，如縮小集體農莊的規模、允許農民出售部分自留地裡種的農產品等，但農民們最希望的是退出集體化。一九五六年秋，浙江仙居縣出現了糧食歉收，農民們開始公開表達不滿，許多人退出合作社，發表反黨言論，毆打當地幹部，一百多個合作社因此完全瓦解。在江蘇泰縣，數千名請願者聚集到黨委大院門口請願，當地的經濟倒退到了以物易物的方式，村民們成群地退出合作社，有些還拿回了自己的耕牛、種子和工具。[7]在廣東省，一九五六至一九五七年的冬天有數萬名農民退出合作社，其中鬧得最凶的是中山和順德兩個縣。在順德，多達三分之一的農民堅持拿回自己的土地，恢復單幹，遇到幹部阻撓，就會對其進行毆打。在湛江下轄的幾個縣，每十五人中就有一人大膽提出退社，他們牽走自己的耕牛，並拒絕把小孩送到學校，出於報復，有些地方甚至不許這些村民上街。在信宜縣，憤怒的村民開始毀壞集體財產，燒毀糧庫，有人甚至帶著刀子參加集體會議，強迫幹部准許其退社。[8]

甚至有些地方幹部也開始發表反對集體化的言論。有人說：「生活上不如勞改犯。」在廣東汕頭，有些幹部認為糧食壟斷政策的剝削程度超過了封建時代。在保安縣，百分之六十的幹部反對糧食統購統銷。在羅定縣，一名副書記說：「在到農村之前，我是相信集體化具有優越性的，但是到了下面卻連粥都喝不飽，餓得頭暈，所以我再也不覺得集體化有什麼好處了。」在英德縣的一次黨的會議上，好幾名與會人員公開說一九四九年前的經濟狀況比現在好。在崖縣（今三亞），有四十幾名領導幹部及其家屬跟農民一起拒絕參加合作社。陽江縣一名合作社社長控訴說，在施行糧食統購統銷的三年裡，除了稀飯，黨什麼都沒有給過農民。在懷陽地區的十一個縣，總共有一萬四千兩百六十四名幹部，其中有超過一萬人被上級認定為「糊塗思想」。[9]

有些村民甚至前往北京上訪——其中部分人得到了地方幹部的默許。雖然戶籍制度限制了人們遷徙的自由，但在政務院的門口，每天都聚集了數十名上訪者，要求複查他們的情況。有一名婦女帶著四個嬰兒站在大門口，身上掛著一條標語，上面寫著「餓死」——對一個承諾沒有人會挨餓的政權來說，這無疑是赤裸裸的控訴。還有一個男人大白天點了一盞燈籠，在中南海的大門外要求面見毛主席——他的用意很明顯，是說黨製造的黑暗籠罩著大地。[10]

上訪者中還有許多老兵。解放後，有五百七十萬士兵復員，他們的生活大都很悲慘。最好的情況是回到農村自力更生，但在集體化的過程中，許多人被當成了賤民，因為他們無法自食其力。有五十萬復員軍人不得不忍受各種慢性疾病的折磨，而且得不到什麼救治。一九五六至一九五七年冬，他們終於忍無可忍，大批復員軍人聚集在城市裡向當地政府施壓，有些還組織了革命委員會，聲稱要發動游擊戰爭。陳宗霖來自飽受饑荒之苦的安徽，他高聲抗爭道：「要是政府不給我們工作，我們就跟他鬥爭到底！」在北京政務院的門口，發生過五起退伍軍人示威的事件。[11]

羅在上海目睹了這些示威，他說：「從這些生活在社會底層的人身上，可以感受到一種生命力，這讓人感到無以言表的興奮，同樣讓人只可意會不可言傳的是，共產黨幹部的態度也在發生轉變，他們既感到害怕，也感到困惑，不再像以前那樣傲慢了，他們試圖安撫每個人，特別是對工人，他們最怕的就是工人。」幹部們沒有理由鎮壓這些示威，因為毛主席自己就曾捍衛學生、工人和農民表達意見和示威的民主權利，他鼓勵大家「百花齊放」，因此成了人民擁戴的對象。[12]

＊＊＊

一九五六年二月赫魯雪夫發表祕密報告後，毛澤東花了兩個月時間認真考慮如何應對。他必須小心應對，因為史達林去世後，赫魯雪夫成了共產陣營強有力的新領袖，他試圖與北京建立新的雙邊關係，不僅增加了對中國的援助，甚至在一年前就承諾會為中國提供核技術。與此同時，在中共黨內，許多領導人都建議壓縮工業化的規模，減緩集體化改造的步伐，這些意見讓毛不得不有所顧忌，他希望赫魯雪夫能支持自己的立場。

四月二十五日，毛對去史達林化做出了正式回應。他在政治局擴大會議上發表了題為〈論十大關係〉的談話，宣布中國已經準備好用自己的方式開闢一條通往社會主義的道路。他嚴厲批評了對蘇聯「一切照抄，機械搬用」的做法，表示中國不再盲目地仿效史達林單純強調重工業的舊模式，而要發展出自己的社會主義模式。毛指出蘇聯犯了一個嚴重的錯誤，即透過強制的手段從農民那裡掠奪了太多的資源，而中國將大大降低農業稅，以兼顧農民與國家的利益。毛認為「我們比蘇聯和許多東歐國家做得更好」，因為這些國家忽視了農業和輕工業。他甚至提出，在探索自己的社會主義道路時，中國應該向資本主義國家學習。然而，毛同時指出，那些追隨赫魯雪夫完全否定史達林的人也是錯誤的，毛批評這些人「今天刮北風，他是北風派，明天刮西風，他是西風派，後來又刮北風，他又是北風派」。他說：「蘇聯過去把史達林捧得一萬丈高的人，如今一下子把他貶到地下九千丈。」毛認為自己的立場比較中立，他宣稱史達林是一位偉大的馬克思主義者，七分功，三分過。

毛希望其他中共領導人都能與他達成共識，為此，他也試圖做出讓步，接納那些反對集體化改造的意見。他讓大家討論如何在發展重工業的同時又能保證輕工業和農業的發展，以此來「確保人民的生活」。他說必須研究如何提高工人的工資，以解決群眾「日常生活中最迫切需要解決的問題」。毛的這些觀點令他得到許多人的稱讚。除了在經濟問題上做出讓步，毛還採取了更多的舉措提高個人的威望。例如：為了重新占據領導全黨的道德制高點，他表現出支持民主的一面。他將自己置於其他中共領導人之上，教訓他們說：「共產黨有兩怕，一怕老百姓哇哇叫，二怕民主人士發議論，他們講得有理，你怎能不聽？」不到一年前，毛曾譴責梁漱溟和彭一湖是「反革命分子」，如今他卻表揚他們捍衛了民主，提出要把梁漱溟和彭一湖等民主黨派和無黨派人士「養起來，讓他們罵，罵得無理，我們反駁，罵得有理，我們接受。這對黨、對人民、對社會主義比較有利」。他對民主黨派表示支持，甚至說「要有兩個萬歲，一個是共產黨萬歲，另一個是民主黨派萬歲，資產階級不要萬歲，再有兩、三歲就行了」。[13]

這些表態讓毛的形象勝過了赫魯雪夫。就在幾個月前，他還處於防守的地位，猶如過氣的人物，死抱著過時的觀念，跟不上現實發展的腳步。如今，與赫魯雪夫比起來，他才是真正的反叛者，他的態度聽起來比蘇聯人更開放、更自由。五月二日，毛提出要鼓勵知識分子自由地表達觀點，要允許「百花齊放，百家爭鳴」。

然而，毛對其他中共領導人的立場仍不放心。他已經被迫同意削減開支，實行經濟改革，還不得不支持恢復集體領導制。幾天後，他飛往南方，希望得到地方領導人的支持，五月底，毛不顧湍急的水流和漩渦，在渾濁的長江裡游了三個來回。除了警衛員外，李志綏醫生也不得不拚盡力氣跟在主席身邊，不過他很聰明，很快便學會了像毛一樣仰面浮在水面上。透過在長江裡游泳，毛向其他領導人證明了自己的意志，他還為此寫了一首詩：

不管風吹浪打，
勝似閒庭信步。[14]

在接下來的幾個月裡，毛繼續鼓勵大家公開討論國家存在的問題。在九月召開的中共八大上，黨中央放棄了社會主義高潮的提法，從黨章裡刪除了與毛澤東思想有關的所有內容，並明確提出反對個人崇拜。毛在大會上沒有發言。他看似非常寬容，實際上卻在暗中準備反擊。

匈牙利事件給了毛重新獲得主動權的機會。一九五六年十一月初，蘇聯軍隊鎮壓了布達佩斯的動亂後，毛主席批評匈牙利共產黨已經變成了「脫離人民的貴族階層」，此時，國內的反對聲浪不斷高漲，毛卻聽之任之，欲藉機在中共領導層內發動一次整肅運動，以避免出現類似匈牙利的狀況。他的辦法就是來一次新的整風運動，就像當年在延安一樣，他要求對每個人進行嚴格的審查，挖出其中隱藏的間諜和特務。在一次內部的高層會議上，毛指出最危險的敵人不是那些在街上示威的工人和學生，而是黨內存在的「教條主義」、「官僚主義」和「主觀主義」。他說：「共產黨是要得到教訓的，學生向我們示示威，很有必要。」一九四二年，毛曾號召抱著理想主義的年輕人主動向黨內的「教條主義」發起進攻，企圖利用他們來對付自己的反對派。如今，經過周密的計畫，他再次提出中國共產黨應當歡迎黨外人士提出批評意見。他說：「如果罵群眾，群眾應該把他消滅的。」當時，學生和工人的示威已蔓延至全國，毛想透過這種方式對全黨發出警告。[15]

那些發表「反革命言論」的知識分子當然要冒極大的風險。一九四二年，延安的年輕人沒有遵從毛主席的指示，對延安的制度大肆抨擊，結果遭到了嚴厲懲罰，不得不在沒完沒了的鬥爭大會上互相揭發與批判。十四年後，毛自信攻擊黨的領導的類似情況再也不會發生了，因為經過反覆的思想改造，知識分子們都已馴服，而且僅僅一年之前，已有七十七萬「反革命分子」遭到逮捕。然而，仍有不少黨的領導人對發動群眾的做法心懷疑慮，毛安撫他們說：「關於鎮反問題，現在是十個指頭，去掉了九個半，只剩了半個反革命分子。」這個判斷在兩週後得到公安部長羅瑞卿的肯定。他報告說，幾週前當匈牙利發生示威時，有人寫匿名傳單，號召群眾起來推翻黨的領導，甚至有人計畫幹掉毛主席。但他保證，這些只是個別的聲音，因為產生反革命分子的溫床早在一年前就已經被剷除乾淨了。[16]

儘管如此，其他領導人對發動一場新的整風運動還是感到顧慮重重，更不要說讓黨外人士公開發表不滿意見了。為了安撫大家，毛提出將以「和風細雨」的方式展開運動，對那些犯了錯誤的人，只進行意識型態的教育，而不施以紀律的懲罰。即便如此，劉少奇和彭真等高層領導人還是擔心情況會失控。當時，許多黨內人士都認為要嚴禁一切反對黨的聲音，毛不得不逐一找他們談話。一九五七年一月十八日，他甚至說少數反革命分子可能占據了顯要位置，但鎮壓只會讓情況變得更壞。過了幾天，他又說：「不要怕鬧，鬧得越大越長越好。」、「百家爭鳴有好處，讓那些龜子王八、牛頭蛇神統統出來。」毛認為，反對黨的人就像鮮花叢中的毒草，不管拔得多勤，每年總會冒出來。一月二十七日，他指出：「即使犯了路線錯誤，全國大亂，占了幾省、幾縣，傷亡很大，且打到北京，西長安街通統是反對的隊伍，是否會垮臺呢？如軍隊可靠，也不會亡國。」[17]

一九五七年二月二十七日這一天，對毛來說是一個重要的日子。差不多就在赫魯雪夫發表祕密報告一周年之際，他在國務會議擴大會議上發表了題為〈關於正確處理人民內部矛盾〉的演講。毛說，四個月前匈牙利人民走上街頭，但他們絕大多數都不是反革命，錯誤在黨，特別是具有官僚主義思想的幹部們，未能分清群眾的合法訴求與對國家的惡意攻擊，結果使用了暴力而不是說服的辦法來應對這場危機。毛承認中國在一九五一和一九五二年的政治運動中也犯了錯誤。他向與會人員保證，許多被判處勞動改造的人很快將得到特赦，他甚至對許多人的無辜死亡表示遺憾。同時，毛警告說，如果對群眾的合法需求處理不當，中國就會走上匈牙利的道路，人民內部的矛盾就會變成人民和黨的矛盾，最終只能用暴力來解決。毛的演講聽上去態度誠懇，他歷數了中國共產黨犯下的嚴重錯誤，對黨內的官僚主義予以嚴厲批評，並宣布將很快發動一場整風運動來幫助黨員改進自己的工作。他再次提出要允許「百花齊放，百家爭鳴」，呼籲各界群眾一起幫助中國共產黨整頓風氣。他鼓勵大家說出心中的不滿，討論社會上的不公平現象，並保證不會報復敢講真話的人。在結束演講時，毛把自己比作一名京劇演員，因為衰老而無法繼續扮演主角。透過這種方式，他暗示自己不久將退居二線。[18]

這次演講取得了巨大成功，它使許多人相信，毛確實想改變過去的激進做法，建設一個更加人性化的社會主義。為達成此一目標，他竭盡所能地將大多數人團結在自己周圍，許諾他們一個美好的未來。參加這次會議的不僅有黨和政府的高層領導人，還有民主黨派人士，毛的演講錄音還在全國對一定範圍內的人員進行了播放。羅當時在上海，他與其他兩百名代表一起收聽了演講錄音，大家對毛的真誠堅信不疑。他當時曾計畫逃往香港，並為此準備了一年多的時間，但現在產生了猶豫：「毛的演講讓人覺得，似乎一切改變都可能發生。許多年來頭一次，我看到了希望。」[19]

＊＊＊

然而，一開始並沒有多少批評的聲音。北京市長彭真運用其權力掌管著包括《人民日報》在內的官方報紙，試圖以此來控制運動的發展。[20]於是，毛決定再次離開北京，來到南方尋求支持。他施展個人魅力，鼓勵知識分子和民主人士大膽發言，從而贏得了眾人的好感。與此同時，他接見了軍隊和地方領導，對他們極力主張鎮壓示威學生的立場表示理解。他說：「知識分子有一條尾巴，要潑他一瓢冷水。狗，潑牠一瓢冷水，尾巴就夾起來了。你如果是另外一種情形，牠就翹得很高，牠就有些神氣。因為他讀了幾本書，確實有些神氣。勞動人民看見你那個神氣，他就不舒服。」[21]

毛在布局一盤很大的棋：一方面，他從內心深處對知識分子充滿了不信任，但另一方面，他又希望利用他們對黨內的官僚主義展開攻擊。四月下旬，他動用自己的全部影響力，下令宣傳機器開足馬力來推動這場運動。一開始，批評的聲音還很微弱，但到了五月分，這種聲音開始變得越來越響，並很快發展成洶湧的浪潮。

工廠、宿舍和辦公室的牆上貼滿了大字報，人們在粉紅色、黃色和綠色的紙上，用毛筆發表自己的觀點。有些人寫的是要求民主和人權的口號，有些則是對社會主義國家民主的長篇討論，還有人對社會上存在的不公平現象以及黨內高層的腐敗問題提出批評。學生們抗議黨對文化和藝術的控制太緊，他們批評建國初期鎮壓反革命的運動不公正、太殘酷，並且對胡風表示同情。在南開大學任教的巫寧坤就是因為同情胡風，一年前遭到了搜家，如今他提出，批判胡風的運動是「不公道和荒謬的」。他說這場運動是「對公民權利的公然踐踏，是官方組織有預謀的私刑審判，其本身就是一個錯誤，就是為了消滅思想和言論的自由，是仿效史達林的整肅運動，而史達林的錯誤已經被赫魯雪夫揭發並受到了譴責。」巫寧坤滿心期待南開大學會向他道歉。[22]

莫斯科也成了許多人批評的對象，因為大家不願意什麼事都得盲從蘇聯。幾乎每個人都在抱怨住宿條件差、工資太低，而黨員卻享有種種特權，生活的條件比普通人要好。少數人還寫了長篇大論，對整個政治體制提出批評，甚至攻擊共產黨和毛澤東本人，將毛主席比作教皇。有人寫道，在蔣介石統治期間，大家享有比新中國更多的言論自由。就連官方媒體也發表了對共產黨的尖銳批評。在一篇批評「黨天下」的文章裡，畢業於倫敦經濟學院、曾師從拉斯基（Harold Laski）的儲安平批評毛澤東自以為是，以為整個世界都是屬於他的。儲安平同章伯鈞和羅隆基一樣，都是民盟的成員。這些民主人士和無黨派人士召開了一系列會議，許多人在會上提出建議，要求中共將黨委撤出學校、政府機構和合營企業，少數人甚至嘲笑毛主席。殺傷力最大的是羅隆基的評論，他說毛主席是一個無產階級的「小知識分子」，卻想領導資產階級的「大知識分子」。[23]

還有些人提到了農民的問題。戴煌是一名虔誠的黨員、著名的戰地記者。他在農村採訪時，看到地方幹部享用著奢侈的宴席、住著豪華的房子，而大多數農民的生活條件卻比解放前好不了多少。深感震驚的他寫了一封長信給毛主席，提出了自己的建議。費孝通是一名社會學家，解放前就因研究農村問題而出名。他發表了一篇文章，記述了江蘇一個偏遠村莊的情況——他從一九三〇年代就開始關注這個村子了。他說，剛進村子就遇到幾個老太婆，向他抱怨糧食不夠吃。費孝通因此寫了一份報告，對黨的農村政策提出溫和的批評，指出靠集體化來解決所有問題是「頭腦簡單」的想法。[24]

在由黨的幹部們參加的不公開會議上，衝突更為激烈。上海市副市長與解放後歸國的兩百五十名留學生舉行了會談。這次會談是在上海市文化宮舉行的，這棟藝術裝飾風格的建築以前曾是法國俱樂部。這些留學生大都畢業於世界名校，發言時氣氛熱烈，許多人嚴詞批評政府說謊，未能兌現當初的承諾。他們抨擊黨的專斷和對知識分子的不公待遇，以及每次思想改造運動對知識分子的殘酷鎮壓。但最令大家不滿的，是在新中國沒有用武之地。大家的情緒普遍非常激動，十幾個人幾乎搶著高聲發言。副市長很快就坐不住了，頭上開始冒汗，頭髮亂了，中山裝也皺了。「他坐在那裡，緊握扶手，目光盯著一個個高聲發言的人。」

會議的高潮是一名工程師抱怨說他放棄了每月八百美元的工作回來為祖國服務，但至今卻沒有機會做任何事情，因為即使他提出一個很小的技術建議，也被認為是「資產階級」的觀點而遭到拒絕。自從一九五一年回國後，他已經換了四個崗位，每換一次他的工資都要下調，如今他的薪水很低。這名工程師越說越生氣，突然脫掉上衣衝向副市長，將衣服扔到他臉上，大聲叫道：「六年了，我連一件衣服都沒有買過，六年了，我從來沒有獲准運用我的能力和技術。因為這些遭遇，我整個人瘦了三十磅，為什麼？為什麼？你還想我們對你的愚蠢和冷漠忍耐多久？你以為我們還會老老實實地坐著，讓你們這些共產黨員越來越胖、越來越無恥嗎？」聽了他的發言，所有人都發出了憤怒的吼叫。[25]

批評者取得了一些小小的勝利。上海市長向一名曾被錯劃為反黨分子的教授公開道歉，那些被錯抓了的知識分子也從監獄裡放了出來，其中就有淩憲揚——他曾在一九四五至一九四九年擔任上海大學的校長。淩憲揚在監獄裡關了六年，放出來時形容消瘦，但內心很高興，並迫切地表示想跟上形勢的發展。[26]從一九五六年夏開始，各地就不斷發生學生的示威活動，如今有數萬名學生走上街頭。一九五七年五月四日，八千多名學生聚集在北京紀念五四運動，他們開闢了一堵「民主牆」，在牆上貼滿大字報和標語，批評共產黨「在全國所有的教育機構鎮壓自由和民主」。他們還與其他城市的示威者聯絡，企圖組織全國範圍的抗議活動。在成都和青島，學生示威變成了暴力衝突。示威者衝進地方黨委大樓，毆打了當地官員。武漢也爆發了動亂，一所中學的學生因為對招生政策不滿，憤怒地衝進市委大樓。結果門窗被砸毀，文件撒了一地，有幾名幹部還被綁了起來遊街示眾。[27]

工人也走上了街頭。同學生的示威一樣，工人的罷工已經斷斷續續持續了將近一年，造成東北、天津、武漢和上海等城市的經濟陷於部分癱瘓。但如今，問題變得更加嚴重了。僅上海一地，就有五百八十多個企業的三萬多名工人參加了罷工，其規模超過了此前所有的罷工，甚至比一九三〇年代國民黨統治時期的罷工還要大。另外還有七百多座工廠也出現了小規模的抗議事件，工人們採取罷工和有組織的怠工等方式進行抗議。[28]

有些工人訴諸暴力，從牆上撕掉提高產量的標語和大字報，並公然批評共產黨。在群眾大會上，工人們長篇大論地傾訴心中的不滿，並嚴厲質問黨的幹部。有一次，憤怒的工人甚至把一名幹部推到黃浦江邊，每隔兩、三分鐘就把他的頭按進水裡。一個小時後，這名幹部的臉上全是汙泥和鮮血。他縱身跳入水中試圖逃跑，有一名圍觀的群眾試圖幫助他，結果被工人用石頭砸。不僅上海，全國其他地方的幹部也都變得恐慌不安。羅說：「有好幾次，我在馬路上看到有幹部遭到憤怒的群眾謾罵、攻擊和嘲弄。」吳介琴是一名藝術專業的學生，之前曾參加過「打虎隊」，他對當時的情形評論說：「這真的是一場公開的發洩。」[29]

羅對這一切深感困惑，因此儘管幹部們不斷要他發言，他仍非常低調。幾個星期之後，他逃亡到了香港。還有很多人也持謹慎的態度，如樂黛雲（她是黨員，在土改時曾試圖保護一名被判處死刑的貧苦裁縫）就很警覺：「雖然我對那些發言的人很同情，但出於本能的警覺，我沒有參加批評者的大合唱，我覺得在發言之前應該耐心等待，看事態會怎麼發展。」她後來決定與其他的年輕教師一起提出建議，希望出版一份新的文學雜誌。[30]

＊＊＊

百花齊放運動造成的批評洪流讓全國各地的黨政官員們深感震驚，毛主席本人也不例外。事實證明，他之前嚴重錯估形勢。他的醫生李志綏記錄說：「（毛主席）待在床上，神情沮喪，明顯不能動彈。當進攻越來越激烈的時候，他患了感冒，因此把我喊去。他在重新思考戰略，計畫進行報復。」[31] 一九五七年五月十五日，毛寫了一篇文章，題目叫〈事情正在起變化〉。這篇文章被發給黨的領導人，毛告訴他們：「我們還要讓他們猖狂一段時間，讓他們走到頂點。他們越猖狂，對於我們越有利。人們說：怕釣魚，或者說：誘敵深入，聚而殲之。現在大批的魚自己浮到水面上來了，不需要釣。」毛計畫發動反擊，同時，他卻命令宣傳機器鼓勵更多人站出來批評黨。他對民主黨派人士尤其感到憤怒，因為事實證明這些人都不可靠。他對李志綏說：「這些人就是一群土匪和婊子。」[32]

很快地，《人民日報》得到祕密通知，要對那些被毛主席稱為「右派分子」的人發起攻擊。六月八日，毛發表了一篇社論，指責少數人試圖攻擊黨和推翻政府。六月十一日，他幾個月前所做的〈關於正確處理人民內部矛盾〉的報告終於公開發表了，但是當初報告裡的和緩語調已經變得截然相反，整篇文章都被仔細地重新修改過，看上去似乎從一開始毛就給那些反對政府的人布下了陷阱，其目的是為了「引蛇出洞」。毛當初鼓勵大家辯論，現在看來似乎是個巧妙的策略，他的真實意圖是為了透過辯論讓革命的敵人自我暴露。

如今，爭鳴的階段結束了，毛又被迫同黨內反對他的勢力形成了暫時的合作，而受到各方面批評的黨內領導人也與毛團結在一起。鄧小平和彭真從一開始就對這場運動持不同意見，如今他們強烈要求對所有的右派分子採取果斷行動。毛主席讓鄧小平來主持這個行動，結果數十萬人受到了打擊。五月十五日，毛提出右派分子的人數是「右派大約占百分之一、百分之三、百分之五到百分之十，依情況而不同」。在接下來的幾個月裡，被迫害的人數逐漸增長，最終超過了五十萬人。[33]

那些被毛稱為「土匪和婊子」的民主人士受到的指控是：追隨了一條「反共產主義、反人民、反社會主義的資產階級路線」。批評黨想獨霸世界的儲安平被民盟開除出黨，被迫在沒完沒了的大會上做自我檢討。其他人則受到學生積極分子的騷擾。人民大學的學生曾兩次衝進時任交通部長章伯鈞的辦公室，而被稱為「中國頭號右派」的羅隆基也在家中受到學生的攻擊。作為民盟的領導人，他們被指控為領導了一個祕密的「章羅反黨聯盟」，兩個人都因此被剝奪了一切職務。[34]

那些參與示威的人受到了更為嚴厲的懲罰。武漢有幾名中學生被指控為接受了「章羅反黨聯盟」的指揮，結果在上萬名群眾面前被公開處決。[35]

人們開始互相揭發，章伯鈞和羅隆基也彼此指責對方。有一次羅隆基來到章伯鈞家，用自己的拐杖憤怒地敲打他家的大門。其他民盟的成員（如吳晗等）都不甘落後，紛紛加入對章和羅的大批判中。有時候，家庭關係也會因政治原因而破裂。戴煌就受到了妻子的指責，她貼出一張大字報，控告自己的丈夫陰謀反黨。費孝通也被迫對自己寫過的農村調查報告進行批判，並在人民大會堂舉行的大會上做檢討，承認自己曾支持「章羅反黨聯盟」，反對「社會主義的目標」。[36]

許多受迫害者一開始認為反右運動與自己無關，因為他們只是響應黨的號召才發表意見的。巫寧坤就是這麼認為的。然而，當南開大學的教師們花了幾個星期的時間研讀了黨的指令和報紙的社論後，大家便開始強迫他承認自己是資產階級右派分子了。同事和朋友都躲著他，他坐在會場上，就像一名等待判決的犯人。直到被送往「北大荒」的勞改營，他才感覺放鬆下來。[37]

甚至連平時自認言談舉止都很小心的黨員，如今也得面臨大會小會的嚴厲質問，受到各種委員會無休無止的審查和批判。樂黛雲就是這樣的例子。她奉命領導一個委員會，對五名右派分子進行批判。她花了整整一個夏天翻看了十幾名同事的人事檔案，沒想到，不久她自己也被劃成了右派。「這麼嚴重的指控當然不適用於我，我向上申訴，以為這個錯誤的決定很快就會得到糾正。」但事實是，她不得不面對全系師生的批判，八、九個人接連站起來發言，罵她是叛徒和反革命分子。最惡毒的指控來自一名年輕教師，他本人也被劃成了右派，因此非常渴望抓住這個機會來證明自己對黨的忠誠。[38]

有時候，批判大會變成粗暴的咆哮，批判者甚至會對受迫害者施以肉體的攻擊，如揪他們的頭髮、把他們的頭壓在桌子上等。北京就有幾名大學教授遭受了這樣的虐待。在北京政法學院，有人憤怒地將茶杯砸到一名受害者的頭上。不過，跟一九六六年的文化大革命比起來，知識分子們在反右運動中所受的肉體痛苦算是輕的了。[39]

讓人更痛苦的是，這場運動完全由領導說了算，個人根本沒有辯駁的餘地。毛給劃右派定下了指標，全國每個單位都必須完成任務。然而，劃定右派的標準非常模糊，只要曾經發表過意見，每個人都有可能被劃成右派。「反對社會主義文化」、「反對社會主義經濟和政治制度」、「反對國家的基本政策」、「否定人民民主革命、社會主義革命和社會主義建設的成就」以及「反對共產黨領導」都是致命的錯誤。即使有這些所謂的標準，用歷史學家王寧的話說，許多受害者其實只不過是「偶然的異見分子」。有時候，為了完成指標，幹部就在一張名單上隨便勾幾個名字。有一家電影院要求職工抽籤決定誰是右派，結果一名會計不幸抽中，成了右派分子。錢辛波是中央人民廣播電臺的記者，有一天，一名幹部找到他，問他對劃右派有什麼想法——當時他有好幾個朋友都已受到了批判。錢恭順地說：「我沒什麼好說的，讓黨來決定吧。」他知道其實黨委早就決定了他的命運。有一名十七歲的女孩只是讚揚美國製造的鞋油好用，結果因為「對外國帝國主義事物的盲目崇拜」而被送入集中營。[40]同以往的政治運動一樣，有些人也會因為嫉妒和私人恩怨而被劃成右派。何英就因為提拔得太快遭人嫉妒而受到批判。他解釋說：

我十九歲時變成了右派。當時我是吉林省一份文學雜誌最年輕的編輯，在全省的文學圈子裡很有名氣，我的工資比許多同事要高，是公眾關注的焦點人物。所以有時候，我顯得過分自信和驕傲。許多同事都嫉妒我，想看我倒楣。我在百花運動中對政治一言不發，但是運動開始後，他們還是說服黨委書記把我劃成了右派。

殷潔的故事與此驚人地相似：「當時我還是一名大學生，比許多同學有更多的零用錢……而且，我學習不用功，但成績卻很好，因此就成了大家嫉妒的對象，有些人非常恨我。運動開始後，他們敦促系主任把我劃成了右派。」[41]

有些蒙冤者選擇自殺。在一次批鬥大會上，從維熙目睹一名受害者自殺的情景：「當會議達到高潮時，會場上響起一片叫罵聲，坐在我前面幾排的一個男人突然站了起來。我還沒反應過來，就見他迅速衝向四樓的陽臺縱身躍下……血！當我向外看時，看到了血，我捂上眼睛，沒有勇氣再看下去了。」類似事件有數千起，所有的自殺行為都被認為是背叛人民的舉動。胡思杜在一九五〇年曾批判自己的父親胡適，並積極要求入黨，如今因為建議改進他所在的學院的教學品質而被迫害致死。[42]

而另一種極端的情況則是，受害人不僅全盤承認黨的指控，而且自願前往「北大荒」進行自我反省和改造。丁玲就是一個例子。她曾是一九三〇年代的左翼著名作家，如今她跟丈夫一起認為自己應該接受改造，要用中國共產黨的價值觀開創一條新的道路。這類知識分子將自己的命運與黨牢牢綁在一起，他們無法想像離開了黨人生會變成怎樣。[43]

在這場反右運動中，超過五十萬人被劃成右派，其中包括像丁玲這樣將全身心奉獻給黨的知識分子。而黨的領導層也得到一次深刻的教訓，知道毛可以號召人民攻擊他們。此後，許多黨的領導人再也不敢質疑毛主席的決策，完全與毛站在了一起，周恩來和陳雲在經濟上所持的謹慎態度也無人附和了。毛為此非常高興，此時距中國解放尚不足十年，但他已做好準備，即將展開一場大膽的新試驗，欲將中國推向共產主義陣營的最前沿。毛將這場運動稱為「大躍進」，全國都將加快集體化的步伐，跑步進入共產主義，創造一個人人豐衣足食的烏托邦。在接下來的四年裡，數千萬人將被迫參加繁重的勞動，並且忍饑挨餓，甚至遭受毆打，直至死亡。這個國家將經歷一場人為製造的空前大劫難。

Hunting Vanguard: The Central Secretariat's Roles and Activities in the Anti-Rightist Campaign', *China Quarterly*, no.206 (June 2011), pp.391-411； 大量的證據見於Song Yongyi (ed.), *Chinese Anti-Rightist Campaign Database*, Hong Kong: Universities Service Center for China Studies, 2o1o.

34. 北京市委的報告，1957年7月7日，甘肅省檔案館，91-1-19，頁145-148；關於所謂的章羅反黨聯盟，見Frederick C. Teiwes, *Politics and Purges in China: Rectification and the Decline of Party Norms*, Armonk, NY: M. E. Sharpe, 1993, pp.235-40；也可見朱正，《反右派鬥爭始末》，香港：明報出版社有限公司，2004年，頁275-313。

35. MacFarquhar, *The Hundred Flowers Campaign and the Chinese Intellectuals*, p.264.

36. 朱正，《反右派鬥爭始末》，香港：明報出版社有限公司，2004年，頁275-313；章詒和，《往事並不如煙》，北京：人民文學出版社，2004年；Dai, 'Righting the Wronged', p.66; McGough, *Fei Hsiao-t'ung*, pp.79-82.

37. Wu, *A single Tear*, p.64.

38. Yue, *To the Storm*, pp.7 and 32.

39. 北京市委的報告，1957年7月7日，甘肅省檔案館，91-1-19，頁145-148；關於所謂的章羅反黨聯盟，見Frederick C. Teiwes, *Politics and Purges in China: Rectification and the Decline of Party Norms*, Armonk, NY: M. E. Sharpe, 1993, pp.235-40.

40. Wang Ning, 'The Great Northern Wilderness: Political Exiles in the People's Republic of China', University of British Columbia，博士論文，2005年，頁33；錢辛波，〈交心成「右派」〉，牛漢、鄧九平編，《荊棘錄：記憶中的反右派運動》，北京：經濟日報出版社，1998年，頁401-404；Dai, 'Righting the Wronged', p.67.

41. Wang Ning對Yin Jie的採訪，'The Great Northern Wilderness'，頁48，行文格式略有不同。

42. 從維熙，《走向混沌：從維熙回憶錄》，廣州：花城出版社，2007年，頁5-6，轉引自 Wang, 'The Great Northern Wilderness', p.137; Shen, 'The Death of Hu Shi's Younger Son, Sidu'.

43. 丁玲，〈到北大荒去〉，牛漢、鄧九平編，《原上草：記憶中的反右派運動》，北京：經濟日報出版社，1998年，頁318。

自毛在南京的一次談話，1957年3月20日，山東省檔案館，A1-1-312，頁2-17。

22. 大字報的顏色見Yue Daiyun, *To the Storm: The Odyssey of a Revolutionary Chinese Woman*, Berkeley: University of California Press, 1985, p.7; Wu, *A single Tear*, p.54.
23. 戴晴，《梁漱溟、王實味、儲安平》南京：江蘇文藝出版社，1989年，頁236-238；也可見章詒和，《往事並不如煙》，北京：人民文學出版社，2004年；羅隆基的評論對毛澤東的傷害很大，他甚至在八屆三中全會的總結發言中提到羅的話，1957年10月19日，山東省檔案館，A1-1-315，頁15。
24. Dai Huang, 'Righting the Wronged', in Zhang Lijia and Calum Macleod (eds), *China Remembers*, Oxford: Oxford University Press, 1999, p.66; James P. McGough, *Fei Hsiao-t'ung: The Dilemma of a Chinese Intellectual*, White Plains, NY: M. E. Sharpe, 1979, pp.61-2.
25. Loh, *Escape from Red China*, pp.304-5.
26. 同上，頁301。
27. 同上，頁298；武漢的情況可見Roderick MacFarquhar (ed.), *The Hundred Flowers Campaign and the Chinese Intellectuals*, New York: Octagon Books, 1974, pp.143-53.
28. Elizabeth J. Perry, 'Shanghai's Strike Wave of 1957', *China Quarterly*, no.137 (March 1994), pp.1-27.
29. 同上，頁13；Loh, *Escape from Red China*, p.300.
30. Yue, *To the Storm*, p.7.
31. Li, *The Private Life of Chairman Mao*, p.200.
32. 'Things are Beginning to Change', *Selected Works of Mao Zedong*, vol.5, pp.441-2.
33. 官方公布的右派總人數是552,877人（Henry Yuhuai He, *Dictionary of the Political Thought of the People's Republic of China*, Armonk, NY: M. E. Sharpe, 2001, p.115），但反右運動的研究者們認為這一數字並未包括遭到非正式迫害者，如果算上這些人，受害者的總人數將超過65萬，相關研究如：華民，《中國大逆轉：「反右」運動史》，紐約法拉盛：明鏡，1996，頁148；關於鄧小平在反右運動中的作用，見Chung Yen-lin, 'The Witch-

11. 內務部的報告，1957年2月27日，南京市檔案館，4003-1-122，頁66-67；山東省檔案館，1957年3月9日，A1-1-318，頁108；關於退伍軍人的悲慘遭遇，見Neil J. Diamant, *Embattled Glory; Veterans, Military Families, and the Politics of Patriotism in China, 1949-2007*, Lanham, MD: Rowman & Littlefield, 2009.
12. Loh, *Escape from Red China*, p.231.
13. 〈論十大關係〉，1956年4月25日，傳達於1956年5月16日，山東省檔案館，A1-2-387，頁2-17。
14. Li, *The Private Life of Chairman Mao*, p.163; Chang and Halliday, *Mao*, p.401.
15. 在八屆二中全會上閉幕式上的發言，1956年11月15日，甘肅省檔案館，91-18-480，頁74-76。
16. 毛澤東在八屆二中全會上的插話，1956年11月10-15日，甘肅省檔案館，91-18-480，頁60；羅瑞卿的發言，1956年11月27日，河北省檔案館，886-1-18，頁45-55。
17. 毛澤東的演講，1957年1月18日，甘肅省檔案館，91-3-57，頁57-63；毛澤東的插話，1957年1月19日，甘肅省檔案館，91-3-57，頁77；毛澤東的插話，1957年1月23日，甘肅省檔案館，91-3-57，頁84；毛澤東的演講，1957年1月27日，甘肅省檔案館，91-3-57，頁71-72。
18. 毛澤東在最高國務會議第一次（擴大）會議上的演講，1957年2月27日，甘肅省檔案館，91-3-57，頁1-41；與檔案紀錄相符的英文翻譯見Roderick MacFarquhar, Timothy Cheek and Eugene Wu (eds), *The Secret Speeches of Chairman Mao: From the Hundred Flowers to the Great Leap Forward*, Cambridge, MA: Harvard University Press, 1989, pp.131-89；也可見Loh, *Escape from Red China*, pp.289-2.
19. Loh, *Escape from Red China*, p.293；關於對這次演講的其他反應，見Eddy U, 'Dangerous Privilege: The United Front and the Rectification Campaign of the Early Mao Years', *China Journal*, no.68 (July 2012), pp.50-1.
20. 關於彭真與《人民日報》，見Roderick MacFarquhar, *The Origins of the Cultural Revolution*, vol.1: *Contradictions among the people, 1956-1957*, London: Oxford University Press, 1974, especially p.193.
21. 一個很好的例證是毛澤東與民主黨派和工商業代表的會見，1956年12月7日，山東省檔案館，A1-2-387，頁71；關於毛澤東對知識分子的評論，出

8；《內部參考》，1952年12月18日，頁256-257；另見四川省檔案館，JK16-83，1953年，頁3；對延邊痲瘋村的檢查報告，1954年，四川省檔案館，JK16-241，頁6-8。

26.《內部參考》，1953年5月13日，頁168-170。
27.對延邊痲瘋村的檢查報告，1954年，四川省檔案館，JK16-241，頁6-8；廣東的部分可見《內部參考》，1953年4月14日，頁282-283。
28.《內部參考》，1953年4月3日，頁59-61。

第十四章：毒草

1. Taubman, *Kbrushchev*, pp.271-2.
2. Pang and Jin (eds), *Mao Zedong zhuan, 1949-1976*, p.534; Li, *The Private Life of Chairman Mao*, pp.182-4.
3. Taubman, *Kbrushchev*, p.272；吳冷西，《憶毛主席：我親身經歷的若干重大歷史事件片段》，北京：新華出版社，1995年，頁57。
4. Loh, *Escape from Red China*, pp.229-30.
5. 南京市檔案館，1957年，4003-1-122，頁103；工會的報告，1957年2月22日，南京市檔案館，4003-1-122，頁83-87；上萬名學生參與遊行的數字出現在中央的報告中，1957年3月25日，南京市檔案館，4003-1-122，頁78-82。
6. 工業部的報告，1957年2月19日，廣東省檔案館，219-2-112，頁99-100；工會的報告，1957年2月22日，南京市檔案館，4003-1-122，頁83-87；吉林省檔案館，1957年5月20日，1-1(13)-50，頁4；《內部參考》，1956年9月24日， 頁615-616；1956年11月15日、11月16日， 頁367-368、401-402；1956年12月17日，頁342-343。
7. 楊心培，仙居縣的報告，1957年8月13日，山東省檔案館，A1-1-318，頁93-98；江蘇省委的報告，1957年5月20日，山東省檔案館，A1-1-318，頁87。
8. 廣東省檔案館，1957年5月23日，217-1-30，頁10-12；順德縣委的報告，1957年4月24日，廣東省檔案館，217-1-371，頁21-24；信宜縣委的報告，1957年3月6日，廣東省檔案館，217-1-408，頁16-18。
9. 廣東省檔案館，1957年9月15日，217-1-30，頁90-93。
10. 四川省檔案館，1957年5月28日至7月15日，JC1-1155，頁24。

山東省檔案館，A1-2-387，頁72；東郊鐵路站的情況，見北京市檔案館，1956年11月10日，2-8-247，頁52。

13. 李富春在第一次全國設計大會上的報告，1957年9月24日，山東省檔案館，A107-1-67，頁138-147。

14. 鞍山市黨委的報告，1956年3月22日，山東省檔案館，A1-2-393，頁42-43。

15. 工會的報告，1956年6月25日，南京市檔案館，4003-1-107，頁370-376。

16. 中央傳達的關於勞動條件的報告，1956年3月22日，南京市檔案館，4003-1-107，頁364-365。

17. 湖北省檔案館，1956年8月13日，SZ29-1-13，頁2-3；湖北省檔案館，1956年5月，SZ29-1-144，頁14-35；工商聯給中央的報告，1956年5月29日，山東省檔案館，A1-2-393，頁54-58；另見南京市檔案館，4003-1-108，頁54-60。

18. 工商聯給中央的報告，1956年5月29日，山東省檔案館，A1-2-393，頁54-58，另見南京市檔案館，4003-1-108，頁54-60。

19. 工會的報告，1956年6月25日，南京市檔案館，4003-1-107，頁370-376；南京市檔案館，1956年2月4日，4003-1-107，頁48；南京市檔案館，1957年2月20日，4003-1-122，頁25；工人健康狀況的調查，1954年，南京市檔案館，5065-2-142，頁52-53。

20. 湖北省檔案館，1958年3月28日，SZ44-2-158，頁16-59。

21. 共青團的報告，1956年8月5日，山東省檔案館，A1-2-393，頁103-105。

22. Kawai Fan and Honkei Lai, 'Mao Zedong's Fight against Schistosomiasis', *Perspectives in Biology and Medicine*, 51, no.2 (Spring 2008), pp.176-87.

23. 相關醫學爭論見David M. Lampton, *The Politics of Medicine in China: The Policy Process, 1949-1977*, Folkestone, Kent: Dawson, 1977, pp.48 、64-5；也可見Miriam D. Gross, 'Chasing Snails: Anti-Schistosomiasis Campaigns in the People's Republic of China', doctoral dissertation, University of California, San Diego, 2010.

24. 關於1957年下半年消滅血吸蟲工作的報告，1957年9月11日，湖北省檔案館，SZ1-2-405，頁25-36。

25. 西康省關於痲瘋病的報告，1951年8月22日，四川省檔案館，JK32-158，頁1-2；西康省關於痲瘋病的報告，1955年，四川省檔案館，JK32-36，頁

Press, 2011, pp.92-108；蔡淑莉的信，1957年4月24日，北京市檔案館，2-9-230，頁58；1953年後，梁軍作為中國最早的女拖拉機手之一，一度成為偶像人物，出現在宣傳畫、小說和電影中，後來被印在一元的紙幣上。

4. 對這種理想主義的精彩描述，見Sheila Fitzpatrick, *Everyday Stalinism: Ordinary Life in Extraordinary Times: Soviet Russia in the 1930s*, New York: Oxford University Press, 1999, pp.67-72.
5. Kinmond, *No Dogs in China*, pp.27 and 171；另見Paul Hollander的傑作*Political Pilgrims*中關於中國的一章：Paul Hollander, *Political Pilgrims: Western Intellectuals in Search of the Good Society*, Piscataway, NJ: Transaction Publishers, pp.278-346.
6. Loh, *Escape from Red China*, pp.161-2.
7. 對這種專門給遊客參觀的表演，有一些很好的描述，如Chu, *The Inside Story of Communist China*, pp. 256-61；也可見Hollander, *Political Pilgrims*.
8. Peter Schmid, *The New Face of China*, London: Harrap, 1958, p.52; Wu, *Remaking Beijing*, p.105；關於北京，也可見Wang Jun, *Beijing Record: A Physical and Political History of Planning Modern Beijing*, London: World Scientific, 2011; Hung, *Mao's New World*, pp.25-50.
9. J. M., Addis and Douglas Hurd, 'A Visit to South-West China' and 'A Visit to North-West China', 25 Oct. to 21 Nov. 1955, FO371-115169, pp.4, 16 and 29; Kinmond, *No Dogs in China*, p. 113.
10. 孫敬文在第一次全國城市建設會議上的報告，1954年6月14日，山東省檔案館，A107-2-307，頁49-67；高崗在第二次全國財經工作會議上所作關於首都建設的報告，1953年6月29日，山東省檔案館，A1-2-144，頁53-59。
11. Kinmond, *No Dogs in China*, p.26.
12. 孫敬文在第一次全國城市建設會議上的報告，1954年6月14日，山東省檔案館，A107-2-309，頁49-67，及第55頁的引用；另見蘇聯專家Balakin關於城市規劃的報告，1954年6月15日，山東省檔案館，A107-2-309，頁68-89；除了這些官方的報告，在寫給人民代表大會的人民來信中，也有大量反映住房問題的內容，如北京市檔案館，1956年12月27日，2-8-247，頁125-126、181；劉少奇給紡織工業部的指示，1956年2月22日，通常面臨兩種結局：一種是自殺，一種是徹底否定之前的自我，見Simon Leys, *Broken Images: Essays on Chinese Culture and Politics*, New York: St Martin's Press, 1980, p.146.

13. 關於勞教營的報告，1956年1月10日，山東省檔案館，A1-1-233，頁33-37；300,000的數字來自公安部第三次全國勞改會議紀錄，1955年10月27日，山東省檔案館，A1-1-233，頁39。
14. 第四次全國公安會議關於川西地區的情況報告，1952年7月19日，四川省檔案館，JX1-843，頁53-55；昌濰特別區的報告，1953年5月22日、6月1日，山東省檔案館，A1-5-85，頁86、992-994；羅瑞卿的報告，1953年2月6日，山東省檔案館，A1-5-85，頁20-23。
15. Loh, *Escape from Red China*, p.69.
16. 羅瑞卿的報告，1953年2月6日，山東省檔案館，A1-5-85，頁20-23。
17. 《內部參考》，1950年5月27日，頁80-81。
18. 關於淮河的報告，1950年10月14日，南京市檔案館，4003-3-84，頁143-144。
19. 《內部參考》，1951年3月24日。
20. 《內部參考》，1953年3月23日，頁548-555。
21. 荊州地區的報告，1951年12月15日，湖北省檔案館，SZ37-1-63，頁3；陝西省檔案館，1953年12月27日，123-1-490，無頁碼，案卷的第一份文件。
22. 北京市檔案館，1956年3月30日，2-8-58，頁17。
23. 北京市檔案館，1956年12月1日，2-8-58，頁34；謝覺哉關於移民的報告，1956年7月27日，北京市檔案館，2-8-47，頁4；群眾來信，1956年12月8日，北京市檔案館，2-8-247，頁113-114。
24. Tyler, *Wild West China*, pp.192-5.

第十三章：幕後

1. Valentin Chu, *The Inside Story of Communist China: Ta Ta, Tan Tan*, London: Allen & Unwin, 1964, pp.13-14.
2. 同上，頁37-48。
3. Cameron, *Mandarin Red*, pp.33-5；也可見Hung Chang-tai, *Mao's New World: Political Culture in the Early People's Republic*, Ithaca, NY: Cornell University

684-1-59，頁12-15。

5. 四川省檔案館，1951，JX1-839，頁486-487；重慶縣監獄的檢查報告，1951年7月24日，四川省檔案館，JX1-342，頁33-34；另見公安局關於川西監獄的報告，1951年，四川省檔案館，JX1-342，頁92-93；關於西南地區的死亡率，見四川省檔案館，1951年9月5日，JX1-839，頁386-387；河北省檔案館，1951年5月31日，855-1-137，頁47；Quentin K. Y. Huang, *Now I Can Tell: The Story of a Christian Bishop under Communist Persecution*, New York: Morehouse-Gorham, 1954, p.22.
6. 毛澤東給鄧小平、饒漱石、鄧子恢、葉劍英、習仲勳和高崗的信，1951年4月20日，四川省檔案館，JX1-834，頁75-77。
7. 第三次全國公安會議紀要，關於組織三十萬犯人從事勞動的決定，1951年5月16日、5月22日，山東省檔案館，A1-4-9，頁14、38、43；羅瑞卿的報告，山東省檔案館，1951年6月4日，A1-5-20，頁149-151。
8. 羅瑞卿給毛澤東的報告，1951年12月5日，四川省檔案館，JX1-834，頁240-245；連縣錫礦的情況，見錢瑛給朱德的報告，1953年3月25日，四川省檔案館，JK1-730，頁36。
9. 公安部年度工作報告，1956年4月28日，山東省檔案館，A1-1-233，頁57-60；四川省檔案館，1953年6月21日，JK1-13，頁40-41；關於勞改營中關押的各類專業人士，見鄧小平的命令，1956年7月24日、8月13日，山東省檔案館，A1-1-233，頁74-75。
10. 段克文，《戰犯自述》；檢查組的報告，1953年3月14日，河北省檔案館，855-2-298，頁16-27；西北局給中央的報告，1953年3月21日，河北省檔案館，855-2-298，頁30。
11. 四川省檔案館，1953年3月20日，JK1-729，頁29；關於三反運動中司法系統的報告，1953年3月16日，北京市檔案館，2-5-18，頁6；電擊的描述見Huang, *Now I can Tell*, pp.22-7 and 89.
12. 「思想集中營」的說法來自吳宏達，他與Robert Ford、Wang Tsunming等人的觀點見Kate Saunders, *Eighteen Layers of Hell: Stories from the Chinese Gulag*, London: Cassell Wellington House, 1996, p.73；關於強迫同監室犯人互毆的描述，見Harold W. Rigney, *Four Years in a Red Hell: The Story of Father Rigney*, Chicago: Henry Regnery, 1956, p.156；也可見Huang, *Now I Can Tell*, pp.106-10；Simon Leys很早之前就提出，被關押在集中營中的人

原因很複雜，數十年後兩人得到了平反，最新的研究見Xiaohong Xiao-Planes, 'The Pan Hannian Affair and Power Struggles at the Top of the CCP (1953-1955)', *China Perspectives*, no.4 (Autumn 2010), pp.116-27.

29. 江蘇省委的報告，1955年9月27日，河北省檔案館，855-3-617，頁24-31。
30. 逄先知、金沖及主編，《毛澤東傳，1949-1976》，頁448-449。
31. Loh, *Escape from Red China*, pp.176-80.
32. 同上，頁188。
33. 同上，頁181-192；榮毅仁後來的職業生涯見Becker, *C.C. Lee*, p.63.

第十二章：集中營

1. 關於中共早期對待反革命的情況，同類題材中最好的著作依然是Patricia E. Griffin, *The Chinese Communist Treatment of Counterrevolutionaries, 1924-1949*, Princeton: Princeton University Press, 1976；山東的情況見Frank Dikötter, 'The Emergence of Labour Camps in Shandong Province, 1942-1950', *China Quarterly*, no.175 (Sept, 2003), pp.803-17；對中國集中營歷史的概述，最好的著作是Jean-Luc Domenach, *L'Archipel oublié*, Paris: Fayard, 1992；在英文著作中，吳宏達的書具有很高的價值，見Harry Hongda Wu, *Laogai: The Chinese Gulag*, Boulder: Westview Press, 1992; 也可見Philip F. Williams and Yenna Wu, *The Great Wall of Confinement: The Chinese Prison Camp through Contemporary Fiction and Reportage*, Berkeley: University of California Press, 2004.
2. Dikötter, *Crime, Punishment and the Prison in Modern China.*
3. Frank Dikötter, 'Crime and Punishment in Post-Liberation China: The Prisoners of a Beijing Gaol in the 1950s', *China Quarterly*, no.149 (March 1997), pp.147-59；與這些政治罪行相對應的罪名是「軍統」、「中統」、「國民黨」、「漢奸」和「叛徒」。
4. 一百多萬的統計數字見第三次全國公安會議的報告，1951年6月1日，四川省檔案館，JX1-834，頁101；湖南的情況，見關於勞動營的報告，1951年6月8日，及李先念關於鎮反運動的報告，1951年，湖北省檔案館，SZ1-2-60，頁51、79-85、115；廣西省委的報告，1951年7月7日，四川省檔案館，JX1-836，頁78-82，另見河北省檔案館，1951年7月7日，

19. Mao Zedong, On the Cooperative Transformation of Agriculture, Shandong, 31 July 1955, A1-2-292, pp.19-42; a translated version, from which the quotation is taken, appears in Kau and Leung, *The Writing of Mao Zedong, 1949-1976*, vol.1, 603.
20. Liu Jianhui and Wang Hongxu, 'The Origins of the General Line for the Transition Period and of the Acceleration of the Chinese Socialist Transformation in Summer 1955', *China Quarterly*, no.187 (Sept, 2006), pp.729-30.
21. 逄先知、金沖及主編，《毛澤東傳，1949-1976》，北京：中央文獻出版社，2003年，頁377；毛澤東，《建國以來毛澤東文稿》，第五冊，頁209。
22. 事後，有吉林和山東等省的黨委承認漠視了毛澤東5月17日的指示。見吉林省委的自我批評，1955年8月，1-7(4)-1，頁72-79，及省委的報告，1955年8月17日，山東省檔案館，A1-1-188，頁204-206；7月11日會議的詳情，見逄先知、金沖及主編，《毛澤東傳，1949-1976》，頁380-381，也可見Liu and Wang, 'The Origins of the General Line', p.730.
23. 毛澤東，關於農村集體化的談話，山東省檔案館，1955年7月31日，A1-2-292，頁19-42。
24. 與省市黨委書記的會議，山東省檔案館，1955年8月15日，A1-2-292，頁11-17；彭一湖曾寫信批評糧食統購統銷。
25. 關於社會主義高潮期間合作社發展的總體情況及相關資料，有不同的版本，本書採用的是Kenneth R. Walker, 'Collectivisation in Retrospect: The "Socialist High Tide" of Autumn 1955-Spring 1956', *China Quarterly*, no.26 (June 1966), pp.1-43；禁止盲人加入合作社的情況出現在海龍縣，見吉林省檔案館，1956年2月4日，2-12-37，頁87-90。
26. 中央的指示，1956年3月15日，廣東省檔案館，217-1-8，頁2。
27. Li Choh-ming, 'Economic Development', *China Quarterly*, no.1 (March 1960), p.42.
28. Loh, *Escape from Red China*, pp.149-50；郭棣活，〈我和潘漢年同志的交往〉，《上海文史資料》，第43輯（1983），頁26-28，轉引自Bergère, 'Les Capitalistes shanghaïens et la période de transition entre le régime Guomindang et le communism (1948-1952)', p.29；捉捕潘漢年和楊帆的

Twentieth-Century China, 36, no.1 (Jan. 2011), p.77.

6. Chang and Halliday, *Mao*, pp.385-6.
7. 薄一波，《若干重大事件與決策的回顧》，上冊，頁241-242；金沖及、陳群主編，《陳雲傳》，北京：中央文獻出版社，2005年，頁880；整個事件的詳細論述見Sheng, 'The Gao Gang Affair Revisited', and Frederick C. Teiwes, *Politics at Mao's Court: Gao Gang and Party Factionalism in the Early 1950s*, Armonk, NY: M. E. Sharpe, 1990, pp.52-78.
8. Sheng, 'The Gao Gang Affair Revisited', p.79；給劉少奇的信，1953年5月19日，毛澤東，《建國以來毛澤東文稿》，第四冊，頁229（強調部分為毛澤東自己所加）。
9. Mao Zedong, 'Refute Right Deviationist Views that Depart from the General Line', 15 June 1953, *Selected Works of Mao Zedong*, vol.5, p.93.
10. 關於放棄新民主主義的情況，見林蘊暉，《向社會主義過渡，1953-55》，香港：中文大學出版社，2009年。
11. 戴茂林、趙曉光，《高崗傳》，西安：陝西人民出版社，2011年，頁306-307。
12. Goncharov, Lewis and Xue, *Uncertain Partners*, p.68.
13. Wingrove, 'Gao Gang and the Moscow Connection', pp.95-7.
14. 關於史達林之死的描述，見Simon Sebag Montefiore, *Stalin: The Court of the Red Tsar*, New York: Knopf, 2004, p.649；關於高崗對莫斯科的訪問，見戴茂林、趙曉光，《高崗傳》，頁310；Andrei Ledovsky曾在返回北京的飛機上與高崗有過交談，談話內容見Wingrove, 'Gao Gang and the Moscow Connection', p.100.
15. 趙家梁、張曉霽，《高崗在北京》，香港：大風出版社，2008年，頁188。
16. 關於貝利亞被處決的情況，見William Taubman, *Khrushchev: The Man and his Era*, London, Free Press, 2003, p.256；毛澤東是在1959年9月11日在廬山的一次談話中對戈戈利苓發表評論的，甘肅省檔案館，91-18-494，頁126。
17. 高崗去世的情況及北京的安全部署，見其祕書的回憶：趙家梁、張曉霽，《高崗在北京》，頁201、210；關於服務員的描述，見Chang and Halliday, *Mao*, p.388.
18. Wingrove, 'Gao Gang and the Moscow Connection', pp.100-3.

年7月15日，廣東省檔案館，209-1-22，頁1-5。

39. 中央關於糧食統購統銷的指示，1954年1月2日，廣東省檔案館，204-1-337，頁46；關於饑荒的報導見《內部參考》，1954年4月7日、4月9日、4月12日，頁70-71、88-89、126；《內部參考》，1954年5月13日、5月14日，頁174-175、186-187；《內部參考》，1954年6月30日，頁371-372；《內部參考》，1954年7月7日，頁117-118。
40. 中央的指示，1954年8月28日，廣東省檔案館，204-1-333，頁167-169；河北省檔案館，1955年3月3日、8月3日，855-3-605，頁39、68-75；關於棉花和油的統購統銷，見張永東，《一九四九年後中國農村制度變革史》，臺北：自由文化出版社，2008年，頁101。
41. 相關背景資料見Tiejun Cheng and Mark Selden, 'The Origins and Social Consequences of China's *Hukou* System', *China Quarterly*, no.139 (Sept. 1994), pp.644-68；山東省檔案館，1954年4月12日，A1-2-236，頁14；勞動部關於農村流動人口的報告，1953年12月4日，甘肅省檔案館，91-2-201，頁1-6；《內部參考》，1954年8月5日，頁76-77。
42. Cheng and Mark Selden, 'The Origins and Social Consequences of China's *Hukou* System', pp.644-68.

第十一章：高潮

1. Lum, *Peking, 1950-1953*, pp.164-5.
2. 史達林給毛澤東的電報，1948年4月20日，俄羅斯聯邦總統檔案館，轉引自Andrei M. Ledovsky, 'Marshall's Mission in the Context of U.S.S.R.-China-U.S. Relations', in Larry I. Bland (ed.), *George C. Marshall's Mediation Mission to China, December 1945-January 1947*, Lexington, VA: George C. Marshall Foundation, 1998, p.435；薄一波，《若干重大事件與決策的回顧》，上冊，頁115-128。
3. Gao Wenqian, *Zhou Enlai: The Last Perfect Revolutionary*, New York: Public Affairs, 2007, pp.87-8.
4. 高華，《紅太陽是怎樣升起的》，頁491-495。
5. 關於毛澤東的失眠，見Li, *The Private Life of Chairman Mao*, pp.107-13；關於毛澤東政治態度的模糊不清及對經濟學的無知，見Michael M. Sheng, 'Mao and Chinese Elite Politics in the 1950s: The Gao Gang Affair Revisited',

告，1954年1月8日，廣東省檔案館，204-1-337，頁89-91。

28. 李廷序關於江西情況的報告，1954年2月15日，陝西省檔案館，123-1-1203，頁10-11。

29. 荊州公安局的報告，1954年2月28日，陝西省檔案館，123-1-1203，頁23-25；四川省檔案館，1955年8月4日，JX1-418，頁115-116。

30. 廣東省檔案館，1954年，204-1-122，頁19-21、31-33；廣東省檔案館，1953年12月，204-1-222，頁69、113；安平生，關於粵東地區徵購的報告，1954年1月8日，廣東省檔案館，204-1-337，頁89-91；西北局、甘肅省委及甘南地區的報告，1954年1月21日、1月29日、2月1日，陝西省檔案館，123-1-1204，頁2-11；河北省檔案館，1953年11月19日、12月25日、12月26日，1954年3月13日，855-2-420，頁2、17、26、29、40-47。

31. 華南地區的報告，河北省檔案館，1955年2月19日，855-3-605；羅瑞卿在全國公安會議上的報告，山東省檔案館，1955年6月13日，A1-2-1377，頁66-67、72；四川省檔案館，1955年8月4日，JX1-418，頁115-116。

32. 西北局、甘肅省委及甘南地區的報告，1954年1月21日、1月29日、2月1日，陝西省檔案館，123-1-1204，頁2-11，以及第8頁的引文。

33. 廣東省檔案館，1954年，204-1-122，頁19-21、31-33；廣東省檔案館，1953年12月，204-1-222，頁69、113；安平生，關於粵東地區徵購的報告，1954年1月8日，廣東省檔案館，204-1-337，頁89-91；江西省委的報告，1954年3月4日，陝西省檔案館，123-1-1203，頁3-10。

34. Joseph Needham and Francesca Bray, *Science and Civilisation in China*, vol.6: *Biology and Biological Technology*, part 2: *Agriculture*, Cambridge: Cambridge University Press, 1984, p.401.

35. Oi, *State and Peasant in Contemporary China*, p.75.

36. 山東省檔案館，1954年2月2日，A1-2-236，頁12-15；Tung, *Secret Diary*, p.142.

37. 糧食局的報告，1963年6月4日，山東省檔案館，A131-1-70；河北省檔案館，1956年10月10日，855-3-889，頁36；陝西省檔案館，1965年，231-1-703；發給中央的急電，1955年2月17日，吉林省檔案館，1-1(11)-81，頁1-3。

38. Oi, *State and Peasant in Contemporary China*, pp.48-9；鄧子恢的演講，1954

18. 吉林省檔案館，1953年5月12日，55-7-2，頁45；四川省檔案館，1953年2月23日，JK1-729，頁57。
19. 吉林省檔案館，1954年10月12日，1-7(3)-2，頁4；1955年2月24日，1-7(4)-1，頁5；張永東，《一九四九年後中國農村制度變革史》，臺北：自由文化出版社，2008年，頁111-112。
20. 見河南省委財經委員會的報告，山東省檔案館，1953年3月6日，A1-2-138，頁7-14，另見廣東省檔案館，1953年8月，204-1-95，頁31-37。
21. 曹菊如在全國財經會議上的報告，1953年7月28日，山東省檔案館，A1-2-143，頁138-140；薄一波，《若干重大事件與決策的回顧》，上冊，頁267-280。
22. 外貿差額高達一億四千萬元，見曹菊如全國財經會議上的報告，1953年7月28日，山東省檔案館，A1-2-143，頁138-140；人民政府關於對外貿易的報告，1953年8月，山東省檔案館，A1-2-138，頁70-71。
23. 史達林與周恩來的談話紀錄，1952年9月3日，俄羅斯聯邦總統檔案館，45-1-329，頁75-87，英文譯文轉引自*Cold War International History Project Bulletin*, nos 6-7 (Winter 1995-6), pp.10-17.
24. 李富春關於蘇聯對第一個五年計畫的反應的報告，1953年6月21日，A1-2-144，頁67-87，書中引用的文字見頁73；毛澤東對1953年計畫的指示，1953年，湖北省檔案館，SZ1-2-115，頁7-10；也可見Zhang Shu Guang, *Economic Cold War: America's Embargo against China and the Sino-Soviet Alliance, 1949-1963*, Stanford: Stanford University Press, 2001, pp.109-10；關於史達林在1953年3月去世前的幾個月如何看待中國的第一個五年計畫，見袁寶華的回憶文章〈赴蘇聯談判的日日夜夜〉，《當代中國史研究》，1996年1月，頁17-22，以及李越然〈我國同蘇聯商談第一個五年計畫〉，見外交部外交史編輯室編，《新中國外交風雲（第二輯）》，北京：世界知識出版社，1991年，下冊，頁15-18；薄一波，《若干重大事件與決策的回顧》，上冊，頁305-309。
25. 關於實行壟斷政策的決策過程及爭論，見重要當事人之一的薄一波所著《若干重大事件與決策的回顧》，上冊，頁267-280。
26. 同上，頁267-272。
27. 廣東省檔案館，1954年，204-1-122，頁19-21、31-33；廣東省檔案館，1953年12月，204-1-222，頁69、113；安平生，關於粵東地區徵購的報

6. 廣東省檔案館，1953年6月，204-1-94，頁122-128。
7. 同上；省委政策研究室的報告，1952年，湖北省檔案館，SZ1-2-114，頁53-54。
8. 吉林省檔案館，1951年1月19日、3月16日、3月22日、6月23日，2-7-56，頁2、14-15、26、84。
9. 內務部的報告，1952年9月，浙江省檔案館，J103-4-71，頁42-45。
10. 同上，頁44-45；農村工作部的報告，1953年8月28日、9月18日，吉林省檔案館，1-7(2)-7，頁101-104、107-109；吉林省檔案館，1950年11月20日、1951年8月7日，2-7-47，頁23-24、127-128；華東局關於三反運動的報告，山東省檔案館，1952年7月1日、8月29日，A1-1-45，頁13、81。
11. 四川省檔案館，1953年6月21日，JK1-13，頁42。
12. 陝西省檔案館，1950年6月24日，123-1-83，頁152-154；湖北省檔案館，1951年，SZ37-1-39，無頁碼；關於副業減少的長時段研究，見高王淩，《歷史是怎樣改變的：中國農民反行為，1950-1980》，香港：中文大學出版社，2012年。
13. 湖北省檔案館，1952年5月23日，SZ37-1-174，無頁碼；湖北省檔案館，1951年5月30日，SZ1-5-75，頁60；湖北省檔案館，1951年，SZ37-1-39，無頁碼。
14. 《內部參考》，1953年3月25日，頁605；1953年4月4日，頁83；1953年4月9日，頁185；1953年4月20日，頁417；1953年4月29日，頁559；1953年6月22日，頁354-355；農村工作部的報告，1953年8月28日、9月18日，吉林省檔案館，1-7(2)-7，頁101-104、107-109。
15. 山東省委的報告，1953年10月4日，吉林省檔案館，1-7(2)-7，頁69-70；每日所需熱量的數據見Jean C. Oi, *State and Peasant in Contemporary China: The Political Economy of Village Government*, Berkeley: University of California Press, 1989, pp.48-9；給中央的緊急電報，1955年2月17日，吉林省檔案館，1-1(11)-81，頁1-3；南河縣的情況，見中央的報告，1953年8月28日，吉林省檔案館，1-7(2)-7，頁101-104、117-118。
16. 關於粵西地區的報告，1953年6月，廣東省檔案館，204-1-94，頁73-77；吉林省檔案館，1954年12月15日、12月30日，1-1(10)-74，頁33、34。
17. 關於粵西地區的報告，1953年6月，廣東省檔案館，204-1-94，頁73-77。

66. Bush, *Religion in Communist China*, pp.124-7.
67. 四川省委關於宗教問題的報告，山東省檔案館，1952年，A1-5-78，頁75-77。
68.《內部參考》，1950年6月26日，頁97-101；張得勝，關於平涼叛亂的報告，陝西省檔案館，1950年6月24日，123-1-83，頁92-96。
69. 寧定縣的情況，見四川省檔案館，1952年2月6日，JX1-879，頁3-6；其他反抗事件的情況，見山東省檔案館，A1-5-78，全卷。
70. Bush, *Religion in Communist China*, p.269; Tyler, *Wild West China*, pp.138-40.
71. Bush, *Religion in Communist China*, pp.274-5 and 281; James A. Millward, *Eurasian Crossroads: A History of Xinjiang*, New York: Columbia University Press, 2007, pp.248-9.
72. Willard A. Hanna, 'The Case of the Forty Million Missing Muslims', 20 Sept. 1956, Institute of Current World Affairs.

第十章：通往農奴之路

1. Mao Zedong, 'On the People's Democratic Dictatorship: In Commemoration of the 28th Anniversary of the Communist Party of China, June 30, 1949', *Selected Works of Mao Zedong*, vol.4, p.419.
2. 有大量根據公開發表的資料所做的研究認為，1949至1958年間糧食產量在逐漸增長（例如Carl Riskin, *China's Political Economy: The Quest for Development since 1949*. Oxford: Oxford University Press, 1987）。然而，檔案資料卻表明，這些樂觀的論述並不一定準確，而且本章及下一章試圖說明，即使糧食有少量增產，也不能反映當時中國農業的全貌，因為對糧食產量的過度重視導致了其他經濟活動的削弱。糧食產量的提高僅僅是由於投入了巨大的人力資源，而且並沒有使普通農民受益，因為更多的糧食都被國家徵收了。此外，本章還重點論述了為實行農業集體化而付出的各種社會經濟的高額代價。
3. 宜昌縣的報告，湖北省檔案館，1952年4月5日、4月15日，SZ1-2-100，頁58-60。
4. Tung, *Secret Diary*, pp.94-5.
5. 四川省檔案館，1953年3月20日，JK1-729，頁26-27；四川省檔案館，1953年2月23日，JK1-729，頁56-57。

53. 西南局黨委的報告，山東省檔案館，1952年12月31日，A1-5-78，頁48-50.
54. Walker, *China under Communism*, pp.188-9; Welch, *Buddhism under Mao*, pp.48-9.
55. Welch, *Buddhism under Mao*, pp.68 and 80；汪鋒的報告，山東省檔案館，1955年3月18日，A14-1-21，頁32-37。
56. James Cameron, *Mandarin Red: A Journey behind the 'Bamboo Curtain'*, London: Michael Joseph, 1955, pp.104-6; Welch, *Buddhism under Mao*, p.150 and ch.6；汪鋒在報告中提到，部分由於美國的壓力，中國才對某些宗教活動採取容忍的態度，山東省檔案館，1955年3月18日，A14-1-21，頁32-37。
57. 中央的報告，1953年4月17日，吉林省檔案館，1-7(2)-7，頁101-104、120-125；汪鋒的報告，山東省檔案館，1955年3月18日，A14-1-21，頁32-37。
58. C. K. Yang, *A Chinese Village in Early Communist Transition*, Cambridge, MA: Harvard University Press, 1959, pp.194-6.
59. 河北省檔案館，1951年2月15日、3月2日，855-1-317，頁2、9；Bush, *Religion in Communist China*, pp.386-8；寇慶延，關於保衛邊境和鎮反運動的報告，1951年10月28日，廣東省檔案館，204-1-27，頁152-155；羅瑞卿的報告，1953年2月18日，山東省檔案館，A1-5-85，頁10-11。
60. C. K. Yang, *Religion in Chinese Society: A Study of Contemporary Social Functions of Religion and Some of their Historical Factors*, Berkeley: University of California Press, 1961, p.400；四川省檔案館，1955年8月4日，JX1-418，頁117-118；《內部參考》，1955年1月3日，頁2-4。
61. Walker, *China under Communism*, p.190.
62. Bush, *Religion in Communist China*, p.113；廖亦武對張銀仙的訪談，*God is Red*, pp.18-19.
63. 省委的命令，山東省檔案館，1952年6月24日，A1-5-59，頁115-116。
64. Bush, *Religion in Communist China*, p.116; Cameron, *Mandarin Red*, p.190.
65. 資料來源於中央的報告，1954年5月7日，山東省檔案館，A14-1-16，頁2；宗教的復甦，見山東省檔案館，1955年9月28日，A14-1-21，頁39-42；四川省檔案館，1955年8月4日，JX1-418，頁117-118。

金的情況，見中國人民銀行的指示，1954年6月10日，山東省檔案館，A68-2-920，頁4-6。

39. Maria Yen, *The Umbrella Garden: A Picture of Student Life in Red China*, New York: Macmillan, 1953, p.171.
40. Kang, *Confessions*, pp.17-19.
41. Walker, *China under Communism*, p.199.
42. Dikötter, *China before Mao*, pp.78-80.
43. Yen, *The Umbrella Garden*, pp.173-5; Mark Tennien, *No Secret is Safe: Behind the Bamboo Curtain*, New York: Farrar, Straus & Young, 1952, pp.119-20.
44. 北京市檔案館，2-5-32，1953年10月7日，頁1；1954年3月31日，頁6；1954年8月23日，頁20。
45. Yen, *The Umbrella Garden*, pp.166-7.
46. He Qixin, 'China's Shakespeare', *Shakespeare Quarterly*, 37, no.2 (Summer 1986), pp.149-59; Simon S. C. Chau, 'The Nature and Limitations of Shakespeare Translation', in William Tay et al. (eds), *China and the West: Comparative Literature Studies*, Hong Kong: Chinese University Press, 1980, p.249.
47. Willens, *Stateless in Shanghai*, p.228；關於1950年代的革命戲劇，見Constantine Tung, 'Metamorphosis of the Hero in Chairman Mao's Theater, 1942-1976'，未刊手稿。
48. Dikötter, *Exotic Commodities*, pp.252-5.
49. Priestley, 'The Sino-Soviet Friendship Association', p.289; Clark, *Chinese Cinema*, pp.40-1; Yen, *The Umbrella Garden*, pp.178-9; 也可見Julian Ward, 'The Remodelling of a National Cinema: Chinese Films of the Seventeen Years (1949-66)', in Song Hwee Lim and Julian Ward (eds), *The Chinese Cinema Book*, London: British Film Institute, 2011, pp.87-94.
50. 胡喬木在統戰部的演講，1951年2月1日，廣東省檔案館，204-1-172，頁118-119。
51. Holmes Welch, *Buddhism under Mao*, Cambridge, MA: Harvard University Press, 1972, pp.1 and 69-70; Richard C. Bush, *Religion in Communist China*, Nashville: Abingdon Press, 1970, p.299.
52. Peter Goullart, *Forgotten Kingdom*, London: John Murray, 1957, pp.291-9.

漱溟在1953年9月的通信，見Dai Qing, 'Liang Shuming and Mao Zedong', *Chinese Studies in History*, 34, no.1 (Autumn 2000), pp.61-92，不過這篇文章並未提及1952年毛與梁的衝突，這一衝突為一年後的分歧埋下了伏筆。

29. Kirk A. Denton, *The Problematic of Self in Modern Chinese Literature: Hu Feng and Lu Ling*, Stanford: Stanford University Press, 1998, p.88.
30. See Merle Goldman, 'Hu Feng's Conflict with the Communist Literary Authorities', *China Quarterly*, no.12 (Oct. 1962), pp.102-37; Andrew Endrey, 'Hu Feng: Return of the Counter-Revolutionary', *Australian Journal of Chinese Affairs*, 5 (Jan. 1981), pp.73-90；於鳳政《改造：1949-1957年的知識分子》，鄭州：河南人民出版社，2001年，頁358-427。
31. Wu and Li, *A Single Tear*, pp.35-8.
32. Charles J. Alber, *Embracing the Lie: Ding Ling and the Politics of Literature in the People's Republic of China*, London: Praeger, 2004；裴毅然，〈自解佩劍：反右前知識分子的陷落〉，《二十一世紀》，第102期（2007年8月），頁40。
33. Sun and Dan, *Engineering Communist China*, pp.23-4.
34. 公安部的年度報告，山東省檔案館，1956年4月28日，A1-1-233，頁57-60；省委五人小組給中央十人小組的報告，河北省檔案館，1955年9月22日，886-1-5，頁31；1955年捉捕的總人數要高得多，見第十二章對此問題的論述。
35. 陸定一在一次由18個省的代表參加的會議上做報告，其中提到有500起試圖自殺的事件，山東省檔案館，1955年8月4日，A1-2-1377，頁21；羅瑞卿對情況瞭解更多，他報告的數字是4,200起；見羅瑞卿的報告，河北省檔案館，1956年7月16日，886-1-17，頁30-31；Wu and Li, *A Single Tear*, p.40；裴毅然，〈自解佩劍：反右前知識分子的陷落〉，頁37；羅瑞卿的報告，河北省檔案館，1955年4月27日，855-3-617，頁14-17；羅瑞卿的報告，河北省檔案館，1955年6月20日，855-3-617，頁21。
36. Walker, *China under Communism*, pp.193-4；北京市檔案館，1956年3月14日、9月6日，2-8-184，頁10、40；北京市檔案館，1954年10月23日、10月27日，2-2-40，頁50-54；北京市檔案館，1955年，2-8-186，頁43-47。
37. Walker, *China under Communism*, pp.193-4.
38. 同上，頁195-196；《人民日報》，1953年7月29日，第三版；關於限用黃頁388；毛的話轉引自Loh, *Escape from Red China*, p.78；對毛的談話較為正式的英文譯文見Cheng, *Creating the 'New Man'*, p.70; Wu Ningkun and Li Yikai, *A single Tear: A Family's Persecution, Love*, and *Endurance in Communist China*, London: Hodder & Stoughton, 1993, p.7.

17. Wu and Li, *A Single Tear*, p.5; Cheng, *Creating the 'New Man'*, p.65.
18. Loh, *Escape from Red China*, pp.78-81.
19. 中央的指示及南京的報告，1952年2月17、2月18日，廣東省檔案館，204-1-253，頁28-31；毛對報告的讚賞見毛澤東，《建國以來毛澤東文稿》，第三冊，頁232，但書中並未同時刊出南京的報告；關於承德的情況，見中央的報告，山東省檔案館，1953年7月11日，A1-5-49，頁19。
20. 裴毅然，〈自解佩劍：反右前知識分子的陷落〉，《二十一世紀》，第102期（2007年8月），頁36。
21. Loh, *Escape from Red China*, pp.78-81.
22. 王英對劉小雨的訪談，2008年11月27日，見王英，《改造思想：政治、歷史與記憶（1949-1953）》，頁152-153。
23. 裴毅然，〈自解佩劍：反右前知識分子的陷落〉，《二十一世紀》，第102期（2007年8月），頁37。
24. 教育部的指示，山東省檔案館，1952年2月7日，A29-2-35，頁1-4；中央的報告，山東省檔案館，1953年6月23日，A1-5-49，頁8；中央和教育部的報告，1953年5月14日、6月9日、9月13日、10月8日，陝西省檔案館，123-1-423，全卷。
25. Cheng, *Creating the 'New Man'*, p.75; Loh, *Escape from Red China*, pp.71 and 78-9.
26. Loh, *Escape from Red China*, p.82.
27. 'No Freedom of Silence', *Time*, 2 Oct. 1950；毛澤東試圖旁聽胡適講課一事來源於一名目擊者——圖書管理員張複蕊（Tchang Fou-Jouei），他把此事告訴了Jean-Philippe Béjà；關於胡適與其子胡思杜的情況，見Shen Weiwei, 'The Death of Hu Shi's Younger Son, Sidu', *Chinese Studies in History*, 40, no.4 (Summer 2007), pp.62-77.
28. 中央的報告及梁漱溟的信，河北省檔案館，1952年1月30日，888-1-10，頁18-19；Mao Zedong, 'Criticism of Liang Shuming's Reactionary Ideas', 16-18 Sept. 1953, *Selected Works of Mao Zedong*, vol.5, p.121；毛澤東與梁

Selected Works of Mao Zedong, vol.4, p.428.

6. 王英對程遠的訪談，2008年11月7日，見王英，《改造思想：政治、歷史與記憶（1949-1953）》（博士論文），北京：人民大學，2010年，頁121-122。
7. 王英對劉小雨的訪談，2008年11月27日，見王英，《改造思想：政治、歷史與記憶（1949-1953）》，頁150-155。
8. 王英，《改造思想：政治、歷史與記憶（1949-1953）》，頁111-112；Mao Zedong, 'Letter to Feng Youlan', 13 Oct. 1949, in Michael Y. M. Kau and John K. Leung (eds), *The Writings of Mao Zedong: 1949-1976*, Armonk, NY: M. E. Sharpe, 1986, vol.1, p.17；裴毅然，〈自解佩劍：反右前知識分子的陷落〉，《二十一世紀》，第102期（2007年8月），頁35。
9. Mao Zedong, 'Report on an Investigation of the Peasant Movement in Hunan', March 1927, *Selected Works of Mao Zedong*, vol.1, p.24.
10. 王英對劉玉芬的訪談，2008年11月19日，見王英，《改造思想：政治、歷史與記憶（1949-1953）》，頁83-87。
11. 同上。
12. 民盟關於土改的報告，湖北省檔案館，1950年8月11日，SZ37-1-7；《內部參考》，1950年8月28日，頁88-89；1951年12月21日，頁92-93；S.T. Tung就曾以小說的方式表達了對土改的不滿，見S. T. Tung，*Secret Diary from Red China*, Indianapolis: Bobbs-Merrill, 1961；樂黛雲，《四院、沙灘、未名湖：60年北大生涯（1948-2008）》，北京：北京大學出版社，2008年，轉引自王英，《改造思想：政治、歷史與記憶（1949-1953）》，頁88-89。
13. DeMare, 'Turning Bodies and Turing Minds', pp.289-90；王英，《改造思想：政治、歷史與記憶（1949-1953）》，頁93；毛澤東，《建國以來毛澤東文稿》，第二冊，頁198。
14. DeMare, 'Turning Bodies and Turing Minds', pp.298 and 93.
15. Philip Pan, *Out of Mao's shadow: The Struggle for the Soul of a New China*, Basingstoke: Picador, 2009, pp.31-2；與其他許多人一樣，林昭後來遭到政府的迫害。1960年她被當作反革命逮捕，關押八年後被祕密處決。她在獄中寫下數百頁批評毛澤東的文字，其中有些是用自己的血所寫成。
16. 關於延安傳統在1949年後的延續，見高華，《紅太陽是怎樣升起的》，

36. Gardner, 'The Wu-fan Campaign in Shanghai', p.524; Loh, *Escape from Red China*, p.117; Walker, *China under Communism*, p.108.
37. 中央的指示及天津的報告，河北省檔案館，1952年2月15日，888-1-10，頁31-35；譚震林給毛澤東的報告，四川省檔案館，1952年5月5日，JX1-812，頁180-181；關於稅收的崩潰及對三反、五反運動的指責，見東北稅務局給中央的報告，1952年10月31日，甘肅省檔案館，91-1-495，頁82-91。
38. 關於貿易情況的報告，1953年1月10日，浙江省檔案館，J125-2-29，頁1-3；譚震林給毛澤東的報告，四川省檔案館，1952年5月5日，JX1-812，頁180-181；華南地區的報告，1953年3月，廣東省檔案館，204-1-91，頁12；廣東省檔案館，1953年3月1日，204-1-91，頁118-120。
39. 譚震林給毛澤東的報告，四川省檔案館，1952年5月5日，JX1-812，頁180-181；華南地區給毛澤東的報告，四川省檔案館，1952年2月19日，JX1-812，頁16-22；蘇北地區給毛澤東的報告，四川省檔案館，1952年3月19日，JX1-812，頁106；《內部參考》，1952年2月22日，頁167-168。
40. 華南地區給毛澤東的報告，四川省檔案館，1952年2月19日，JX1-812，頁16-22；譚震林給毛澤東的報告，四川省檔案館，1952年5月5日，JX1-812，頁180-181；中央的指示，四川省檔案館，1953年3月，JX1-813，頁44-45；《內部參考》，1952年2月25日，頁192-193。

第九章：思想改造

1. Michael Bristow, 'Hu Warns Chinese Communist Party', *BBC News*, 30 June 2011.
2. Chang and Halliday, *Mao*, pp.193-4 and 238-40.
3. 同上，頁242；關於王實味，也可見黃昌勇，《王實味傳》，鄭州：河南人民出版社，2000年；Dai Qing, *Wang Shiwei and 'Wild Lilies': Rectification and Purges in the Chinese Communist Party, 1942-1944*, Armonk, NY: M. E. Sharpe, 1994.
4. Chang and Halliday, Mao, pp.240-6；高華，《紅太陽是怎樣升起的》，頁304-305；也可見Cheng Yinghong, *Creating the 'New Man': From Enlightenment Ideals to Socialist Realities*, Honolulu: University of Hawai'i Press, 2009.
5. Mao Zedong, 'Cast Away Illusions, Prepare for Struggle', 14 Aug. 1949,

25. 黃克誠，《黃克誠自述》，北京：人民出版社，1994，頁217；Mao Zedong, 'Report to the Second Plenary Session Plenary Session of the Seventh Central Committee of the Communist Party of China', 5 March 1949, *Selected Works of Mao Zedong*, vol.4, p.364.
26. 對此較為樂觀的評論見Marie-Claire Bergère, 'Les Capitalistes shanghaïens et la période de transition entre le régime Guomindang et le communisme (1948-1952)', *Etudes Chinoises*, 8, no.2 (Autumn 1989), p.22.
27. Rossi, *The Communist Conquest of Shanghai*, p.65; 'Merchants and the New Order', *Time*, 17 March 1952; John Gardner, 'The Wu-fan Campaign in Shanghai', in Doak Barnett, *Chinese Communist Policies in Action*, Seattle: University of Washington Press, 1969, pp.477-53.
28. Loh, *Escape from Red China*, pp.85-9.
29. 羅瑞卿的報告，1952年2月24日，四川省檔案館，JX1-812，頁29；*Changjiang ribao*, 12 March 1952，轉引自Theodore Hsi-en Chen and Wen-hui C. Chen, 'The "Three-Anti" and "Five-Anti" Movements in Communist China', *Pacific Affairs*, 26, no.1 (March 1953), p.15.
30. Loh, *Escape from Red China*, pp.85-9, 95 and 97；薄一波發自上海的報告，河北省檔案館，1952年4月12日，888-1-10，頁27-28；關於一次批判會的報告，上海市檔案館，1952年4月4日，B182-1-373，頁183-185。
31. Chow, *Ten Years of Storm*, p.125；關於一次批判會的報告，上海市檔案館，1952年4月15日，B182-1-373，頁232-235；四川省檔案館，1952年5月12日，JX1-420，頁30；廣東省檔案館，1952年，204-1-69，頁73-74；廣東省檔案館，1952年10月10日，204-1-69，頁45-47、55-59；《內部參考》，1952年2月5日，頁31。
32. Loh, *Escape from Red China*, p.98; Chow, *Ten Years of Storm*, p.133.
33. Loh, *Escape from Red China*, p.98； 上海市檔案館，1952年3月27日，B182-373，頁144；關於上海的運動情況，參閱楊奎松，《中華人民共和國建國史研究》，頁260-307。
34. 中央的指示及天津的報告，河北省檔案館，1952年2月15日，888-1-10，頁31；北京市給中央的報告，1952年2月13日，四川省檔案館，JX1-420，頁6；上海市檔案館，1952年7月，B13-2-287，頁20。
35. Hutheesing, *Window on China*, p.165.

12. Chow, *Ten Years of Storm*, pp.126-7.
13. 華北地區的報告，河北省檔案館，1952年4月15日，888-1-13，頁98-99；羅瑞卿的報告及中央的指示，1952年1月8日、1月9日，廣東省檔案館，204-1-278，頁99-105；薄一波的報告，河北省檔案館，1952年1月3日，888-1-1，頁21-24；薄一波的報告，河北省檔案館，1952年1月20日，888-1-1，頁32。
14. 習仲勳的報告及中央的指示，1951年12月11日、12月13日，廣東省檔案館，204-1-253，頁5-6；濟南省的報告，1951年12月27日、1952年1月4日，廣東省檔案館，204-1-278，頁32-34。
15. Loh, *Escape from Red China*, p.82; Chow, *Ten Years of Storm*, p.125; Li, *The Private Life of Chairman Mao*, p.64.
16. 華北地區的報告，河北省檔案館，1952年2月8日，888-2-8，頁19-20；華北地區的報告，河北省檔案館，1952年2月29日、10月12日，888-1-22，頁44、77。
17. 華北地區的報告，河北省檔案館，1952年2月20日，888-1-24，頁23；甘肅省檔案館，1952年3月23日，91-18-540，頁33。
18. Loh, *Escape from Red China*, p.82; Li, *The Private Life of Chairman Mao*, p.64.
19. 安子文的報告，河北省檔案館，1952年10月18日，888-1-1，頁136-138。
20. 關於劉青山、張子善與天津特區的關係的報告，河北省檔案館，1952年，888-1-92，頁134-141；Chow, *Ten Years of Storm*, p.125.
21. 毛澤東，《建國以來毛澤東文稿》，第三冊，頁21；Sheng, 'Mao Zedong and the Three-Anti Campaign', p.32.
22. Alec Woo interviewed by Jasper Becker, *C. C. Lee: The Textile Man*, Hong Kong: Textile Alliance, 2011, p.56; Pepper, *Civil War in China*, pp.118-25.
23. Wong Siu-lun, *Emigrant Entrepreneurs: Shanghai Industrialists in Hong Kong*, Hong Kong: Oxford University Press, 1988; Becker, *C. C. Lee*, pp.55-63.
24. Hugh Seton-Watson注意到，在東歐共產黨為了控制一切社會力量，實施了三步走的策略，第一步是與某些勢力建立「真正的聯盟」，第二步是與共產黨無法直接控制的勢力建立「虛假的聯盟」，最後則是建立「獨裁政權」，讓一切黨外勢力全都臣服於共產黨，見Hugh Seton-Watson, *The East European Revolution*, London: Methuen, 1950, pp.167-71.

律出版社，1990年；薄一波和劉瀾濤曾就張子善、劉青山一案給毛澤東遞交了一份報告，由此引發了「三反」運動。這份報告的副本見甘肅省檔案館，91-13-19，1951年11月29日，頁10。

2. 薄一波，《若干重大事件與決策的回顧》，北京：中共中央黨校出版社，1997年，上冊，頁157-158。
3. 同上，頁160-161。
4. Geremie Barmé, *The Forbidden City*, Cambridge, MA: Harvard University Press, 2008, p.144.
5. 高華，《紅太陽是怎樣升起的：延安整風運動的來龍去脈》，香港：中文大學出版社，2000年，頁1、530、580、593；也可見David E. Apter and Tony Saich, *Revolutionary Discourse in Mao's Republic*, Cambridge, MA: Harvard University Press, 1994；陳永發，《延安的陰影》，臺北：中央研究院近代史研究所，1990年。
6. 中央關於三反運動的指示，河北省檔案館，1951年12月1日，855-1-75，頁73-74；毛澤東，《建國以來毛澤東文稿》，第二冊，頁528。
7. 毛澤東對所有地方單位的指示，四川省檔案館，1951年12月30日，JX1-813，頁56；關於周恩來，見Michael M. Sheng, 'Mao Zedong and the Three-Anti Campaign (November 1951 to April 1952): A Revisionist Interpretation', *Twentieth-Century China*, 32, no,1 (Nov. 2006), pp.56-80；也可見張鳴，〈執政的道德困境與突圍之道：三反五反運動解析〉，《二十一世紀》，第92期（2005年12月），頁46-58。
8. 毛澤東，《建國以來毛澤東文稿》，第二冊，頁535。
9. 中央的指示，1952年1月9日，廣東省檔案館，204-1-278，頁23-28；部分內容收錄於毛澤東，《建國以來毛澤東文稿》第三冊，頁30-31；中央的指示，1952年2月5日、2月11日，廣東省檔案館，204-1-278，頁148-153；這些文件部分內容可見於毛澤東，《建國以來毛澤東文稿》第三冊，頁154-155、192，但書中刪去了部分資料；薄一波的報告，1952年2月28日，廣東省檔案館，204-1-253，頁33-35。
10. Tommy Jieqin Wu, *A Sparrow's Voice: Living through China's Turmoil in the 20th Century*, Shawnee Mission, KS: M.I.R. House International, 1999, pp.91-2.
11. Sun and Dan, *Engineering Communist China*, pp.17-18.

55. William Kinmond, *No Dogs in China: A Report on China Today*, New York: Thomas Nelson, 1957, p.164.
56. Lum, *Peking, 1950-1953*, p. 125；中紀委副書記錢瑛給朱德的報告，1953年3月25日，四川省檔案館，JK1-730，頁31；衛生部就過去四年在健康領域所取得的成就給毛澤東的報告，1953年10月10日，甘肅省檔案館，91-2-185，頁37-38。
57. 中央傳達的關於衛生問題的報告，1953年1月7日，山東省檔案館，A1-5-84，頁63、74-75；衛生部就過去四年在健康領域所取得的成就給毛澤東的報告，1953年10月10日，甘肅省檔案館，91-2-185，頁37-38；陝西省委的報告，1953年10月13日，山東省檔案館，A1-5-75，頁220。
58. Rowan, *Chasing the Dragon*, p.50；《人民日報》，1949年9月12日，第5版；1950年12月27日， 第6版；Lum, *Peking, 1950-1953*, pp.100 and 121; 英國大使館的祕密郵件，1952年5月8日，PRO, FO371-99236, p.137; Cheo, *Black Country Girl in Red China*, pp.46-8.
59. Lum, *Peking, 1950-1953*, p.129; Cheo, *Black Country Girl in Red China*, pp.46-8.
60. Cheo, *Black Country Girl in Red China*, pp.46-8.
61. 錢瑛給朱德的報告，1953年3月25日，四川省檔案館，JK1-730，頁32；人民代表大會的報告，山東省檔案館，1952年12月16日，A101-3-228，頁59；山東省檔案館，1954年12月6日，A101-3-318，頁81-84。
62. Zhang, *Mao's Military Romanticism*, pp.181-3; Chen, *China's Road to the Korean War*; Kathryn Weathersby, 'Deceiving the Deceivers: Moscow, Beijing, Pyongyang, and the Allegations of Bacteriological Weapons Use in Korea', *Cold War International History Project Bulletin*, no.11 (1998), pp.181 and 183; 也可見Milton Leitenberg, 'New Russian Evidence on the Korean War Biological Warfare Allengations: Background and Analysis', *Cold War International History Project Bulletin*, no.11 (1998), pp.185-99; Milton Leitenberg, 'The Korean War Biological Weapon Allegations: Additional Information and Disclosures', *Asian Perspective*, 24, no.3 (2000), pp.159-72.

第八章：政治整肅

1. 魯兵，《新中國反腐敗第一大案：槍斃劉青山、張子善紀實》，北京：法

42. Kenneth G. Lieberthal, *Revolution and Tradition in Tientsin, 1949-1952*, Stanford: Stanford University Press, 1980, pp.98-9.
43. 中央關於細菌戰的報告，山東省檔案館，1952年4月2日，A1-5-58，頁104。
44. 關於李約瑟的調查，見Ruth Rogaski, 'Nature, Annihilation, and Modernity: China's Korean War Germ-Warfare Experience Reconsidered', *Journal of Asian Studies*, 61, no.2 (May 2002), p.382；1961年，李約瑟接受Jonathan Mirsky採訪時，承認當年沒有看到任何證據，但他對中國細菌學家的話深信不疑，見Jonathan Mirsky與作者來往的電子郵件，2012年6月28日。
45. Lum, *Peking, 1950-1953*, p.122.
46. 'Transfusions of Hate', *Time*, 23 June 1952; Raja Hutheesing, *Window on China*, London: Derek Verschoyle, 1953, pp.169-70.
47. Frank Moraes的話被'Transfusions of Hate', *Time*, 23 June 1952長篇引用；關於731部隊與美國的關係，見Stephen L. Endicott, 'Germ Warfare and "Plausible Denial": The Korean War, 1952-1953', *Modern China*, 5, no.1 (Jan. 1979), pp.79-104; Li, *The Private Life of Chairman Mao*, p.56.
48. Waldemar Kaempffert, 'Science in Review', *New York Times*, 6 April 1952;《內部參考》，1952年3月14日，頁111；1952年3月24日，頁220、222。
49. 《內部參考》，1952年3月24日，頁220-222；1952年5月6日，頁31；1952年3月28日，頁275。
50. 《內部參考》，1952年5月6日，頁30-33；德惠的情況，見吉林省檔案館，1951年4月22日，2-7-56，頁14-15；關於1952年後反覆出現的「聖水」事件，參閱Steve A. Smith, 'Local Cadres Confront the Supernatural: The Politics of Holy Water（聖水）in the PRC, 1949-1966', *China Quarterly*, no.188 (2006), pp.999-1022.
51. Rogaski, 'Nature, Annihilation, and Modernity', p.384.
52. 山東省紀委的報告，1952年11月17日，四川省檔案館，JK1-729，頁5；陝西省委的報告，1953年10月13日，山東省檔案館，A1-5-75，頁220。
53. Lum, *Peking, 1950-1953*, p.124；天津的部分請參見Rogaski, 'Nature, Annihilation, and Modernity', p.394.
54. 關於衛生運動對城市的影響，見Rogaski, 'Nature, Annihilation, and Modernity', p.394.

27. Gansu, Report on the Hate America, Aid Korea Campaign, 25 March 1951, 91-1-314, p.13; Guangdong, 1 April 1951, 204-1-36, pp.41-2; Guangdong, 1 April 1951, 204-1-36, p.51.
28. Loh, *Escape from Red China*, p. 59.
29. 東北局的報告，1951年10月9日，甘肅省檔案館，91-1-244，頁80-90；鄧小平在政治局的報告，四川省檔案館，1951年11月6日，JX1-809，頁41。
30. 《內部參考》，1951年7月16日，頁92；1951年8月30日，頁102-103。
31. 《內部參考》，1951年8月31日，頁108；1951年7月16日，頁92；1951年10月23日，頁60。
32. 《內部參考》，1951年8月30日，頁102-103。
33. 《內部參考》，1951年9月18日，頁90；1951年7月25日，頁148。
34. 廣東省檔案館，1951年4月1日，204-1-36，頁41-42；Li, *The Private Life of Chairman Mao*, p.56.
35. 吉林省檔案館，1951年3月16日，2-7-56，頁15；文登縣委的報告，山東省檔案館，1951年9月28日，A1-2-74，頁106-108；華北地區的報告，河北省檔案館，1951年5月10日，855-1-84，頁77-78。
36. 華北地區的報告，河北省檔案館，1951年5月10日，855-1-84，頁77-78；岳陽的案例見《內部參考》，1951年7月23日，頁140。
37. 華北地區的報告，河北省檔案館，1951年5月10日，855-1-84，頁77-78；《內部參考》，1951年7月23日，頁140。
38. 山東省檔案館，1951年12月5日，A1-4-9，頁122-125。
39. 給人民代表大會的報告，吉林省檔案館，1950年12月30日，2-7-47，頁59-60；關於集體化的報告，吉林省檔案館，1951年1月19日、3月16日、3月22日、6月23日，2-7-56，頁2、14-15、26、84。
40. 吉林省檔案館，1952年2月20日、3月25日、8月5日，1-1(8)-37，頁1、2、14-15；吉林省檔案館，1952年2月2日、2月29日，2-8-32，頁91-94、107。
41. 《內部參考》，1951年5月28日，頁47-48；1951年6月3日，頁36；鄧小平的報告，四川省檔案館，1951年11月30日，JX1-809，頁31；《內部參考》，1952年3月18日，頁155-157；1952年3月24日，頁227-228；1952年4月7日，頁68-69。

of American, Korean, and Chinese Soldiers, Lexington: University Press of Kentucky, 2004；另見對戰俘的審訊紀錄，如KG0876, Li Shu Sun, 27 Nov. 1951; KG0896, Chang Hsin Hua, 21 Dec. 1951; KG0915, K'ang Wen Ch'eng, 29 Dec. 1951; KG0937, Chou Shih Ch'ang, 9 Jan. 1952；所有紀錄見Assistant Chief of Staff G2, RG319, Box 332, 950054 ATIS Interrogation Reports, National Archives at College Park.

12. Max Hastings對李修的訪談，見*The Korean War*, p.172.
13. 毛澤東對前線戰事不斷干預的細節，見Zhang, *Mao's Military Romanticism*, p.137.
14. 毛澤東，《建國以來毛澤東文稿》，第二冊，頁152。
15. Chang and Halliday, *Mao*, p.367.
16. 紅十字國際委員會，日內瓦，'Refusal of Repatriation', 25 July 1951, BAG 210-056-003.03, pp.70-4；戰俘的部分請見David Cheng Chang, 'To Return Home or "Return to Taiwan": Conflicts and Survival in the "Voluntary Repatriation" of Chinese POWs in the Korean War', doctoral dissertation, University of California, San Diego, 2011.
17. Peters and Li (eds), *Voices from the Korean War*, p.178.
18. Pete Schulz寫給Max Hastings的信，轉引自*The Korean War*, p.196.
19. 具體傷亡人數沒有定論，文中所採用的是被廣泛接受的數字，Chang and Halliday, *Mao*, p.378也採用了這些數字。
20. Loh, *Escape from Red China*, pp.56-7；關於普通群眾對政府態度的報告，南京市檔案館，1950年7月5日，4003-1-20，頁143；《內部參考》，1950年7月13日，頁41-42。
21. 《內部參考》，1950年11月7日，頁23；民意調查，南京市檔案館，1950年11月22日，4003-3-89，頁72-77。
22. 《內部參考》，1950年11月30日，頁151-157。
23. 《南方日報》，英文譯文見*Current Background*, no.55, American Consulate-General, Hong Kong, 22 Jan. 1951，轉引自Walker, *China under Communism*, p.302，行文格式略有不同。
24. Walker, *China under Communism*, pp.302-5; Lum, *Peking, 1950-1953*, p.62.
25. Central Directive, 19 Dec. 1950, Guangdong, 204-1-245, p.101.
26. Loh, *Escape from Red China*, pp.57-8.

第七章：戰事再起

1. Andrei Lankov, *From Stalin to Kim Il Sung: The Formation of North Korea, 1945-1960*, London: Hurst, 2002；也可見Jasper Becker, *Rogue Regime: Kim Jong Il and the Looming Threat of North Korea*, New York: Oxford University Press, 2005.
2. Chen Jian, *China's Road to the Korean War*, New York: Columbia University Press, 1996, p. 110; Goncharov, Lewis and Xue, *Uncertain Partners*, pp142-5.
3. Shen Zhihua, 'Sino-North Korean Conflict and its Resolution during the Korean War', *Cold War International History Project Bulletin*, nos 14-15 (Winter 2003-Spring 2004), pp.9-24; Shen Zhihua, 'Sino-Soviet Relations and the Origins of the Korean War: Stalin's Strategic Goals in the Far East', *Journal of Cold War Studies*, 2, no.2 (Spring 2000), pp.44-68.
4. Max Hastings, *The Korean War*, New York: Simon & Schuster, 1987, p.53.
5. Chang and Halliday, *Mao*, p.360.
6. Alexandre Y. Mansourov, 'Stalin, Mao, Kim, and China's Decision to Enter the Korean War, Sept. 16-Oct. 15, 1950: New Evidence from the Russian Archives', *Cold War International History Project Bulletin*, nos 6-7 (Winter 1995), p.114.
7. Nie Rongzhen, 'Beijing's Decision to Intervene', and Peng Dehuai, 'My Story of the Korean War', in Xiaobing Li, Allan R. Millett and Bin Yu (eds), *Mao's Generals Remember Korea*, Lawrence: University Press of Kansas, 2001, pp.31 and 41.
8. 相關情節的描述乃基於詳細的檔案資料，見Chang and Halliday, *Mao*, p.364.
9. Quoted in Matthew Aid and Jeffrey T. Richelson, 'U.S. Intelligence and China: Collection, Analysis, and Covert Action', Digital National Security Archive Series, p.3 (online publication).
10. David Halberstam, *The Coldest Winter: America and the Korean War*, London: Macmillan, 2008, p.372.
11. Shu Guang Zhang, *Mao's Military Romanticism: China and the Korean War, 1950-1953*, Lawrence: University Press of Kansas, 1995, p.126; Richard Peters and Xiaobing Li (eds), *Voices from the Korean War: Personal Stories*

53. Financial Bulletin, 20 April 1950, PRO, FO371-83346, p.33；也可見Interrogation Reports, Jan. 1952, PRO, FO371-99364, p.19; Rossi, *The Communist Conquest of Shanghai*, p.91.
54. Interrogation Reports, Jan. 1952, PRO, FO371-99364, p.138; Interrogation Report, 31 May 1951, PRO, FO371-92353, p.2.
55. Interrogation Reports, Jan. 1952, PRO, FO371-99364, pp.24 and 138; Loh, *Escape from Red China*, p. 148; Willens, *Stateless in Shanghai*, p. 222; Hong Kong Interrogation Reports 726 and 863, 10 June and 26 Nov. 1954, RG59, Box 5, 903069, Lot 56D454, National Archives at College Park.
56. T.G. Zazerskaya, *Sovetskie spetsialisty i formirovanie voenno-promyshlennogo kompleksa Kitaya (1949-1960 gg.)*, St Petersburg: Sankt Peterburg Gosudarstvennyi Universitet, 2000；沈志華，《蘇聯專家在中國》，北京：新華出版社，2009年；Deborah A. Kaple, 'Soviet Advisors in China in the 1950s', in Odd Arne Westad (ed.), *Brothers in Arms: The Rise and Fall of the Sino-Soviet Alliance, 1945-1963*, Washington: Woodrow Wilson Center Press, 1998, pp.117-40；也可見'150,000 Big Noses', *Time*, 16 Oct. 1950.
57. RGASPI, 25 June 1950, 17-137-402, pp.114 and 221-30; 18 Dec. 1950, 17-137-403, pp.215-24.
58. Ministry of Foreign Affairs, Beijing, 6 Sept. 1963, 109-3321-2, pp.66-8；關於1949至1962年間中國對蘇聯的出口貿易，詳見Frank Dikötter, *Mao's Great Famine: The History of China's Most Devastating Catastrophe, 1958-1962*, London: Bloomsbury, 2010, pp.73-7.
59. Hua-yu Li, 'Instilling Stalinism in Chinese Party Members: Absorbing Stalin's *Short Course* in the 1950s', in Thomas P. Bernstein and Hua-yu Li (eds), *China Learns from the Soviet Union, 1949-Present*, Lanham, MD: Lexington Books, 2009, pp.107-30; Esther Holland Jian, *British Girl, Chinese Wife*, Beijing: New World Press, 1985, p.134.
60. K.E. Priestley, 'The Sino-Soviet Friendship Association', *Pacific Affairs*, 25, no.3 (Sept. 1952), p.289; Paul Clark, *Chinese Cinema: Culture and Politics since 1949*, Cambridge: Cambridge University Press, 1987, pp.40-1.

45. Barnett, letter no.38, 'Chinese Communists'; Knight Biggerstaff, *Nanking Letters, 1949*, Ithaca, NY: China-Japan Program, Cornell University, 1979, pp.50-1；瀋陽的紀念碑建立於1946，見Gray, 'Looted City', *Time*, 11 March 1946, 也可見J. A. L. Morgan. Journey to Manchuria, 30 Nov. 1956. PRO. FO371-120985, p.129; 'Leaning to One Side', *Time*, 19 Sept. 1949.
46. Mao Zedong, 'On the People's Democratic Dictatorship: In Commemoration of the 28th Anniversary of the Communist Party of China, June 30, 1949', in *Selected Works of Mao Zedong*, vol.4. p.423; 'Mao Settles the Dust', *Time*, 11 July 1949; Chang and Halliday, *Mao*, p.323.
47. 關於長征時紅軍接受資助的具體數額，見Taylor, The *Generalissimo*, p.111; 'On the Ten Major Relationships', 25 April 1956, *Selected Works of Mao Tse-tung*, vol.5, p.304.
48. The propaganda against Tito was noted repeatedly by Barnett, letter no.38, 'Chinese Communists'.
49. Paul Wingrove, 'Gao Gang and the Moscow Connection: Some Evidence from Russian Sources', *Journal of Communist Studies and Transition Politics*, 16, no.4 (Dec. 2000), p.93.
50. Philip Short, *Mao: A Life*, London: Hodder & Stoughton , 1999, p.422；關於毛澤東此行的最好論述是Paul Wingrove利用外交部檔案所寫的文章，見Paul Wingrove, 'Mao in Moscow, 1949-50: Some New Archival Evidence', *Journal of Communist Studies and Transition Politics*, 11, no.4 (Dec. 1995), pp.309-34; David Wolff, '"One Finger's Worth of Historical Events": New Russian and Chinese Evidence on the Sino-Soviet Alliance and Split, 1948-1959', *Cold War International History Project Bulletin*, Working Paper no.30 (Aug. 2002), pp.1-74; Sergey Radchenko and David Wolff, 'To the Summit via Proxy-Summits: New Evidence from Soviet and Chinese Archives on Mao's Long March to Moscow, 1949', *Cold War International History Project Bulletin*, no.16 (Winter 2008), pp.105-82；也可見Heinzig, *The Soviet Union and Communist China 1949-1950*.
51. Report of Negotiation between Zhou, Mikoyan and Vyshinsky to Stalin, 2 and 3 Feb. 1950, RGASPI, 82-2-1247, pp.1-6, 68-93.
52. Wingrove, ' Mao in Moscow ', p.331.

(Dec. 1955), pp.301-14; 'New China Hands?', *Time*, 17 Jan. 1949.
32. Hooper, *China Stands Up*, p.115.
33. British Legation to the Holy See, 22 Aug. 1950, FO371-83535, p.70.
34. Foreign Office, The Treatment of Christian Institutions under the Present Regime in China, 29 Aug. 1951, PRO, FO371-92368, pp.112-17.
35. International Fides Service, 22 Sept. 1951, PRO, FO371-92333, pp.29-32; Rossi, *The Communist Conquest of Shanghai*, pp.137-8.
36. 公安局的命令，山東省檔案館，1951年8月14日，A1-4-9，頁85；關於毛澤東對梵蒂岡的好奇，見Chang and Halliday, *Mao*, p.327；另見Rossi, *The Communist Conquest of Shanghai*, pp.144-5.
37. W. Aedan McGrath, *Perseverance through Faith: A Priest's Prison Diary*, ed. Theresa Marie Moreau, Bloomington, IN: Xlibris Corporation, 2008.
38. 'On the King's Highway', *Time*, 15 Sept. 1952; 'US Bishop Died in Red Jail', *New York Times*, 3 Sept. 1952; 另見Jean-Paul Wiest, *Maryknoll in China: A History, 1918-1955*, Armonk, NY: M. E. Sharpe, 1988, pp.395-400.
39. A. Olbert, 'Short Report about the Diocese of Tsingtao', 17 July 1953, AG SVD, Box 616, pp.4440-6; 'The Struggle of the Archbishop of Lan Chow', 1953, AG SVD, Box 631, pp.5878-86.
40. 'The Suspicious Butterflies', *Time*, 3 Nov. 1952: China Missionary Newsletters, Oct. 1952, PRO. FO137-105336, p.9.
41. Hooper, *China Stands Up*, p.119.
42. Christianity in Communist China, 1954, PRO, FO371-110371, p.43; Arrest of Canadian Nuns at Canton, 20 April 1951, PRO, FO371-92331, pp.49-54; Foreign Office, 19 Dec. 1951, PRO, FO371-92333 p.130; André Athenoux, *Le Christ crucifié au pays de Mao*, Paris: Alsatia, 1968, pp.127-8.
43. *Catholic Herald*, 14 Dec. 1941. P. 1; Walker, *China under Communism*, p.191; 也可見Arrest of Canadian Nuns at Canton, 20 April 1951, PRO, FO371-92331, p.49.
44. Christianity in Communist China, 1954, PRO, FO371-110371, pp.43-5；1954的資料來自中央的報告，山東省檔案館，1954年5月7日，A14-1-16，頁2；青島的傳教士從香港寄往羅馬的信，1953年3月23日，AG SVD，Box 616，頁4424。

22. Memorandum and Letter from the British Consulate General in Shanghai, 2 and 6 March 1951, PRO, FO371-92260 pp.99-101 and 128-9.
23. Rossi, *The Communist Conquest of Shanghai*, pp.72-3; 另見Aron Shai, 'Imperialism Imprisoned: The Closure of British Firms in the People's Republic of China', *English Historical Review*, 104, no.410 (Jan. 1989), pp.88-109.
24. Rossi, *The Communist Conquest of Shanghai*, pp.67-70.
25. Peitaiho Beach, 11 Sept. 1952, PRO, FO371-99238, pp.13-15, and British Embassy to Foreign Office, 21 Jan. 1952, PRO, FO371-99345, p31.
26. Harriet Mills後來記述了自己的經歷，並成為一名研究中國的學者，關於她的情況可見J. M. Addis與Sardar Panikkar的談話，4 Dec. 1951, PRO, FO371-92333, pp.135-6; Testimony by Father Rigney, 7 March 1956, PRO, FO371-121000, pp.26-7；作為斯德哥爾摩綜合症的一個有趣案例，Harriet Mills在1955年被驅逐出中國後聲稱「新中國是一個熱愛和平的國家」，並堅持承認自己是個間諜，同時譴責其他幾名美國人；見Arrests and Trials in China, 1955, PRO, FO371-115182, pp.54-70; Ricketts夫婦也同樣為中共辯護，認為自己被監禁是有道理的，參見Allyn and Adele Rickett, *Prisoners of Liberation*, New York: Cameron Associates, 1957；這兩起事件發生後，出現了越來越多與洗腦有關的指控，參見Lum, *Peking, 1950-1953*, p.71.
27. Orders on the Treatment of Foreigners, Shandong, 14 Aug, 1951, A1-4-9, p. 85; Lum, *Peking, 1950-1953*, p.21.
28. Lum, *Peking, 1950-1953*, p.99.
29. Walker, *China under Communism*, p.19；關於1953年眾多白俄在中國的悲慘遭遇，見Parliamentary Question, 28 Jan. 1953, PRO, FO371-105338, pp.61-2 and 116-22.
30. '14 Chinese Trappists Dead, 274 are Missing', *Catholic Herald*, 19 Dec, 1947; R. G. Tiedemann, *Reference Guide to Christian Missionary Societies in China: From the Sixteenth to the Twentieth Century*, Armonk, NY: M. E. Sharpe, 2009, p.25; Theresa Marie Moreau, *Blood of the Martyrs: Trappist Monks in Communist China*, Los Angeles: Veritas Est Libertas, 2012; Hopper, *China Stands Up*, p.38.
31. Creighton Lacy, 'The Missionary Exodus from China', *Pacific Affairs*, 28, no.4

'American Consular Rights in Communist China', *American Journal of International Law*, 44, no.2 (April 1950), p.243; see also, among others, Sergei N. Goncharov, John W. Lewis and Xue Litai, *Uncertain Partners: Stalin, Mao, and the Korean War*, Stanford: Stanford University Press, 1993, pp.33-4.

8. Mao Zedong, 'Farewell, John Leighton Stuart', 18 Aug, 1949, *Selected Works of Mao Zedong*, vol.4. p.433.
9. David Middleditch interviewed by Beverley Hooper, 21 Aug. 1971, quoted in Beverley Hooper, *China Stands Up: Ending the Western Presence, 1948-1950*, London: Routledge, 1987, p.47；關於緊急撤僑的情況，也可見Hooper, *China Stands Up*, p.48.
10. Ezpeleta, *Red Shadows over Shanghai*, p.173; Eleanor Beck, 'My Life in China from 2 January 1946 to 25 September 1949', 未刊稿，轉引自Hooper, *China Stands Up*, pp. 47-9.
11. Hooper, *China Stands Up,* p.50.
12. Van der Sprenkel, 'Part I', pp.5-6.
13. Hooper, *China Stands Up*, pp.73-4.
14. 同上，頁57、77; Edwin W. Martin, *Divided Counsel: The Anglo-American Response to Communist Victory in China*, Lexington: University Press of Kentucky, 1986, p.42.
15. Doak Barnett, letter no.38, 'Chinese Communists: Nationalism and the Soviet Union', 16 Sept. 1949, Institute of Current World Affairs; Bodde, *Peking Diary*, pp.219-20; David Middleditch interviewed by Beverley Hooper, 21 Aug. In Hooper, *China Stands Up*, p.73.
16. Hooper, *China Stands Up*, pp.78-9, quoting Beck, 'My Life in China'.
17. 同上，頁80-81。
18. American Embassy to Foreign Service, 15 March 1951, PRO, FO371-92331, pp.29-34; Control of American Assets, Jan. 1951, PRO, FO371-92294, pp.81-7.
19. William G. Sewell, *I Stayed in China*, London: Allen & Unwin, 1966, p.126.
20. Rossi, *The Communist Conquest of Shanghai*, pp.100-1; Liliane Willens, *Stateless in Shanghai*, Hong Kong: China Economic Review Publishing, 2010, pp.253-4.
21. Godfrey Moyle interviewed by Barber, *The Fall of Shanghai*, p.226.

Killings in Rural China during the Cultural Revolution, Cambridge: Cambridge University Press, 2011, pp.114-20.

50. Loh, *Escape from Red China*, p.70.
51. Li, 'Mao's "Killing Quotas"', p.41.
52. Cheo, *Black Country Girl in Red China*, p.73.

第六章：竹幕

1. Peter Lum, *Peking, 1950-1953*, London: Hale, 1958, p.84；Peter Lum是Eleanor Peter Crowe的筆名，她是Colin Crowe的妻子，其妹Catherine Lum嫁給了Antonio Riva；'Old Hands, Beware!', *Time*, 27 Aug. 1951; 另見L. H. Lamb, British Embassy Report, 29 Aug. 1951, PRO, FO371-92332, p.155.
2. 'Old Hands, Beware!', *Time*, 27 Aug. 1951；圖紙和其他證據見PRO, FO371-92333, PP.2-25.
3. Lum, *Peking, 1950-1953*, pp.90-2.
4. Hao Yen-p'ing, *The Commercial Revolution in Nineteenth-Century China: The Rise of Sino-Western Mercantile Capitalism*, Berkeley: University of California Press, 1986; Philip Richardson, *Economic Change in China, c. 1800-1950*, Cambridge: Cambridge University Press, 1999, p.42.
5. 關於民國時期在中國的外國人，見Frank Dikötter, *China before Mao: The Age of Openness*, Berkeley: University of California Press, 2008；關於在華外國移民的精彩論述，可參見Frances Wood, *No dogs and Not Many Chinese: Treaty Port Life in China, 1843-1943*, London: John Murray, 1998; 另見 Nicholas R. Clifford, *Spoilt Children of Empire: Westerners in Shanghai and the Chinese Revolution of the 1920s*, Hanover, NH: University Press of New England, 1991; John K. Fairbank, *Chinabound: A Fifty-Year Memoir*, New York: Harper & Row, 1982, p.51.
6. 見Albert Feuerwerker, *The Foreign Establishment in China in the Early Twentieth Century*, Ann Arbor: University of Michigan Press, 1976, pp.106-7.
7. Elden B. Erickson interviewed by Charles Stuart Kennedy, 25 June 1992, The Association for Diplomatic Studies and Training Foreign Affairs Oral History Project; 'Angus Ward Summarizes Mukden Experiences', *Department of State Bulletin*, 21, no.547 (26 Dec. 1949), p.955, quoted in Herbert W. Briggs,

36. Cheo, *Black Country Girl in Red China,* p.60.
37. Chow Ching-wen, *Ten Years of Storm: The True Story of the Communist Regime in China*, New York: Holt, Rinehart & Winston, 1960, p.110；省委指示，1951年4月3日，河北省檔案館，855-1-137，頁23。
38. 毛澤東的指示，1951年4月30日，四川省檔案館，JX1-834，頁92-93；也可見毛澤東，《建國以來毛澤東文稿》，第二冊，頁267-268。
39. 羅瑞卿給毛澤東的報告，1951年3月20日，四川省檔案館，JX1-834，頁50-52。
40. 寇慶延，關於保衛邊境和鎮反運動的報告，1951年10月28日，廣東省檔案館，204-1-27，頁152-155；王首道給中央的報告，1952年12月26日，山東省檔案館，A1-5-85，頁120-125。
41. 羅瑞卿的報告，1953年1月2日，山東省檔案館，A1-5-85，頁49、62；另見羅瑞卿的報告，1953年4月22日，山東省檔案館，A1-5-85，頁43。
42. 羅瑞卿的報告，1952年8月23日，陝西省檔案館，123-25-2，頁357。
43. 涪陵地區的報告，1951年4月5日、5月28日，四川省檔案館，JX1-837，頁141-142、147-148；關於溫江處決犯人的報告，1951年6月28日，四川省檔案館，JX1-342，頁113-114；鄧小平的報告，1951年11月30日，四川省檔案館，JX1-809，頁32。
44. 華東地區的報告，山東省檔案館，1951年5月12日，A1-5-29，頁183-184。
45. 關於鎮反的報告，河北省檔案館，1962年，884-1-223，頁149。
46. 第三次全國公安會議紀要，1951年5月16日、5月22日，山東省檔案館，A1-4-9，頁14。
47. 劉少奇在七屆四中全會上的報告，1954年2月6日，廣東省檔案館，204-1-203，頁3-8；毛澤東，〈論十大關係〉，1956年4月25日，傳達於1956年5月16日，山東省檔案館，A1-2-387，頁2-17；這一數字可能來源於公安部副部長徐子榮收集的統計資料，於1954年1月14日報告給中央。楊奎松曾提及此份報告，見Yang Kuisong, 'Reconsidering the Campaign to Suppress Counterrevolutionaries', *China Quarterly*, no. 193 (March 2008), pp.102-21.
48. Georg Paloczi-Horvath, *Der Herr der blauen Ameisen; Mao Tse-tung*, Frankfurt am Main: Scheffler, 1962, p.249.
49. 關於這些「政治賤民」的情況及其社會功能，見Yang Su, *Collective*

省檔案館，JX1-342，頁115；華東局的報告中涉及川西的部分，1951年5月12日，山東省檔案館，A1-5-29，頁189；關於川西（包括大邑、綿陽等縣）的大規模殺戮，另見四川省檔案館，JX1-342，1951年6月7日，頁32。

24. 國亞，〈開封的鎮壓〉，見焦國標主編《黑五類憶舊》，2010，第8期，北京：焦國標，頁57-58。
25. Greene, *Calvary in China*, p. 96.
26. 廖亦武對張應榮的訪談，*God is Red: The Secret Story of How Christianity Survived and Flourished in Communist China*, New York: HarperCollins, 2011, pp.121-2；張被劃為地主，因為他的大哥曾在國民黨統治時期擔任過縣長。
27. 省委指示，1951年4月3日，河北省檔案館，855-1-137，頁23；廖亦武對張茂恩的訪談，*God is Red*, p.136.
28. 省委指示，1951年4月3日，河北省檔案館，855-1-137，頁23；四川省檔案館，1953年2月25日，JK1-745，頁67。
29. 毛澤東對黃祖炎被殺報告的批語，1951年4月12日，山東省檔案館，1951年4月19日，A1-5-20，頁38-43；一名目擊者也認為這一事件導致了毛的「報復性殺戮」，見Li Changyu, 'Mao's "Killing Quotas"', *China Rights Forum,* no. 4 (2005), pp.41-4.
30. 毛澤東的批語，1951年3月18日，山東省檔案館，A1-5-20，頁63-64；也可見毛澤東，《建國以來毛澤東文稿》，第二冊，頁168-169。
31. 山東省的報告及毛的批語，1951年4月3日、4月4日、4月7日，山東省檔案館，A1-4-14，頁30、43、50；〈膽小的同志〉在《建國以來毛澤東文稿》，第二冊，頁225-226中被刪除；濟南給中央的報告，1951年4月13日，四川省檔案館，JX1-835，頁33-34。
32. 華東局關於準備突擊行動給中央的報告，1951年4月27日，四川省檔案館，JX1-834， 頁83-84；Robert Loh, *Escape from Red China*, London: Michael Joseph, 1962, pp.65-6.
33. Loh, *Escape from Red China*, pp.65-6 and 68.
34. Noel Barber, *The Fall of Shanghai*, New York: Coward, McCann & Geoghegan, 1979, p.223.
35. 〈在北京市、區各界人民代表擴大聯席會議上彭真市長的講話〉，《人民日報》，1951年6月22日，第一版；原文較長，此處只是縮略。

Cambridge, MA: Belknap Press of Harvard University Press, 2006.

11. 毛澤東的命令，1951年4月14日，山東省檔案館，A1-5-29，頁124；檔案中毛的批示與後來公開發表的內容不同，公開發表的內容見毛澤東，《建國以來毛澤東文稿》（北京：中央文獻出版社，1987-96）第二冊，頁215-216。本章引用的許多毛澤東指示都有這種情況；1951年5月21日的中央指示見《建國以來毛澤東文稿》第二冊，頁319。
12. 毛澤東給鄧小平、饒漱石、鄧子恢、葉劍英、習仲勳和高崗的信，1951年4月20日，四川省檔案館，JX1-834，頁75-77；更準確地說是五分之三的軍區，每個軍區包括數個省分；貴州被殺的人數為29,000人，見貴州調查報告，1951年7月7日，四川省檔案館，JX1-839，頁250-252。
13. 第三次全國公安會議紀要，1951年5月16日、5月22日，山東省檔案館，A1-4-9，頁38；另見山東省檔案館，A51-1-28，頁215；羅瑞卿在政務院會議上的演講，1951年8月3日，山東省檔案館，A51-1-28，頁212。
14. 四川省檔案館，1953年3月20日，JK1-729，頁29；這份文件的日期是1953年，當時司法機關正就1951年發生的一些惡性事件展開調查。
15. 中紀委副書記錢瑛給朱德的報告，1953年3月25日，四川省檔案館，JK1-730，頁35。
16. 關於侵犯少數民族政策的報告，四川省檔案館，1952年7月24日，JX1-880，頁82-83。
17. 關於貴州亂捕亂抓情況的統計和詳細案例，見四川省傳達的一份報告，1951年6月18日，四川省檔案館，JX1-839，頁227-229。
18. 四川省檔案館，1951年4月25日，JX1-839，頁159-160；鄧小平給毛澤東的報告，1951年3月13日，山東省檔案館，A1-5-20，頁16-19。
19. 雲南省的報告，1951年4月29日，四川省檔案館，JX1-837，頁74。
20. 胡耀邦關於川西地區的報告，1951年4月29日，四川省檔案館，JX1-837，頁190。
21. 四川省檔案館，1951年5月28日，JX1-837，頁105-108；羅志敏的報告，四川省檔案館，1951年7月，JX1-37，頁1-2。
22. 毛澤東的批語，1951年5月16日，山東省檔案館，A1-5-20，頁134；另見毛澤東，《建國以來毛澤東文稿》，第二冊，頁306。
23. 涪陵地區的報告，1951年4月5日、5月28日，四川省檔案館，JX1-837，頁141-142、147-148；關於溫江處決犯人的報告，1951年6月28日，四川

3. 南方局的報告，1950年12月21日，廣東省檔案館，204-1-34，頁50；關於廣西的報告，1951年3月，廣東省檔案館，204-1-34，頁16-24；毛的話出自Mao Zedong, 'A Single Spark Can Start a Prairie Fire', 5 Jan. 1930, *Selected Works of Mao Zedong*, vol.1, p.124.
4. 毛澤東的指示，1951年1月3日，四川省檔案館，JX1-836，頁10；視察組關於廣西情況的報告，1951年3月，廣東省檔案館，204-1-34，頁16-24、69-70；陶鑄發給毛澤東的電報，轉引自楊立《帶刺的紅玫瑰：古大存沉冤錄》，頁111；但這封電報可能並不足信，另廣西省委在1951年7月7日的一份報告中稱有43萬人遭到鎮壓，4萬人被殺，四川省檔案館，JX1-836，頁78-82。
5. 羅瑞卿的報告，1952年8月23日，陝西省檔案館，123-25-2，頁357。
6. 對羅瑞卿的評價出自張國燾。張曾是中共中央政治局委員和軍事領導人，後與毛決裂。他在香港接受過訪談，見'High Tide of Terror', *Time*, 5 March 1956；關於Dzerzhinsky，見Faligot and Kauffer, *The Chinese Secret Service*, p.345.
7. 湖北省檔案館，1950年11月21日，SZ1-2-32，頁7-13；關於勞改營的報告，1951年6月8日，及李先念1951年所作關於鎮反運動的報告，湖北省檔案館，SZ1-2-60，頁51、115；羅瑞卿的報告，1952年8月23日，陝西省檔案館，123-25-2，頁357。
8. 葉劍英給陶鑄和陳漫遠的命令，1951年5月10日，廣東省檔案館，204-1-34，頁1-5（葉劍英當時擔任中南局的領導工作，陶鑄直接聽命於他）；毛澤東給鄧小平、饒漱石、鄧子恢、葉劍英、習仲勳和高崗的信，1951年4月20日，四川省檔案館，JX1-834，頁75-77。
9. 毛澤東對河南省報告的批示，1951年3月11日，四川省檔案館，JX1-836，頁17；毛澤東對羅瑞卿的指示，1951年1月30日，四川省檔案館，JX1-834，頁9；另見毛澤東的批語，1951年1月20日，陝西省檔案館，123-25-2，頁40。
10. 毛澤東給李井泉的命令，1951年2月18日，四川省檔案館，JX1-807，頁89-91；這種形式的政府與納粹德國相似，Ian Kershaw稱之為「迎合元首」（working towards the Führer），馬若德（Roderick MacFarquhar）和沈邁克（Michael Schoenhals）在論述文革時認為可稱其為「迎合主席」，見Roderick MacFarquhar and Michael Schoenhals, *Mao's Last Revolution,*

36. 羅田縣的報告，1951年8月1日，湖北省檔案館，SZ1-2-60，頁79-85。
37. 楊立，《帶刺的紅玫瑰：古大存沉冤錄》，廣州：中共廣東省委黨史研究室，1997年，頁100-116；鄭笑楓、舒玲，《陶鑄傳》，北京：中共黨史出版社，2008年，頁230-231；楊奎松，《中華人民共和國建國史研究（第一卷）》，頁150；岳騫，〈我親聞親見的中國土改鎮反殺人事實〉，《開放》，1999年3月；關於廣東華僑的情況，見Glen D. Peterson, 'Socialist China and the *Huaqiao*: The Transition to Socialism in the Overseas Chinese Areas of Rural Guangdong, 1949-1956', *Modern China*, 14, no.3 (July 1988), pp.309-35.
38. 山東省檔案館，1948年10月，G26-1-37，文件2，頁49-50；康生關於山東財政情況的報告，1949年1月1日、9月4日，山東省檔案館，A1-2-19，頁68-69、119；關於冀魯豫地區的報告，1949年2月1日，山東省檔案館，G52-1-194，文件5，頁7；關於土地分配造成的貧窮狀況，又見高王淩、劉洋，〈土改的極端化〉，《二十一世紀》，第111期（2009年2月），頁36-47。
39. 西南局的報告，1951年6月27日，四川省檔案館，JX1-809，頁42-44。
40. 文化部與山東省文化局的信函，山東省檔案館，1951年9月19日，A27-1-230，頁69-72。
41. Frederick C. Teiwes, 'The Establishment and Consolidation of the New Regime, 1949-57', in Roderick MacFarquhar (ed.), *The Politics of China: The Eras of Mao and Deng*, New York: Cambridge University Press, 1997, p.36; 也可見David Shambaugh, 'The Foundations of Communist Rule in China: The Coercive Dimension', in William C. Kirby (ed.), *The People's Republic of China at 60: An International Assessment*, Cambridge, MA: Harvard University Asia Center, 2011, pp.21-3.

第五章：大整肅

1. 毛澤東談話，轉引自鄧子恢所作關於中共七屆三中全會精神的報告，1950年7月10日，湖北省檔案館，SZ1-2-15，頁19-47。當然，毛的這些談話在正式出版時都做了大幅度的修改。
2. Mao Zedong, 'Don't Hit Out in All Directions', 6 June 1950, *Selected Works of Mao Zedong*, vol.5, p.34.

Kai-shek, New York: Scribner, 1976, p.352.

21. 薄一波，《若干重大事件與決策的回顧》（上冊），頁115-128。

22. 毛澤東演講，轉引自鄧子恢所作關於中共七屆三中全會精神的報告，1950年7月10日，湖北省檔案館，SZ1-2-15，頁29。

23. 關於廣東的情況，見陝西省檔案館，123-1-83，1950年9月9日，頁164；關於西南地區的情況，見《內部參考》，1950年7月27日，頁93-94；關於徵稅的數字，見《內部參考》，1950年9月14日，頁67。

24. 糧食徵收的報告，1950年2月3日、2月8日、3月13日、3月19日、5月3日，湖北省檔案館，SZ1-2-32，頁33、36、66-67、69-70、72-74、83-84；南方局關於土改的報告，1951年12月13日，甘肅省檔案館，91-18-532，頁22-25；貴州的情況，見王海光，〈征糧、民變與「匪變」〉，《中國當代史研究》，第一輯（2011年8月），頁229-266。

25. 《內部參考》，1950年9月2日，頁7-8。

26. 陝西省檔案館，1951年2月1日，123-1-151，頁33-38。

27. 華東局報告，1950年5月5日，陝西省檔案館，123-1-83，頁1-7。

28. 中共湖北省委在一系列文件中表示，推行土改是對付民眾反抗的一種特殊戰略，湖北省檔案館，1950年2月3日、2月8日、3月13日、3月19日、5月3日，SZ1-2-32，頁33、36、66-67、69-70、72-74、83-84。

29. 四川省檔案館，1951年9月12日，JX1-177，頁18；滕縣黨委的土改報告，1951年1月27日、2月2日，山東省檔案館，A1-2-68，頁61、64-65。

30. 來自貴州的報告，1951年4月12日，四川省檔案館，JX1-839，頁127-128。

31. 《內部參考》，1950年6月2日，頁10。

32. Cheo, *Black Country Girl in Red China*, pp. 161-2；老孫，1918年生，河南徐水，2006年訪談。

33. 關於鄖陽的報告，1951年5月12日、5月30日、6月10日，湖北省檔案館，SZ1-5-75，頁37-38、41-44、58-60；《內部參考》，1950年8月24日，頁65-66；《內部參考》，1950年9月9日，頁46-47；南方局關於土改的報告，1951年12月13日，甘肅省檔案館，91-18-532，頁22-25。

34. 四川省檔案館，1951年12月9日，JX1-168，頁72；1951年11月4日，JX1-168，頁16-17；1951年3月5日，JX1-837，頁124-125。

35. 李井泉的指示，1951年4月21日，四川省檔案館，JX1-842，頁3。

1980s, Oxford: Oxford University Press, 1990, p.160.

12. 孫奶奶，徐水縣，2006年訪談；關於同一地區活埋人的記載，還可見 Raymond J. de Jaegher, *The Enemy Within: An Eyewitness Account of the Communist Conquest of China*, Garden City, NY: Doubleday, 1952, pp.112-14；1947年，劉少奇曾對共產黨游擊隊的這一行為予以譴責。
13. Jack Belden, *China Shakes the World*, New York: Harper, 1949, p.33.
14. John Byron and Robert Pack, *The Claws of the Dragon: Kang Sheng, the Evil Genius behind Mao and his Legacy of Terror in People's China*, New York: Simon & Schuster, 1992, pp.125-6; Roger Faligot and Rémi Kauffer, *The Chinese Secret Service*, New York: Morrow, 1989, pp.103-4 and 115-18.
15. 張永東，《一九四九年後中國農村制度變革史》，臺北：自由文化出版社，2008年，頁23-24；羅平漢，《土地改革運動史》，福州：福建人民出版社，2005年，頁182-184、205。關於土改作為推翻農村傳統精英階層的論述，可參見秦暉的許多著作，如秦暉（卞晤），〈公社之迷：農業集體化的再認識〉，《二十一世紀》，第48期（1998年8月），頁22-36；秦暉，《農民中國：歷史反思與現實選擇》，鄭州：河南人民出版社，2003年。
16. 劉少奇在全國土改會議上的報告，1947年8月，河北省檔案館，572-1-35，這一報告有兩個版本，見文件1和文件3，頁33-34；另外，楊奎松，《中華人民共和國建國史研究（第一卷）》在關於土改的一章中也引用了這份報告，並對其歷史背景做了更為詳細的說明，見楊奎松，《中華人民共和國建國史研究（第一卷）》，南昌：江西人民出版社，2009年，頁55。
17. 張明遠，《我的回憶》，頁259，轉引自張鳴，〈淮北地區土地改革運動的政治運作（1946-1949）〉，《二十一世紀》，第82期（2003年4月），頁32-41；山東的情況，參見張學強，《鄉村變遷與農民記憶：山東老區莒南縣土地改革研究》，北京：社會科學文獻出版社，2006年。
18. 劉統，《中原解放戰爭紀實》，北京：人民出版社，2003年，頁317-318，轉引自羅平漢，《土地改革運動史》，頁273。
19. 《人民日報》，1951年3月30日，第2版，轉引自DeMare, 'Turning Bodies and Turning Minds', p.5.
20. Brian Crozier, *The Man who Lost China: The First Full Biography of Chiang*

the Peasant Movement in Hunan', March 1927, *Selected Works of Mao Zedong*, Beijing: Foreign Languages Press, 1965, vol.1, pp.23-4.

3. Mao, 'Report on an Investigation of the Peasant Movement in Hunan', March 1927, *Selected Works of Mao Zedong*, vol.1, pp.23-4.
4. 關於周立波及其小說，見Brian J. DeMare, 'Turning Bodies and Turning Minds: Land Reform and Chinese Political Culture, 1946-1952', doctoral dissertation, University of California, Los Angeles, 2007, pp.64-7; David Der-wei Wang, *The Monster that is History: History, Violence, and Fictional Writing in Twentieth-Century China,* Berkeley: University of California Press, 2004, pp.166-7.
5. 在俄文中，富農被稱為*kulak*，中農為*serednyak*，貧農為*bedniak*，雇農為*batrak*。如下文如述，「地主」一詞是毛澤東的創造。
6. 對於共產黨如何在農民中贏得信眾的支持，傳教士們提供了許多深刻的見解，而且他們大都認為共產主義教條與基督教之間有許多相似之處。參見Robert W. Greene, *Calvary in China*, New York: Putnam, 1953, pp.77-9.
7. 所有引用來自蔣樾、段錦川導演的紀錄片《暴風驟雨》，China Memo Films，2006；關於滿洲地區的民眾缺乏革命熱情的情況，見Levine, *Anvil of Victory,* p.199.
8. 相關研究很多，如Anne Osborne, 'Property, Taxes, and State Protection of Rights', in Madeleine Zelin, Jonathan Ocko and Robert Gardella (eds), *Contract and Property in Early Modern China*, Stanford: Stanford University Press, 2004, pp.120-58; Li huaiyin, *Village Governance in North China, 1875-1936*, Stanford: Stanford University Press, 1995, pp.234-49.
9. Doak Barnett, letter no.37, 'Communist economic policies and practices', 14 Sept, 1949；張正隆，《雪白血紅》，頁433-436。
10. DeMare, 'Turning Bodies and Turning Minds', pp.152-3; Philip C. Huang, *The peasant Economy and Social Change in North China*, Stanford: Stanford University Press, 1985, p.71; S. T. Tung, 'Land Reform, Red Style', *Freeman*, 25 Aug 1952, 轉引自Richard J. Walker, *China under Communism: The First Five Years*, New Haven: Yale University Press, 1955, p.131.
11. John L. Buck, *Land Utilization in China*, Nanjing: University of Nanking, 1937; Jack Gray, *Rebellions and Revolutions: China from the 1800s to the*

9月11日，頁58-59；關於杭州及全國解放的總體情況，參見James Zheng Gao, *The Communist Takeover of Hangzhou: The Transformation of City and Cadre, 1949-1954*, Honolulu: University of Hawai'i Press, 2004.

48. Robert Doyle, 'The Ideal City', *Time*, 29 Aug 1949; Financial Bulletin, 20 April 1950, PRO, FO371-83346, pp.31-3.

49. 'Shanghai Express', *Time*, 19 June 1950；《內部參考》，1950年5月19日，頁48-50；《內部參考》，1950年6月1日，頁4-5；《內部參考》，1950年5月24日，頁73。

50. 北京市檔案館，1949年12月，1-9-47，頁3；1953年12月10日，1-9-265，頁7；中央政府下發的關於上海失業情況的報告，甘肅省檔案館，1950年8月30日，91-1-97，頁3。

51. 《內部參考》，1950年8月24日，頁67-69；《內部參考》，1950年6月6日，頁23；《內部參考》，1950年8月10日，頁13；南京市關於工業生產的報告，1951年，5034-1-3，頁31-32；陳毅致毛澤東電，1950年5月10日，四川省檔案館，JX1-807，頁29-31。

52. 'Shanghai Express', *Time*, 19 June 1950.

53. Ezpeleta, *Red Shadows over Shanghai*, p.209; Randall Gould, 'Shanghai during the Takeover, 1949', *Annals of the American Academy of Political and Social Science*, no.277 (Sept. 1951), p.184; Barnett, letter no.26, 'Communist "Administrative Take Over" of Peiping', 28 Feb. 1949, and letter no.36, 'Communist Propaganda Techniques', 12 Sept. 1949.

54. Guillain, 'China under the Red Flag', p.105; Gould, 'Shanghai during the Takeover, 1949', p.184; Barnett, letter no.26, 'Communist "Administrative Take Over" of Peiping', 28 Feb. 1949, and letter no.36, 'Communist Propaganda Techniques', 12 Sept. 1949.

55. Esther Y. Cheo, *Black Country Girl in Red China*, London: Hutchinson, 1980, p.77; Li, *The Private Life of Chairman Mao*, pp.41 and 44.

第四章：暴風雨

1. 'Coolies Rule by Terror', *New York Times*, 11 May 1927; Chang and Halliday, *Mao*, pp.40-1.

2. *New York Times*, 15 May 1927; Mao Zedong, 'Report on an Investigation of

30. 上海市檔案館，1950年，Q131-4-3925；關於妓院的詳情，見Christian Henriot, '"La Fermeture": The Abolition of Prostitution in Shanghai, 1949-1958', *China Quarterly*, no.142 (June 1995), pp.471-80.
31. Smith, 'Reeducating the People', pp.122-3 and 165，引自北京民政局的相關報告；Henriot, '"La Fermeture"', p.476.
32. 上海市檔案館，1949年4月27日，B1-2-280，頁43-44。
33. 南京市檔案館，1950年7月5日，4003-1-20，頁143；南京市檔案館，1951年8月30日，5012-1-7，頁1-3、26-28、39-40、52-55；南京市檔案館，1952年11月，5012-1-12，頁21、42。
34. 北京市檔案館，1949年12月，2-1-125，頁3；Smith, 'Reeducating the People', pp.151 and 156-7.
35. 張呂、朱秋德，《西部女人實情：赴新疆女兵人生命運故事口述實錄》，北京：解放軍文藝出版社，2001年，頁110。
36. 相關報導轉引自Richard Gaulton, 'Political Mobilization in Shanghai, 1949-1951', in Howe, *Shanghai*, p.46.
37. 上海市檔案館，1950年9月12日、10月12日、11月18日，B1-2-280，頁98、117、178。
38. 關於上海工人的情況，見Elizabeth J. Perry, 'Masters of the Country? Shanghai Workers in the Early People's Republic', in Brown and Pickowicz, *Dilemmas of Victory*, pp.59-79.
39. 關於天津戰後恢復的詳細描述，參見Van der Sprenkel, 'Part I', pp.36-7.
40. Guillain, 'China under the Red Flag', p.103.
41. Barnett, letter no. 37, 'Communist Economic Policies and Practices', 14 Sept. 1949.
42. Ezpeleta, *Red Shadows over Shanghai*, p.204.
43. Guillain, 'China under the Red Flag', pp.118-19.
44. 同上，頁110；Perry, 'Masters of the Country?'
45. 北京市檔案館，1950年，1-9-95，頁10、40、63；《內部參考》，1950年5月11日，頁10；薄一波在中國共產黨第七屆中央委員會第三次全體會議上的演講，1950年6月9日，湖北省檔案館，SZ1-2-15，頁13-18。
46. Ezpeleta, *Red Shadows over Shanghai*, p.205.
47. 山東省檔案館，1949年5月18日，A1-2-7，頁49；《內部參考》，1950年

16. Ji Fengyuan, *Linguistic Engineering: Language and Politics in Mao's China*, Honolulu: University of Hawai'i Press, 2004, p.68; James L. Watson, *Class and Social Stratification in Post-Revolution China*, Cambridge: Cambridge University Press, 1984, p.143.
17. Ezpeleta, *Red Shadows over Shanghai*, p.198; p.41; Paolo A. Rossi, *The Communist Conquest of Shanghai: A Warning to the West*, Arlington, VA: Twin Circle, 1970, p.41.
18. Otto B. Van der Sprenkel, 'Part I', in Van der Sprenkel, Guillain and Lindsay (eds), *New China: Three Views*, p.9.
19. Ezpeleta, *Red Shadows over Shanghai*, p.191.
20. 上海市檔案館，1951年，B1-2-1339，頁9-14；反革命分子統計資料，1962年，河北省檔案館，884-1-223，頁149。
21. Guillain, 'China under the Red Flag', pp.91-2.
22. 群眾對政府態度的報告，1950年7月5日，南京市檔案館，4003-1-20，頁143。
23. Bodde, *Peking Diary*, p.67；北京市檔案館，1949年7月，2-1-55，頁2；北京市檔案館，1949年12月，2-1-125，頁3；北京市檔案館，1949年12月30日，2-1-55，頁43-55。
24. 相關報導轉引自Aminda M. Smith, 'Reeducating the People: The Chinese Communists and the "Thought Reform" of Beggars, Prostitutes, and other "Parasites"'（行文格式略有不同）, doctoral dissertation, Princeton University, 2006, pp.150 and 158.
25. 關於西郊管教所的報告，北京市檔案館，1952年10月24日，1-6-611，頁13-16。
26. Wakeman, '"Cleanup"', p.47; Frank Dikötter, *Crime, Punishment and the prison in Modern China*, New York: Columbia University Press, 2002, pp.365-6.
27. Frank Dikötter, *Exotic Commodities: Modern Objects and Everyday Life in China*, New York: Columbia University Press, 2006, pp.51-2.
28. Van der Sprenkel, 'Part I', pp.17-18.
29. 北京市檔案館，1949年12月30日，2-1-55，頁45；Smith, 'Reeducating the People', pp.99 and 108.

University of California Press, 1984, pp.3-35.

2. 'Reds in Shanghai Show off Might', *New York Times*, 8 July 1949; Ezpeleta, *Red Shadows over Shanghai*, p.191; Robert Guillain, 'China under the Red Flag', in Otto B. Van der Sprenkel, Robert Guillain and Michael Lindsay (eds), *New China: Three Views*, London: Turnstile Press, 1950, p.101.
3. Wu Hung, *Remaking Beijing: Tiananmen Square and the Creation of a Political Space*, London: Reaktion Books, 2005.
4. Sun and Dan, *Engineering Communist China*, p.12.
5. Li Zhisui, *The Private life of Chairman Mao: The memoirs of Mao's Personal Physician*, New York: Random House, 1994, pp.51-2.
6. Bodde, *Peking Diary*, pp.13-14; Sun and Dan, *Engineering Communist China*, pp.11-12；1949年北京遊行的錄影片段，見於Sang Ye and Geremie R. Barmé, 'Thirteen National Days, a Retrospective'（電子文檔）, *China Heritage Quarterly*, no.17, March 2009.
7. Sun and Dan, *Engineering Communist China*, pp.7-13.
8. Li, *The Private Life of Chairman Mao*, pp.37-41.
9. Frances Wong, *China Bound and Unbound. History in the Making: An Early Returnee's Account*, Hong Kong: Hong Kong University Press, 2009, pp.47-50.
10. Edvard Hambro, 'Chinese Refugees in Hong Kong', *Phylon Quarterly*, 18, no.1 (1957), p.79; 也可見 Glen D. Peterson, 'To Be or Not to Be a Refugee: The International Politics of the Hong Kong Refugee Crisis, 1949-55', *Journal of Imperial and Commonwealth History*, 36, no.2 (June 2008), pp.171-95.
11. 參見龍應台《大江大海1949》；也可見Glen D. Peterson, 'House Divided: Transnational Families in the Early Years of the People's Republic of China', *Asian Studies Review*, no.31 (March 2007), pp.25-40; Mahlon Meyer, *Remembering China from Taiwan: Divided Families and Bittersweet Reunions after the Chinese Civil War*, Hong Kong: Hong Kong University Press, 2012.
12. Kang, *Confessions*, pp.6-7.
13. Frederic Wakeman, '"Cleanup": The New Order in Shanghai', in Brown and Pickowicz, *Dilemmas of Victory*, pp.37-8.
14. Guillain, 'China under the Red Flag', pp.85-6.
15. Wakeman, '"Cleanup"', pp.42-4.

Current World Affairs.

55. Doak Barnett, letter no.21, 'Kansu, Sinkiang, Chinghai, Ninghsia', 15 Oct. 1948, Institute of Current World Affairs.

56. Doak Barnett, letter no.20, 'Kansu, Province, Northwest China', 8 Oct. 1948, Institute of Current World Affairs.

57. 關於新疆的歷史請參見Andrew D. W. Forbers, *Warlords and Muslims in Chinese Central Asia: A Political History of Republican Sinkiang, 1911-1949*, Cambridge: Cambridge University Press, 1986；另見盛世才的回憶錄，Allen S. Whiting and General Sheng Shih-tsai, *Sinkiang: Pawn or Pivot?*, East Lansing, MI: Michigan State University Press, 1958；彭德懷給毛澤東的信，29 Dec. 1949, RGASPI, 82-2-1241, pp.194-7；與彭德懷達成的關於新疆的貿易協定，5 Jan. 1950, RGASPI, 82-2-1242, pp.20-39；關於1949年12月蘇聯軍隊的情況，參見O. C. Ellis發自迪化的報告，15 Nov. 1950, PRO, FO371-92207, p.7；關於共產黨占領新疆及之後對新疆的統治情況，還應參考James Z. Gao, 'The Call of the Oases: The "Peaceful Liberation" of Xinjiang, 1949-53', in Jeremy Brown and Paul G. Pickowicz (eds), *Dilemmas of Victory: The Early Years of the People's Republic of China*, Cambridge, MA: Harvard University Press, 2008, pp.184-204.

58. 關於西藏的情況，參見Tsering Shakya, *The Dragon in the Land of Snows*, New York: Columbia University Press, 1999；另見Chen Jian, 'The Chinese Communist "Liberation" of Tibet, 1949-51', in Brown and Pickowicz, *Dilemmas of Victory*, pp.130-59.

59. 相關論述出自Christian Tyler, *Wild West China: The Taming of Xinjiang*, London: John Murray, 2003, p.131.

第三章：解放

1. Kang Zhengguo, *Confessions: An Innocent Life in Communist China*, New York: Norton, 2007, p.5；關於秧歌，參見Hung Chang-tai, 'The Dance of Revolution: *Yangge* in Beijing in the Early 1950s', *China Quarterly*, no.181 (2005), pp. 82-99; David Holm, 'Folk Art as Propaganda: The *Yangge* Movement in Yan'an', in Bonnie S. McDougall (ed.), *Popular Chinese Literature and Performing Arts in the People's Republic of China, 1949-1979*, Berkeley:

Revolution, Guilford, CT: Lyons Press, 2004, p.146.

36. Frederick Gruin, 'Eighteen Levels Down', *Time*, 20 Dec. 1948；粟裕，《粟裕軍事文集》，北京：解放軍出版社，1989年，頁455，轉引自羅平漢，《黨史細節》，北京：人民出版社，2011年，頁150；'Or Cut Bait', *Time*, 29 Nov. 1948.
37. 龍應台，《大江大海1949》，香港：天地圖書有限公司，2009年，頁221。
38. Topping, *Journey between Two Chinas*, p.29.
39. 同上，頁43。
40. 'Sunset', *Time*, 31 Jan. 1949.
41. 'Shore Battery', *Time*, 2 May 1949; Rowan, *Chasing the Dragon*, pp.195-6.
42. Topping, *Journey between Two Chinas*, pp.64-7; Robert Doyle, 'Naked City', *Time*, 2 May 1949.
43. Topping, *Journey between Two Chinas*, pp.64-7.
44. 同上，頁73；Robert Doyle, 'Naked City', *Time*, 2 May 1949; Jonathan Fenby, *Modern China: The Fall and Rise of a Great Power, 1850 to the Present*, New York: Ecco, 2008, p.346.
45. 'Swift Disaster', *Time*, 2 May 1949; Rowan, *Chasing the Dragon*, p.201.
46. 'The Weary Wait', *Time*, 23 May 1949; Rowan, *Chasing the Dragon*, pp.198-9; Jack Birns, *Assignment Shanghai: Photographs on the Eve of Revolution*, Berkeley: University of California Press, 2003.
47. 'Will They Hurt Us', *Time*, 16 May 1949.
48. Mariano Ezpeleta, *Red Shadows over Shanghai*, Quezon City: Zita, 1972, p.185.
49. Christopher Howe, *Shanghai: Revolution and Development in an Asian Metropolis*, Cambridge: Cambridge University Press, 1981, p.43.
50. *The Shanghai Daily*對馮冰興的訪談，'Shanghai Celebrates its 60th year of Liberation', *Shanghai Daily*, 28 May 2009.
51. 'The Communists Have Come', *Time*, 6 June 1949; Rowan, *Chasing the Dragon*, pp.198-9.
52. Dwight Martin, 'Exile in Canton', *Time*, 17 April 1949.
53. 'Next: Chungking', *Time*, 24 Oct. 1949.
54. Doak Barnett, letter no.17, 'Sinkiang Province', 9 Sept. 1948, Institute of

Regnery, 1951, ch.2.

20. Suzanne Pepper, *Civil War in China: The Political Struggle, 1945-1949*, Berkeley: University of California Press, 1978, pp.242-3.
21. Carsun Chang, *The Third Force in China*, New York: Bookman Associates, 1952, p.172.
22. Associated Press Report, 24 July 1947, 轉引自 Michael Lynch, *Mao*, London: Routledge, 2004, p.141; 'Report on China', *Time*, 13 Oct. 1947.
23. Utley, *The China Story*, ch.2.
24. Taylor, *The Generalissimo*, pp.378-9.
25. 'Worse & Worse', *Time*, 26 Jan. 1948.
26. 'Sick Cities', *Time*, 21 June 1948.
27. 'Next: The Mop-up', *Time*, 23 Feb. 1948; 'Rout', *Time*, 8 Nov. 1948; Henry R. Lieberman, '300,000 Starving in Mukden's Siege', *New York Times*, 2 July 1948; Seymour Topping, *Journey between Two Chinas*, New York: Harper & Row, 1972, p.312.
28. Frederick Gruin, '30,000,000 Uprooted Ones', *Time*, 26 July 1948.
29. Taylor, *The Generalissimo*, pp.385-9.
30. Doak Barnett, letter no.25, 'Communist Siege at Peiping', 1 Feb. 1949, Institute of Current World Affairs; 'One-Way Street', *Time*, 27 Dec. 1948.
31. Taylor, *The Generalissimo*, p.396; Chang and Halliday, *Mao*, pp.308-9.
32. Derk Bodde, *Peking Diary: A Year of Revolution*, New York: Henry Schuman, 1950, pp.100-1; Doak Barnett, letter no.25, 'Communist Siege at Peiping', 1 Feb. 1949, Institute of Current World Affairs; 'Defeat', *Time*, 7 Feb. 1949; Jane Macartney對賈克的訪談，見'How We Took Mao Zedong to the Gate of Heavenly Peace, by Jia Ke, 91', *The Times*, 12 Sept. 2009.
33. Sun Youli and Dan Ling, *Engineering Communist China: One Man's Story*, New York: Algora Publishing, 2003, pp.10-11.
34. Arne Odd Westad, *Decisive Encounters: The Chinese Civil War, 1946-1950*, Stanford: Stanford University Press, 2003, p.259；薄一波，《若干重大事件與決策的回顧》，北京：中共中央黨校出版社，1997年，上冊，頁160-161。
35. 'To Defend the Yangtze', *Time*, 20 Dec. 1948; Roy Rowan, *Chasing the Dragon: A Veteran Journalist's Firsthand Account of the 1946-9 Chinese*

China, Cambridge, MA: Harvard University Press, 2009, p.317.

11. 同上，頁321-323。
12. 'The Short Match', *Time*, 17 Dec. 1945.
13. 楊奎松，《毛澤東與莫斯科的恩恩怨怨》，南昌：江西人民出版社，1999年，第八章；楊奎松，《「中間地帶」的革命：國際大背景下看中共成功之道》，太原：山西人民出版社，2010年，頁474；關於毛澤東與史達林的關係本質可參見Dieter Heinzig, *The Soviet Union and Communist China 1945-1950: The Arduous Road to the Alliance*, Armonk, NY: M. E. Sharpe, 2004.
14. Taylor, *The Generalissimo*, pp.323-4
15. James M. McHugh於1946年6月30日寄給妻子的信，Cornell University Library, Division of Rare and Manuscript Collections, 轉引自Hannah Pakula, *The Last Empress: Madame Chiang Kai-shek and the Birth of Modern China*, New York: Simon & Schuster, 2009, p.530; 'Wounds', *Time*, 18 March 1946; William Gary, 'Looted City', *Time*, 11 March 1946; Taylor, *The Generalissimo*, p.327；另見'Soviet Removals of Machinery', 8 July 1947, US Central Intelligence Agency Report, CIA-RDP82-00457D00070010002-5, National Archives at Park College.
16. Zhang Baijia, 'Zhou Enlai and the Marshall Mission', in Larry I. Bland (ed.), *George C. Marshall's Mediation Mission to China, December 1945-January 1947*, Lexington, VA: George C. Marshall Foundation, 1998, pp.213-14; Simei Qing, 'American Visions of Democracy and the Marshall Mission to China', in Hongshan Li and Zhaohui Hong (eds), *Image, Perception, and the Making of U.S.-China Relations*, Lanham, MA: University Press of America, 1998, p.283; Taylor, *The Generalissimo*, p.346.
17. 張正隆，《雪白血紅》，頁170-171；Marshall to Truman, *Foreign Relations of the United States*, 1946, vol.9, p.510, 轉引自Chang Jung and Jon Halliday, *Mao: The Unknown Story*, London: Jonathan Cape, 2005, p.295.
18. Chang and Halliday, *Mao*, p.297; Sheng, *Battling Western Imperialism*, p.156; Steven I. Levine, *Anvil of Victory: The Communist Revolution in Manchuria, 1945-1948*, New York: Columbia University Press, 1987, p.178.
19. Taylor, *The Generalissimo*, p.358; Freda Utley, *The China Story*, Chicago: H.

克廷致蔣介石電，1948年9月2日，國史館藏檔002090300191009。
12.'Time for a Visit?', *Time*, 1 Nov. 1948.
13.張正隆，《雪白血紅》，頁467。

第二章：戰爭

1. Theodore H. White and Annalee Jacoby, *Thunder out of China*, London: Victor Gollancz, 1947, p.259，行文格式與原文略有出入；'Victory', *Time*, 20 Aug. 1945; 'Wan Wan Sui!', *Time*, 27 Aug. 1945.
2. Diana Lary and Stephen MacKinnon (eds), *Scars of War: The Impact of Warfare on Modern China*, Vancouver: University of British Columbia Press, 2001; Sheldon H. Harris, *Factories of Death: Japanese Biological Warfare 1932-45 and the American Cover-Up*, London: Routledge, 1994; Konrad Mitchell Lawson, 'Wartime Atrocities and the Politics of Treason in the Ruins of the Japanese Empire, 1937-1953', doctoral dissertation, Harvard University, 2012.
3. Stephen MacKinnon, 'Refugee Flight at the Outset of the anti-Japanese War', in Lary and MacKinnon, *Scars of War*, pp.118-35；另見R. Keith Schoppa, *In a Sea of Bitterness: Refugees during the Sino-Japanese War*, Cambridge, MA: Harvard University Press, 2011.
4. 'I am Very Optimistic', *Time*, 3 Sept. 1945.
5. White and Jacoby, *Thunder out of China*, p.263.
6. C. K. Cheng, *The Dragon Sheds its Scales*, New York: New Voices Publishing, 1952, p.122.
7. 史達林提出的要求被打印在七頁稿紙上，相關論述見John R. Deane, *The Strange Alliance: The Story of our Efforts at Wartime Cooperation with Russia*, New York: Viking Press, 1947, p.248；另見David M. Glantz, *The Soviet Strategic Offensive in Manchuria, 1945: 'August Storm'*, London: Frank Cass, 2003, p.9, and Robert H. Jones, *The Roads to Russia: United States Lend-Lease to the Soviet Union*, Norman: University of Oklahoma Press, 1969, pp.184-5.
8. 'To the Bitter End', *Time*, 20 Aug. 1945.
9. Michael M. Sheng, *Battling Western Imperialism: Mao, Stalin, and the United States*, Princeton: Princeton University Press, 1997, pp.103 and 156.
10. Jay Taylor, *The Generalissimo: Chiang Kai-shek and the Struggle for Modern*

注釋

注釋中的縮寫，請參見參考書目。

第一章：圍城

1. 姜彥豔，〈長春一下水管道工地挖出數千具屍體〉，《新文化報》，2006年6月4日。
2. 張正隆，《雪白血紅》，香港：大地出版社，1991年，頁441。
3. 'Northern Theater', *Time*, 2 June 1947.
4. 李克廷致蔣介石電，1948年6月11日，國史館藏檔002080200330042。
5. 蔣介石命令，1948年6月12日，國史館藏檔0020601 0000240012；Fred Gruin, '30,000,000 Uprooted Ones', *Time*, 26 July 1948.
6. 張正隆，《雪白血紅》，頁469；Andrew Jacobs對王俊如的訪談，'China is Wordless on Traumas of Communists' Rise', *New York Times*, 1 Oct. 2009.
7. 李克廷電報，1948年6月24日，國史館藏檔002080200331025；李克廷電報，1948年8月14日，國史館藏檔002090300188346；段克文，《戰犯自述》，臺北：世界日報社，1976年，頁3。
8. 致蔣介石電，1948年8月26日，國史館藏檔002020400016104；蔣介石致鄭洞國令，1948年8月17日，國史館藏檔002080200426044；'Time for a Visit?', *Time*, 1 Nov. 1948；Herry R. Lieberman, 'Changchun Left to Reds by Chinese', *New York Times*, 7 Oct. 1949.
9. 李克廷電報，1948年7月13日，國史館藏檔002090300187017；Andrew Jacobs對張英華的訪談，'China is Wordless'；宋占林訪談，見張正隆《雪白血紅》，頁474。
10. 鄭洞國，《我的戎馬生涯：鄭洞國回憶錄》，北京：團結出版社，1992年，第七章；段克文，《戰犯自述》，頁5；王大生，《我的半個世紀》，網路發表，青蘋果電子圖書系列，頁7-8；另見張志強、王放主編《1948・長春：未能寄出的家信與照片》，濟南：山東畫報出版社，2003年。
11. 'Time for a Visit?', *Time*, 1 Nov. 1948；張正隆，《雪白血紅》，頁446；李

華民，《中國大逆轉：「反右」運動史》，紐約法拉盛：明鏡，1996年。

黃昌勇，《王實味傳》，鄭州：河南人民出版社，2000年。

黃崢，《王光美訪談錄》，北京：中央文獻出版社，2006年。

黃崢，《劉少奇一生》，北京：中央文獻出版社，2003年。

黃崢，《劉少奇傳》，北京：中央文獻出版社，1998年。

楊奎松，《中華人民共和國建國史研究》，南昌：江西人民出版社，2009年。

熊華源、廖心文，《周恩來總理生涯》，北京：人民出版社，1997年。

裴毅然，〈自解佩劍：反右前知識分子的陷落〉，《二十一世紀》，第102期（2007年8月），頁34-35。

魯兵，《新中國反腐敗第一大案：槍斃劉青山、張子善紀實》，北京：法律出版社，1990年。

龍應台，《大江大海1949》，香港：天地圖書有限公司，2009年。

戴茂林、趙曉光，《高崗傳》，西安：陝西人民出版社，2011年。

戴晴，《梁漱溟、王實味、儲安平》，南京：江蘇文藝出版社，1989年。

薄一波，《若干重大事件與決策的回顧》，北京：中共中央黨校出版社，1997年。

羅平漢，《土地改革運動史》，福州：福建人民出版社，2005年。

羅平漢，《黨史細節》，北京：人民出版社，2011年。

秦暉（卞晤），〈公社之謎：農業集體化的再認識〉，《二十一世紀》，第48期（1998年8月），頁22-36。

秦暉，《農民中國：歷史反思與現實選擇》，鄭州：河南人民出版社，2003年。

逄先知、金沖及主編，《毛澤東傳，1949-1976》，北京：中央文獻出版社，2003年。

逄先知、金沖及等主編，《劉少奇》，北京：新華出版社，1998年。

高王淩，《歷史是怎樣改變的：中國農民反行為，1950-1980》，香港：香港中文大學出版社，2012年。

高王淩、劉洋，〈土改的極端化〉，《二十一世紀》，第111期（2009年2月），頁36-47。

高華，《紅太陽是怎樣升起的：延安整風運動的來龍去脈》，香港：香港中文大學出版社，2000年。

張正隆，《雪白血紅》，香港：大地出版社，1991年。

張永東，《一九四九年後中國農村制度變革史》，臺北：自由文化出版社，2008年。

張呂、朱秋德，《西部女人實情：赴新疆女兵人生命運故事口述實錄》，北京：解放軍文藝出版社，2001年。

張志強、王放主編《1948．長春：未能寄出的家信與照片》，濟南：山東畫報出版社，2003年。

張鳴，〈執政的道德困境與突圍之道：三反五反運動解析〉，《二十一世紀》，第92期（2005年12月），頁46-58。

張學強，《鄉村變遷與農民記憶：山東老區莒南縣土地改革研究》，北京：社會科學文獻出版社，2006年。

章詒和，《往事並不如煙》，北京：人民文學出版社，2004年。

陳永發，《延安的陰影》，臺北：中央研究院近代史研究所，1990年。

陶魯笳，《一個省委書記回憶毛澤東》，太原：山西人民出版社，1993年。

彭德懷，《彭德懷自傳》，北京：人民出版社，1981年。

中文出版品

《彭德懷傳》，北京：當代中國出版社，1993年。

毛澤東，《毛澤東外交文選》，北京：中央文獻出版社，1994年。

毛澤東，《建國以來毛澤東文稿》，北京：中央文獻出版社，1987-1996年。

牛漢、鄧九平編，《原上草：記憶中的反右派運動》，北京：經濟日報出版社，1998年。

牛漢、鄧九平編，《荊棘錄：記憶中的反右派運動》北京：經濟日報出版社，1998年。

王英，《改造思想：政治、歷史與記憶（1949-1953）》，博士論文，北京：人民大學，2010年。

王海光，〈徵糧、民變與「匪變」〉，《中國當代史研究》，第一輯（2011年8月），頁229-266。

朱正，《反右派鬥爭始末》，香港：明報出版社有限公司，2004年。

江渭清，《七十年征程：江渭清回憶錄》，南京：江蘇人民出版社，1996年。

吳冷西，《十年論戰：1956-1966中蘇關係回憶錄》，北京：中央文獻出版社，1999年。

吳冷西，《憶毛主席：我親身經歷的若干重大歷史事件片段》，北京：新華出版社，1995年。

沈志華，《思考與選擇：從知識分子會議到反右派運動（1956-1957）》，香港：香港中文大學當代中國文化研究中心，2008年。

沈志華，《蘇聯專家在中國》，北京：新華出版社，2009年。

於鳳政，《改造：1949-1957年的知識分子》，鄭州：河南人民出版社，2001年。

林蘊暉，《向社會主義過渡，1953-1955》，香港：中文大學出版社，2009年。

金沖及、陳群主編，《陳雲傳》，北京：中央文獻出版社，2005年。

金沖及、黃崢主編，《劉少奇傳》，北京：中央文獻出版社，1998年。

段克文，《戰犯自述》，臺北：世界日報社，1976年。

CCP (1953-1955)', *China Perspectives*, no.4 (Autumn 2010), pp.116-27.

Yan Yunxiang, *Private Life under Socialism: Love, Intimacy and Family Change in a Chinese Village, 1949-1999*, Stanford: Stanford University Press, 2003.

Yang, C. K., *A Chinese Village in Early Communist Transition*, Cambridge, MA: Harvard University Press, 1959.

Yang, C. K., *Religion in Chinese Society: A Study of Contemporary Social Functions of Religion and Some of their Historical Factors*, Berkeley: University of California Press, 1961.

Yang Kuisong, 'Reconsidering the Campaign to Suppress Counterrevolutionaries', *China Quarterly*, no.193 (March 2008), pp.102-21.

Yang Nianqun, 'Disease Prevention, Social Mobilization and Spatial Politics: The Anti-Germ Warfare Incident of 1952 and the Patriotic Health Campaign', *Chinese Historical Review*, 11, no.2 (Autumn 2004), pp.155-82.

Yen, Maria, *The Umbrella Garden: A Picture of Student Life in Red China*, New York: Macmillan, 1953.

Yue Daiyun, *To the Storm: The Odyssey of a Revolutionary Chinese Woman*, Berkeley: University of California Press, 1985.

Zazerskaya, T. G., *Sovetskie Spetsialisty i formirovanie voenno—promyshlennogo kompleksa Kitaya (1949-1960 gg.)*, St Petersburg: Sankt Peterburg Gosudarstvennyi Universitet, 2000.

Zhang Jiabai, 'Zhou Enlai and the Marshall Mission', in Larry I. Bland (ed.), *George C. Marshall's Mediation Mission to China, December 1945-January 1947*, Lexington, VA: George C. Marshall Foundation, 1998, pp.201-34.

Zhang Shu Guang, *Economic Cold War: America's Embargo against China and the Sino-Soviet Alliance, 1949-1963*, Stanford: Stanford University Press, 2001.

Zhang Shu Guang, *Mao's Military Romanticism: China and the Korean War, 1950-1953*, Lawrence: University Press of Kansas, 1995.

Zubok, Vladislav and Constantine Pleshakov, *Inside the Kremlin's Cold War: From Stalin to Khrushchev*, Cambridge, MA: Harvard University Press, 1996.

Lansing, MI: Michigan State University Press, 1958.

Wiest, Jean-Paul, *Maryknoll in China: A History, 1918-1955*, Armonk, NY: M. E. Sharpe, 1988.

Willens, Liliane, *Stateless in Shanghai*, Hong Kong: China Economic Review Publishing, 2010.

Williams, Philip F. and Yenna Wu, *The Great Wall of Confinement: The Chinese Prison Camp through Contemporary Fiction and Reportage*, Berkeley: University of California Press, 2004.

Wingrove, Paul, 'Gao Gang and the Moscow Connection: Some Evidence from Russian Sources', *Journal of Communist Studies and Transition Politics*, 16, no.4 (Dec, 2000), pp.88-106.

Wingrove, Paul, 'Mao in Moscow, 1949-50: Some New Archival Evidence', *Journal of Communist Studies and Transition Politics*, 11, no.4 (Dec, 1995), pp.309-34.

Wolff, David, '"One Finger's Worth of Historical Events": New Russian and Chinese Evidence on the Sino-Soviet Alliance and Split, 1948-1959', *Cold War International History Project Bulletin*, Working Paper, no.30 (Aug. 2002), pp.1-74.

Wong, Frances, *China Bound and Unbound: History in the Making: An Early Returnee's Account*, Hong Kong: Hong Kong University Press, 2009.

Wong Siu-lun, *Emigrant Entrepreneurs: Shanghai Industrialists in Hong Kong*, Hong Kong: Oxford University Press, 1988.

Wood, Frances, *No Dogs and Not Many Chinese: Treaty Port Life in China, 1843-1943*, London: John Murray, 1998.

Wu, Harry Hongda, *Laogai: The Chinese Gulag*, Boulder: Westview Press, 1992.

Wu Ningkun and Li Yikai, *A Single Tear: A Family's Persecution, Love, and Endurance in Communist China*, London: Hodder & Stoughton, 1993.

Wu Tommy Jieqin, *A Sparrow's Voice: Living through China's Turmoil in the 20th Century*, Shawnee Mission, KS: M.I.R, House International, 1999.

Xiao-Planes, Xiaohong, 'The Pan Hannian Affair and Power Struggles at the Top of the

(April 2008), pp.51-72.

Wakeman, Frederic, '"Cleanup": The New Order in Shanghai', in Jeremy Brown and Paul G. Pickowicz (eds), *Dilemmas of Victory: The Early Years of the People's Republic of China,* Cambridge, MA: Harvard University Press, 2008, pp.21-58.

Walker, Kenneth R., 'Collectivisation in Retrospect: The "Socialist High Tide" of Autumn 1995-Spring 1956', *China Quarterly,* no.26 (June 1966), pp.1-43.

Walker, Richard J., *China under Communism: The First Five Years,* New Haven: Yale University Press, 1955.

Wang, David Der-wei, *The Monster that is History: History, Violence, and Fictional Writing in Twentieth-Century China,* Berkeley: University of California Press, 2004.

Wang Jun, *Beijing Record: A Physical and Political History of Planning Modern Beijing*, London: World Scientific, 2011.

Wang Ning, 'The Great Northern Wilderness: Political Exiles in the People's Republic of China', doctoral dissertation, University of British Columbia, 2005.

Watson, George, *The Lost Literature of Socialism*, Cambridge: Lutterworth Press, 2010.

Watson, James L., *Class and Social Stratification in Post-Revolution China*, Cambridge: Cambridge University Press, 1984.

Weathersby, Kathryn, 'Deceiving the Deceivers: Moscow, Beijing, Pyongyang, and the Allegations of Bacteriological Weapons Use in Korea', *Cold War International History Project Bulletin*, no.11 (1998), pp.176-84.

Welch, Holmes, *Buddhism under Mao*, Cambridge, MA: Harvard University Press, 1972.

Westad, Odd Arne, *Brothers in Arms: The Rise and Fall of the Sino-Soviet Alliance, 1945-1963*, Washington: Woodrow Wilson Center Press, 1998.

Westad, Odd Arne (ed), *Decisive Encounters: The Chinese Civil War, 1946-1950*, Stanford: Stanford University Press, 2003.

Whiting, Allen S. and General Sheng Shih-tsai, *Sinkiang: Pawn or Pivot?*, East

Taylor, Jay, *The Generalissimo: Chiang Kai-shek and the Struggle for Modern China,* Cambridge, MA: Harvard University Press, 2009.

Teiwes, Frederick C., 'The Establishment and Consolidation of the New Regime, 1949-57', in Roderick MacFarquhar (ed.), *The Politics of China: The Eras of Mao and Deng,* New York: Cambridge University Press, 1997, pp. 5-86.

Teiwes, Frederick C., *Politics and Purges in China: Rectification and the Decline of Party Norms,* Armonk, NY: M. E. Sharpe, 1993.

Teiwes, Frederick C., *Politics at Mao's Court: Gao Gang and Party Factionalism in the Early 1950s,* Armonk, NY: M. E. Sharpe, 1990.

Tennien, Mark, *No Secret is Safe: Behind the Bamboo Curtain,* New York: Farrar, Straus & Young, 1952.

Tharp, Robert N., *They Called Us White Chinese: The Story of a Lifetime of Service to God and Mankind,* Charlotte, NC: Eva E. Tharp Publications, 1994.

Townsend, James R. and Brantly Womack, *Politics in China,* Boston: Little, Brown, 1986.

Tung, Constantine, 'Metamorphosis of the Hero in Chairman Mao's Theater, 1942-1976', unpublished manuscript.

Tung, S. T., *Secret Diary from Red China*, Indianapolis: Bobbs-Merrill, 1961.

Tyler, Christian, *Wild West China: The Taming of Xinjiang,* London: John Murray, 2003.

U, Eddy, 'Dangerous Privilege: The United Front and the Rectification Campaign of the Early Mao Years', *China Journal,* no.68 (July 2012), pp.32-57.

U, Eddy, *Disorganizing China: Counter-Bureaucracy and the Decline of Socialism,* Stanford: Stanford University Press, 2007.

U, Eddy, 'The Making of Chinese Intellectuals: Representations and Organization in the Thought Reform Campaign', *China Quarterly,* no.192 (2007), pp.971-89.

Volland, Nicolas, 'Translating the Socialist State: Cultural Exchange, National Identity, and the Socialist World in the Early PRC', *Twentieth-Century China,* 33, no.2

Sheng, Michael M., 'Mao and Chinese Elite Politics in the 1950s: The Gao Gang Affair Revisited', *Twentieth-Century China,* 36, no.1 (Jan. 2011), pp.67-96.

Sheng, Michael M., 'Mao Zedong and the Three-Anti Campaign (November 1951 to April 1952): A Revisionist Interpretation', *Twentieth-Century China,* 32, no.1 (Nov. 2006), pp. 56-80.

Short, Philip, *Mao: A Life*, London: Hodder & Stoughton, 1999.

Smith, Aminda M., 'Reeducating the People: The Chinese Communists and the "Thought Reform" of Beggars, Prostitutes, and Other "Parasites"', doctoral dissertation, Princeton University, 2006.

Smith, Steve A., 'Fear and Rumour in the People's Republic of China in the 1950s', *Cultural and Social History*, 5, no.3 (2008), pp.269-88.

Smith, Steve A., 'Local Cadres Confront the Supernatural: The Politics of Holy Water (*Shenshui*) in the PRC, 1949-1966', *China Quarterly*, no.188 (2006), pp.999-1022.

Song Yongyi (ed.), *Chinese Anti-Rightist Campaign Database,* Hong Kong: Universities Service Center for China Studies, 2010.

Strauss, Julia, 'Morality, Coercion and State Building by Campaign in the Early PRC: Regime Consolidation and After, 1949-1956', *China Quarterly,* no.188 (2006), pp.891-912.

Strauss, Julia, 'Paternalist Terror: The Campaign to Suppress Counterrevolutionaries and Regime Consolidation in the People's Republic of China, 1950-1953', *Comparative Studies in Society and History,* 44 (2002), pp.80-105.

Su, Yang, *Collective Killings in Rural China during the Cultural Revolution,* Cambridge: Cambridge University Press, 2011.

Sun Youli and Dan Ling, *Engineering Communist China: One Man's Story,* New York: Algora Publishing, 2003.

Szonyi, Michael, *Cold War Island: Quemoy on the Front Line,* Cambridge: Cambridge University Press, 2008.

Taubman, William, *Khrushchev: The Man and his Era,* London, Free Press, 2003.

Saunders, Kate, *Eighteen Layers of Hell: Stories from the Chinese Gulag,* London: Cassell Wellington House, 1996.

Schama, Simon, *Citizens: A Chronicle of the French Revolution,* New York: Knopf, 1989.

Schoppa, R. Keith, *In a Sea of Bitterness: Refugees during the Sino-Japanese War,* Cambridge, MA: Harvard University Press, 2011.

Sebag Montefiore, Simon, *Stalin: The Court of the Red Tsar,* New York: Knopf, 2004.

Service, Robert, *Comrades: A History of World Communism,* Cambridge, MA: Harvard University Press, 2007.

Seton-Watson, Hugh, *The East European Revolution,* London: Methuen, 1950.

Sewell, William G., *I Stayed in China,* London: Allen & Unwin, 1966.

Shai, Aron, 'Imperialism Imprisoned: The Closure of British Firms in the People's Republic of China', *English Historical Review*, 104, no.410 (Jan. 1989), pp.88-109.

Shakya, Tsering, *The Dragon in the Land of Snows,* New York: Columbia University Press, 1999.

Shambaugh, David, 'The Foundations of Communist Rule in China: The Coercive Dimension', in William C. Kirby (ed.), *The People's Republic of China at 60: An International Assessment*, Cambridge, MA: Harvard University Asia Center, 2011, pp.19-24.

Shen Zhihua, 'Sino-North Korean Conflict and its Resolution during the Korean War', *Cold War International History Project Bulletin,* nos 14-15 (Winter 2003-Spring 2004), pp.9-24.

Shen Zhihua, 'Sino-Soviet Relations and the Origins of the Korean War: Stalin's Strategic Goals in the Far East', *Journal of Cold War Studies*, 2, no.2 (Spring 2000), pp.44-68.

Sheng, Michael M., *Battling Western Imperialism: Mao, Stalin, and the United States*, Princeton: Princeton University Press, 1997.

Pipes, Richard, *A Concise History of the Russian Revolution,* New York: Knopf, 1995.

Priestley, K. E., 'The Sino-Soviet Friendship Association', *Pacific Affairs,* 25, no.3 (Sept. 1952), pp.287-92.

Qing Simei, 'American Visions of Democracy and the Marshall Mission to China', in Hongshan Li and Zhaohui Hong (eds), *Image, Perception, and the Making of U.S.-China Relations,* Lanham, MA: University Press of America, 1998, pp.257-312.

Radchenko, Sergey and David Wolff, 'To the Summit via Proxy-Summits: New Evidence from Soviet and Chinese Archives on Mao's Long March to Moscow, 1949', *Cold War International History Project Bulletin*, no.16 (Winter 2008), pp.105-82.

Richardson, Philip, *Economic Change in China, c. 1800-1950*, Cambridge: Cambridge University Press, 1999.

Rickett, Allyn and Adele, *Prisoners of Liberation*, New York: Cameron Associates, 1957.

Rigney, Harold W., *Four Years in a Red Hell: The Story of Father Rigney,* Chicago: Henry Regnery, 1956.

Riskin, Carl, *China's Political Economy: The Quest for Development since 1949*, Oxford: Oxford University Press, 1987.

Rogaski, Ruth, 'Nature, Annihilation, and Modernity: China's Korean War Germ-Warfare Experience Reconsidered', *Journal of Asian Studies,* 61, no.2 (May 2002), pp.381-415.

Rossi, Paolo A., *The Communist Conquest of Shanghai: A Warning to the West,* Arlington, VA: Twin Circle, 1970.

Rowan, Roy, *Chasing the Dragon: A Veteran Journalist's Firsthand Account of the 1946-9 Chinese Revolution,* Guilford, CT: Lyons Press, 2004.

Salisbury, Harrison E., *The New Emperors: China in the Era of Mao and Deng,* Boston: Little, Brown, 1992.

Sang Ye, *China Candid: The People on the People's Republic,* Berkeley: University of California Press, 2006.

Remember the First Fifteen Years of the PRC, Frankfurt: P. Lang, 1995.

Oi, Jean C. *State and Peasant in Contemporary China: The Political Economy of Village Government,* Berkeley: University of California Press, 1989.

Osborne, Anne, 'Property, Taxes, and State Protection of Rights', in Madeleine Zelin, Jonathan Ocko and Robert Gardella (eds), *Contract and Property in Early Modern China.* Stanford: Stanford University Press, 2004, pp.120-58.

Pakula, Hannah, *The Last Empress: Madame Chiang Kai-shek and the Birth of Modern China,* New York: Simon & Schuster, 2009.

Pan, Philip, *Out of Mao's Shadow: The Struggle for the Soul of a New China,* Basingstoke: Picador, 2009.

Pasqualini, Jean, *Prisoner of Mao*, Harmondsworth: Penguin, 1973.

Perry, Elizabeth J., 'Masters of the Country? Shanghai Workers in the Early People's Republic', in Jeremy Brown and Paul G. Pickowicz (eds), *Dilemmas of Victory: The Early Years of the People's Republic of China,* Cambridge, MA: Harvard University Press, 2008, pp.59-79.

Perry, Elizabeth J., 'Shanghai's Strike Wave of 1957', *China Quarterly,* no.137 (March 1994), pp.1-27.

Peters, Richard and Xiaobing Li (eds), *Voices from the Korean War: Personal Stories of American, Korean and Chinese Soldiers*, Lexington: University Press of Kentucky, 2004.

Peterson, Glen D., 'House Divided: Transnational Families in the Early Years of the People's Republic of China', *Asian Studies Review*, no.31 (March 2007), pp.25-40.

Peterson, Glen D., 'Socialist China and the *Huaqiao:* The Transition to Socialism in the Overseas Chinese Areas of Rural Guangdong, 1949-1956', *Modern China*, 14, no.3 (July 1988), pp.309-35.

Peterson, Glen D., 'To Be or Not To Be a Refugee: The International Politics of the Hong Kong Refugee Crisis, 1949-55', *Journal of Imperial and Commonwealth History,* 36, no.2 (June 2008), pp.171-95.

Princeton University Press, 2008.

Lynch, Michael, *Mao*, London: Routledge, 2004.

MacFarquhar, Roderick (ed.), *The Hundred Flowers Campaign and the Chinese Intellectuals*, New York: Octagon Books, 1974.

MacFarquhar, Roderick, *The Origins of the Cultural Revolution*, vol.1: *Contradictions among the People, 1956-1957*, London: Oxford University Press, 1974.

MacFarquhar, Roderick, Timothy Cheek and Eugene Wu (eds), *The Secret Speeches of Chairman Mao: From the Hundred Flowers to the Great Leap Forward*, Cambridge, MA: Harvard University Press, 1989.

MacFarquhar, Roderick and Michael Schoenhals, *Mao's Last Revolution*, Cambridge, MA: Belknap Press of Harvard University Press, 2006.

McGough, James P., *Fei Hsiao-t'ung: The Dilemma of a Chinese Intellectual*, White Plains, NY: M. E. Sharpe, 1979.

McGrath, W. Aedan, *Perseverance through Faith: A Priest's Prison Diary*, ed. Theresa Marie Moreau, Bloomington, IN: Xlibris Corporation, 2008.

Mansourov, Alexandre Y., 'Stalin, Mao, Kim, and China's Decision to Enter the Korean War, Sept. 16-Oct. 15, 1950: New Evidence from the Russian Archives', *Cold War International History Project Bulletin*, nos 6-7 (Winter 1995), pp.94-119.

Martin, Edwin W., *Divided Counsel: The Anglo-American Response to Communist Victory in China*, Lexington: University Press of Kentucky, 1986.

Meyer, Mahlon, *Remembering China from Taiwan: Divided Families and Bittersweet Reunions after the Chinese Civil War*, Hong Kong: Hong Kong University Press, 2012.

Millward, James A., *Eurasian Crossroads: A History of Xinjiang*, New York: Columbia University Press, 2007.

Moreau, Theresa Marie, *Blood of the Martyrs: Trappist Monks in Communist China,* Los Angeles: Veritas Est Libertas, 2012.

Näth, Marie-Luise (ed.), *Communist China in Retrospect: East European Sinologists*

Li Hua-yu, 'Instilling Stalinism in Chinese Party Members: Absorbing Stalin's *Short Course* in the 1950s', in Thomas P. Bernstein and Hua-yu Li (eds), *China Learns from the Soviet Union, 1949-Present*, Lanham, MD: Lexington Books, 2009, pp.107-30.

Li Hua-yu, *Mao and the Economic Stalinization of China, 1948-1953*, Cambridge, MA: Harvard University Press, 2006.

Li Huaiyin, 'Confrontation and Conciliation under the Socialist State: Peasant Resistance to Agricultural Collectivization in China in the 1950s', *Twentieth-Century China*, 33, no.2 (2007), pp.73-99.

Li Huaiyin, *Village Governance in North China, 1875-1936*, Stanford: Stanford University Press, 1995.

Li Xiaobing, Allan R. Millett and Bin Yu (eds), *Mao's Generals Remember Korea*, Lawrence: University Press of Kansas, 2001.

Li Zhisui, *The Private Life of Chairman Mao: The Memoirs of Mao's Personal Physician*, New York: Random House, 1994.

Liao Yiwu, *God is Red: The Secret Story of How Christianity Survived and Flourished in Communist China*, New York: HarperCollins, 2011.

Lieberthal, Kenneth G., *Revolution and Tradition in Tientsin, 1949-1952*, Stanford: Stanford University Press, 1980.

Liu Jianhui and Wang Hongxu, 'The Origins of the General Line for the Transition Period and of the Acceleration of the Chinese Socialist Transformation in Summer 1955', *China Quarterly*, no.187 (Sept. 2006), pp.724-31.

Liu Shaw-tong, *Out of Red China*, Boston: Little, Brown, 1953.

Loh, Robert, *Escape from Red China*, London: Michael Joseph, 1962.

Lu Xiaobo, *Cadres and Corruption: The Organizational Involution of the Chinese Communist Party*, Stanford: Stanford University Press, 2000.

Lum, Peter, *Peking, 1950-1953*, London: Hale, 1958.

Lüthi, Lorenz M., *The Sino-Soviet Split: Cold War in the Communist World*, Princeton:

Lacy, Creighton, 'The Missionary Exodus from China', *Pacific Affairs*, 28, no.4 (Dec. 1955), pp.301-14.

Ladany, Laszlo, *The Communist Party of China and Marxism, 1921-1985: A Self-Portrait*, London: Hurst, 1988.

Ladany, Laszlo, *Law and Legality in China: The Testament of a China-Watcher*, London: Hurst, 1992.

Lampton, David M., *The Politics of Medicine in China: The Policy Process, 1949-1977*, Folkestone, Kent: Dawson, 1977.

Lankov, Andrei, *From Stalin to Kim Il Sung: The Formation of North Korea, 1945-1960*, London: Hurst, 2002.

Lary, Diana, *China's Republic*, Cambridge: Cambridge University Press, 2006.

Lawson, Konrad Mitchell, 'Wartime Atrocities and the Politics of Treason in the Ruins of the Japanese Empire, 1937-1953', doctoral dissertation, Harvard University, 2012.

Ledovsky, Andrei M., 'Marshall's Mission in the Context of U.S.S.R.-China-U.S. Relations', in Larry I. Bland (ed.), *George C. Marshall's Mediation Mission to China, December 1945-January 1947*, Lexington, VA: George C. Marshall Foundation, 1998, pp.423-44.

Leitenberg, Milton, 'The Korean War Biological Weapon Allegations: Additional Information and Disclosures', *Asian Perspective*, 24, no.3 (2000), pp.159-72.

Leitenberg, Milton, 'New Russian Evidence on the Korean War Biological Warfare Allegations: Background and Analysis', *Cold War International History Project Bulletin*, no.11 (1998), pp.185-99.

Leys, Simon, *Broken Images: Essays on Chinese Culture and Politics*, New York: St Martin's Press, 1980.

Li Changyu, 'Mao's "Killing Quotas"', *China Rights Forum*, no.4 (2005), pp.41-4.

Li Choh-ming, 'Economic Development', *China Quarterly*, no.1 (March 1960), pp.35-50.

Republic of China, 1949-1979, Berkeley: University of California Press, 1984, pp.3-35.

Hooper, Beverley, *China Stands Up: Ending the Western Presence, 1948-1950*, London: Routledge, 1987.

Huang, Quentin K. Y., *Now I Can Tell: The Story of a Christian Bishop under Communist Persecution*, New York: Morehouse-Gorham, 1954.

Hung Chang-tai, 'The Dance of Revolution: *Yangge* in Beijing in the Early 1950s', *China Quarterly*, no.181 (2005), pp.82-99.

Hung Chang-tai, 'Mao's Parades: State Spectacles in China in the 1950s', *China Quarterly*, no.190 (June 2007), pp.411-31.

Hung Chang-tai, *Mao's New World: Political Culture in the Early People's Republic*, Ithaca, NY: Cornell University Press, 2011.

Hutheesing, Raja, *Window on China*, London: Derek Verschoyle, 1953.

Ji Fengyuan, *Linguistic Engineering: Language and Politics in Mao's China*, Honolulu: University of Hawai'i Press, 2004.

Jones, Robert H., *The Roads to Russia: United States Lend-Lease to the Soviet Union*, Norman: University of Oklahoma Press, 1969.

Kang Zhengguo, *Confessions: An Innocent Life in Communist China*, New York: Norton, 2007.

Kaple, Deborah A., 'Soviet Advisors in China in the 1950s', in Odd Arne Westad (ed), *Brothers in Arms: The Rise and Fall of the Sino-Soviet Alliance, 1945-1963,* Washington: Woodrow Wilson Center Press, 1998, pp.117-40.

Kau, Michael Y. M. and John K. Leung (eds), *The Writings of Mao Zedong: 1949-1976*, Armonk, NY: M. E. Sharpe, 1986-92.

Khrushchev, Nikita, *Vremia, liudi, vlast'* (Time, people, power), Moscow: Moskovskiye Novosti, 1999.

Kinmond, William, *No Dogs in China: A Report on China Today*, New York: Thomas Nelson, 1957.

Academy of Political and Social Science, no.277 (Sept. 1951), pp.182-92.

Goullart, Peter, *Forgotten Kingdom*, London: John Murray, 1957.

Gray, Jack, *Rebellions and Revolutions: China from the 1800s to the 1980s,* Oxford: Oxford University Press, 1990.

Greene, Robert W., *Calvary in China,* New York: Putnam, 1953.

Gross, Miriam D., 'Chasing Snails: Anti-Schistosomiasis Campaigns in the People's Republic of China', doctoral dissertation, University of California, San Diego, 2010.

Halberstam, David, *The Coldest Winter: America and the Korean War,* London: Macmillan, 2008.

Hambro, Edvard, 'Chinese Refugees in Hong Kong', *Phylon Quarterly,* 18, no.1 (1957), pp.69-81.

Hao Yen-p'ing, *The Commercial Revolution in Nineteenth-Century China: The Rise of Sino-Western Mercantile Capitalism,* Berkeley: University of California Press, 1986.

Harris, Sheldon H., *Factories of Death: Japanese Biological Warfare 1932-45 and the American Cover-Up,* London: Routledge, 1994.

Hastings, Max, *The Korean War,* New York: Simon & Schuster, 1987.

He, Henry Yuhuai, *Dictionary of the Political Thought of the People's Republic of China,* Armonk, NY: M. E. Sharpe, 2001.

He Qixin, 'China's Shakespeare', *Shakespeare Quarterly,* 37, no.2 (Summer 1986), pp. 149-59.

Heinzig, Dieter, *The Soviet Union and Communist China 1945-1950: The Arduous Road to the Alliance,* Armonk, NY: M. E. Sharpe, 2004.

Henriot, Christian, '"La Fermeture": The Abolition of Prostitution in Shanghai, 1949-1958', *China Quarterly,* no.142 (June 1995), pp.467-86.

Holm, David, 'Folk Art as Propaganda: The *Yangge* Movement in Yan'an', in Bonnie S. McDougall (ed.), *Popular Chinese Literature and Performing Arts in the People's*

Fan, Kawai and Honkei Lai, 'Mao Zedong's Fight against Schistosomiasis', *Perspectives in Biology and Medicine*, 51, no.2 (Spring 2008), pp.176-87.

Fenby, Jonathan, *Modern China: The Fall and Rise of a Great Power, 1850 to the Present*, New York: Ecco, 2008.

Figes, Orlando, *A People's Tragedy: The Russian Revolution, 1891-1924*, London: Jonathan Cape, 1996.

Fitzpatrick, Sheila, *Everyday Stalinism: Ordinary Life in Extraordinary Times: Soviet Russia in the 1930s*, New York: Oxford University Press, 1999.

Forbes, Andrew D. W., *Warlords and Muslims in Chinese Central Asia: A Political History of Republican Sinkiang, 1911-1949*, Cambridge: Cambridge University Press, 1986.

Gao, James Z., 'The Call of the Oases: The "Peaceful Liberation" of Xinjiang, 1949-53', in Jeremy Brown and Paul G. Pickowicz (eds), *Dilemmas of Victory: The Early Years of the People's Republic of China,* Cambridge, MA: Harvard University Press, 2008, pp.184-204.

Gao, James Zheng, *The Communist Takeover of Hangzhou: The Transformation of City and Cadre, 1949-1954*, Honolulu: University of Hawai'i Press, 2004.

Gao Wenqian, *Zhou Enlai: The Last Perfect Revolutionary,* New York: PublicAffairs, 2007.

Gardner, John, 'The Wu-fan Campaign in Shanghai', in Doak Barnett, *Chinese Communist Politics in Action,* Seattle: University of Washington Press, 1969, pp.477-53.

Glantz, David M., *The Soviet Strategic Offensive in Manchuria, 1945: 'August Storm'*, London: Frank Cass, 2003.

Goldman, Merle, 'Hu Feng's Conflict with the Communist Literary Authorities', *China Quarterly*, no.12 (Oct. 1962), pp.102-37.

Goncharov, Sergei N, John W. Lewis and Xue Litai, *Uncertain Partners: Stalin, Mao, and the Korean War,* Stanford: Stanford University Press, 1993.

Gould, Randall, 'Shanghai during the Takeover, 1949', *Annals of the American*

DeMare, Brian J., 'Turning Bodies and Turning Minds: Land Reform and Chinese Political Culture, 1946-1952', doctoral dissertation, University of California, Los Angeles, 2007.

Denton, Kirk A., *The Problematic of Self in Modern Chinese Literature: Hu Feng and Lu Ling*, Stanford: Stanford University Press, 1998.

Diamant, Neil J., *Embattled Glory: Veterans, Military Families, and the Politics of Patriotism in China, 1949-2007*, Lanham, MD: Rowman & Littlefield, 2009.

Dikötter, Frank, *China before Mao: The Age of Openness*, Berkeley: University of California Press, 2008.

Dikötter, Frank, 'Crime and Punishment in Post-Liberation China: The Prisoners of a Beijing Gaol in the 1950s', *China Quarterly*, no.149 (March 1997), pp.147-59.

Dikötter, Frank, *Crime, Punishment and the Prison in Modern China*, London: Hurst; New York: Columbia University Press, 2002.

Dikötter, Frank, 'The Emergence of Labour Camps in Shandong Province, 1942-1950', *China Quarterly*, no.175 (Sept. 2003), pp.803-17.

Dikötter, Frank, *Exotic Commodities: Modern Objects and Everyday Life in China*, New York: Columbia University Press, 2006.

Dikötter, Frank, *Mao's Great Famine: The History of China's Most Devastating Catastrophe, 1958-1962*, London: Bloomsbury, 2010.

Domenach, Jean-Luc, *L'Archipel oublié*, Paris: Fayard, 1992.

Dransard, Louis, *Vu en Chine*, Paris: Téqui, 1952.

Endicott, Stephen L., 'Germ Warfare and "Plausible Denial": The Korean War, 1952-1953', *Modern China*, 5, no.1 (Jan. 1979), pp.79-104.

Endrey, Andrew, 'Hu Feng: Return of the Counter-Revolutionary', *Australian Journal of Chinese Affairs*, 5 (Jan. 1981), pp.73-90.

Ezpeleta, Mariano, *Red Shadows over Shanghai*, Quezon City: Zita, 1972.

Faligot, Roger and Rémi Kauffer, *The Chinese Secret Service*, New York: Morrow, 1989.

Hukou System', *China Quarterly,* no.139 (Sept. 1994), pp.644-68.

Cheng Yinghong, *Creating the 'New Man': From Enlightenment Ideals to Socialist Realities,* Honolulu: University of Hawai'i Press, 2009.

Cheo, Esther Y., *Black Country Girl in Red China,* London: Hutchinson, 1980.

Chow Ching-wen, *Ten Years of Storm: The True Story of the Communist Regime in China,* New York: Holt, Rinehart & Winston, 1960.

Chu Valentin, *The Inside Story of Communist China: Ta Ta, Tan Tan*, London: Allen & Unwin, 1964.

Chung Yen-lin, 'The Witch-Hunting Vanguard: The Central Secretariat's Roles and Activities in the Anti-Rightist Campaign', *China Quarterly*, no.206 (June 2011), pp.391-411.

Clark Paul, *Chinese Cinema: Culture and Politics since 1949,* Cambridge: Cambridge University Press, 1987.

Clifford, Nicholas R., *Spoilt Children of Empire*: *Westerners in Shanghai and the Chinese Revolution of the 1920s,* Hanover, NH: University Press of New England, 1991.

Crozier, Brian, *The Man who Lost China: The First Full Biography of Chiang Kai-shek*, New York: Scribner, 1976.

Dai Huang, 'Righting the Wronged', in Zhang Lijia and Calum MacLeod (eds), *China Remembers*, Oxford: Oxford University Press, 1999, pp.63-72.

Dai Qing, 'Liang Shuming and Mao Zedong', *Chinese Studies in History*, 34, no.1 (Autumn 2000), pp.61-92.

Dai Qing, *Wang Shiwei and 'Wild Lilies'*: *Rectification and Purges in the Chinese Communist Party, 1942-1944*, Armonk, NY: M. E. Sharpe, 1994.

de Jaegher, Raymond J., *The Enemy Within: An Eyewitness Account of the Communist Conquest of China*, Garden City, NY: Doubleday, 1952.

Deane, John R., *The Strange Alliance: The Story of our Efforts at Wartime Cooperation with Russia*, New York: Viking Press, 1947.

Journal of International Law, 44, no.2 (April 1950), pp.243-58.

Brown, Jeremy and Paul G. Pickowicz (eds), *Dilemmas of Victory: The Early Years of the People's Republic of China,* Cambridge, MA: Harvard University Press, 2008.

Bush, Richard C., *Religion in Communist China,* Nashville: Abingdon Press, 1970.

Byron, John and Robert Pack, *The Claws of the Dragon: Kang Sheng, the Evil Genius behind Mao and his Legacy of Terror in People's China,* New York: Simon & Schuster, 1992.

Cameron, James. *Mandarin Red: A Journey behind the 'Bamboo Curtain',* London: Michael Joseph, 1955.

Chang, David Cheng, 'To Return Home or "Return to Taiwan": Conflicts and Survival in the "Voluntary Repatriation" of Chinese POWs in the Korean War', doctoral dissertation, University of California, San Diego, 2011.

Chang Jung and Jon Halliday, *Mao: The Unknown Story,* London: Jonathan Cape, 2005.

Chao, Kang, *Agricultural Production in Communist China, 1949-1965,* Madison: University of Wisconsin Press, 1970.

Chen Jian, *China's Road to the Korean War,* New York: Columbia University Press, 1996.

Chen Jian, 'The Chinese Communist "Liberation" of Tibet, 1949-51', in Jeremy Brown and Paul G. Pickowicz (eds), *Dilemmas of Victory: The Early Years of the People's Republic of China,* Cambridge, MA: Harvard University Press, 2008, pp.130-59.

Chen Jian, *Mao's China and the Cold War,* Chapel Hill: University of North Carolina Press, 2001.

Chen, Theodore Hsi-en and Wen-hui C. Chen, 'The "Three-Anti" and "Five-Anti" Movements in Communist China', *Pacific Affairs*, 26, no.1 (March 1953), pp.3-23.

Chêng, C. K, *The Dragon Sheds its Scales,* New York: New Voices Publishing, 1952.

Cheng, Tiejun and Mark Selden, 'The Origins and Social Consequences of China's

B13　上海市增產節約委員會
B31　上海市統計局
B182　上海市工商行政管理局
B242　上海市衛生局
C1　上海市總工會

外文出版品

Apter, David E. and Tony Saich, *Revolutionary Discourse in Mao's Republic*, Cambridge, MA: Harvard University Press, 1994.

Athenoux, André, *Le Christ crucifié au pays de Mao*, Paris: Alsatia, 1968.

Barber, Noel, *The Fall of Shanghai,* New York: Coward, McCann & Geoghegan, 1979.

Barnett, A. Doak, *China on the Eve of Communist Takeover,* New York: Praeger, 1963.

Barnett, A. Doak, *Communist China: The Early Years 1949-55,* New York: Praeger, 1965.

Becker, Jasper, *C. C. Lee: The Textile Man*, Hong Kong: Textile Alliance, 2011.

Becker, Jasper, *Rogue Regime: Kim Jong Il and the Looming Threat of North Korea,* New York: Oxford University Press, 2005.

Belden, Jack, *China Shakes the World,* New York: Harper, 1949.

Bergère, Marie-Claire, 'Les Capitalistes shanghaïens et la période de transition entre le régime Guomindang et le communisme (1948-1952)', *Etudes Chinoises,* 8, no.2 (Autumn 1989), pp.7-30.

Biggerstaff, knight, *Nanking Letters,* 1949, Ithaca, NY: China-Japan Program, Cornell University, 1979.

Birns, Jack, *Assignment Shanghai: Photographs on the Eve of Revolution*, Berkeley: University of California Press, 2003.

Bodde, Derk, *Peking Diary: A Year of Revolution,* New York: Henry Schuman, 1950.

Briggs, Herbert W., 'American Consular Rights in Communist China', *American*

A68　中國人民銀行山東分行
A101　山東省人民政府

四川—四川省檔案館，成都
JC1　中共四川省委
JX1　中共川西行署委員會
JK1　中共西康省委
JK16　西康省民政廳
JK32　西康省衛生廳

浙江—浙江省檔案館，杭州
J007　浙江省委農村工作部
J103　浙江省委民政廳

市級檔案

北京—北京市檔案館，北京
1　北京市委員會
2　北京市人民委員會
14　北京市人民政府政法委員會

南京—南京市檔案館，南京，江蘇
4003　南京市委
5012　南京市民政局
5034　南京市工業局
5065　南京市衛生局

上海—上海市檔案館，上海
A2　上海市委辦公廳
A36　上海市委工業政治部
A71　上海市委婦女聯合會
B1　上海市人民政府
B2　上海市人民委員會政法辦公廳

855　中共河北省委
856　中共河北省紀委
879　中共河北省委農村工作部
886　河北省委五人小組辦公室
888　河北省委節約檢查辦公室
942　河北省統計局
979　河北省農業廳

湖北—湖北省檔案館，武漢
SZ1　中共湖北省委員會
SZ18　中共湖北省委員會農村政治部
SZ29　湖北省總工會
SZ34　湖北省人民委員會
SZ37　湖北省人民政府土地改革委員會
SZ44　湖北省統計局
SZ107　湖北省農業廳

吉林—吉林省檔案館，長春
1　中共吉林省委
2　吉林省人民政府
55　吉林省農業廳

陝西—陝西省檔案館，西安
123　中共陝西省委

山東—山東省檔案館，濟南
G26　中共渤海區委
G52　冀魯豫邊區文件彙集
A1　中共山東省委
A14　山東省人民政府宗教事務局
A29　山東省教育廳
A51　山東省高級人民法院

參考文獻

檔案

中國以外的檔案

AG SVD—Archivum Generale of the Societas Verbi Divini, Rome
國史館—國家檔案，新店，臺灣
ICRC—International Committee of the Red Cross, Geneva
National Archives at College Park—National Archives, Washington
PCE—Archives of the Presbyterian Church of England, SOAS, London
PRO—The National Archives, London
RGASPI—Rossiiskii Gosudarstvennyi Arkhiv Sotsial'no-Politicheskoi Istorii, Moscow

中央檔案

外交部—外交部檔案館，北京

省級檔案

甘肅—甘肅省檔案館，蘭州
91　中共甘肅省委
96　中共甘肅省委農村工作部

廣東—廣東省檔案館，廣州
204　華南行政委員會
217　廣東省農村部

河北—河北省檔案館，石家莊
572　中國共產黨中央委員會
684　中共熱河省委

歷史大講堂

解放的悲劇：中國革命史1945-1957

2018年3月初版　　定價：新臺幣450元
2019年1月初版第三刷

著者　Frank Dikötter
譯者　蕭葉
編輯主任　陳逸華
叢書編輯　張彤華
校對　徐文若
　　　蘇暉筠
內文排版　極翔排版公司
封面設計　許晉維

出版者　聯經出版事業股份有限公司
地址　新北市汐止區大同路一段369號1樓
編輯部地址　新北市汐止區大同路一段369號1樓
叢書主編電話　(02)86925588轉5319
台北聯經書房　台北市新生南路三段94號
電話　(02)23620308
台中分公司　台中市北區崇德路一段198號
暨門市電話　(04)22312023
郵政劃撥帳戶第0100559-3號
郵撥電話　(02)23620308
印刷者　文聯彩色製版印刷有限公司
總經銷　聯合發行股份有限公司
發行所　新北市新店區寶橋路235巷6弄6號2F
電話　(02)29178022

總編輯　胡金倫
總經理　陳芝宇
社長　羅國俊
發行人　林載爵

行政院新聞局出版事業登記證局版臺業字第0130號

本書如有缺頁，破損，倒裝請寄回台北聯經書房更換。　ISBN 978-957-08-5089-5 (平裝)
聯經網址 http://www.linkingbooks.com.tw
電子信箱 e-mail:linking@udngroup.com

國家圖書館出版品預行編目資料

解放的悲劇：中國革命史1945-1957 / Frank Dikötter著．
蕭葉譯．初版．新北市．聯經．2018.03．384面．
17×23公分．(歷史大講堂)
譯自：The tragedy of liberation: a history of the Chinese
revolution, 1945-1957
ISBN 978-957-08-5089-5（平裝）
[2019年1月初版第三刷]

1.國民革命　2.中國史

628.6　　107002560